STANISLAS MEUNIER

PROFESSEUR DE GÉOLOGIE AU MUSÉUM D'HISTOIRE NATURELLE

Nos Terrains

24 planches en couleur hors texte

Aquarelles d'après nature par P. GUSMAN et JACQUEMIN

260 figures noires dessinées par René VICTOR-MEUNIER et BIDAULT

Armand **Colin** & C^{ic}, Éditeurs

Paris　　　　　1898

Nos Terrains

24 planches en couleur hors texte

Aquarelles d'après nature par P. GUSMAN et JACQUEMIN

260 figures noires dessinées par René VICTOR-MEUNIER et BIDAULT

Armand **Colin** & Cie, Éditeurs

Paris   1897

Nos Terrains

DU MÊME AUTEUR

Excursions géologiques à travers la France. 1 vol. in-8.
Géologie régionale de la France. 1 vol. in-8.
Description géologique des environs de Paris. 1 vol. in-8.
Lithologie pratique. 1 vol. in-8.
Les causes actuelles en Géologie. 1 vol. in-8.
Paléontologie française. 1 vol. in-18.
Les méthodes de synthèse en Minéralogie. 1 vol. in-8.

A LA MÊME LIBRAIRIE

Nos Fleurs. *Plantes utiles et nuisibles,* par M. Leclerc du Sablon, doyen de la Faculté des Sciences de Toulouse. 350 figures en noir, 16 planches hors texte en couleur, dessinées et peintes d'après nature par A. Millot. *Nouvelle édition.* Un volume in-4°, broché, **12 fr. 50** ; relié toile, tranches dorées. . . . . **16 fr.**

Nos Bêtes. *Animaux utiles — Animaux nuisibles,* par le Dr H. Beauregard, Assistant de la chaire d'Anatomie comparée au Muséum. 2 volumes in-4°. Chaque volume contient 250 figures en noir ou en couleur, 22 planches hors texte en couleur, dessinées d'après nature par Juillerat et A. Millot. Chaque volume, broché, **20 fr.** ; relié toile, tranches dorées. . . . . . **25 fr.**

Coulommiers. — Imp. Paul BRODARD. — 457-96.

STANISLAS MEUNIER

PROFESSEUR DE GÉOLOGIE AU MUSÉUM D'HISTOIRE NATURELLE ET A L'ÉCOLE NATIONALE D'AGRICULTURE DE GRIGNON

Nos Terrains

162 figures en couleur

320 figures en noir

Dessinées d'après nature par GUSMAN, JACQUEMIN
René-Victor MEUNIER et BIDEAULT

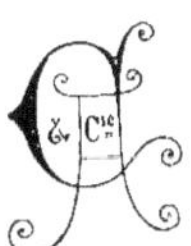

Armand Colin & Cie, Éditeurs

5, rue de Mézières, Paris

1898

INTRODUCTION

L'étude de « nos terrains », c'est-à-dire de la substance même dont le sol de la France est constitué, est beaucoup moins aride qu'on ne le supposerait tout d'abord.

Cette substance du sol a, en effet, une influence directe sur les êtres qui vivent à sa surface et non seulement sur les plantes et les animaux, mais sur les hommes eux-mêmes. En outre, pour ceux-ci l'influence ne s'étend pas exclusivement au côté matériel de l'existence; elle se fait sentir aussi, par une conséquence nécessaire, sur une foule de traits d'un caractère plus élevé.

Aussi pensera-t-on que la meilleure introduction à nos études, puisqu'elle en fera bien comprendre la portée générale, c'est d'établir, par quelques exemples, les contre-coups extérieurs de la nature du sol dans les diverses régions, sur la forme du paysage, sur le régime des eaux, sur la flore, sur la faune et enfin sur les caractères des populations humaines qui y vivent.

Voyons rapidement chacun de ces différents points.

LIAISON DU SOL AVEC LES FORMES DU PAYSAGE

Quand on se demande pourquoi les diverses régions de la France présentent aux yeux tant d'aspects si différents, on arrive à reconnaître que la question est fort compliquée.

Les plaines de la Champagne pouilleuse ou de la Picardie (Pl. 1, fig. 1) [1] contrastent

---

1. Cette figure, comme beaucoup de celles qui composent nos planches coloriées, a été peinte d'après une photographie prise au cours d'une excursion géologique du Muséum d'histoire naturelle par M. Henri Boursault, membre de la Société géologique de France, et nous lui adressons nos plus vifs remerciements pour la complaisance avec laquelle il a mis son œuvre photographique si précieuse à notre disposition.

1

singulièrement avec les collines de la Lorraine et plus encore avec les montagnes des Vosges. Les régions horizontales de notre Flandre trouvent presque |leur contraire dans les reliefs de l'Ardenne (Pl. I, fig. 2). La Bresse ne se distingue pas moins du Jura, et les exemples de ces différences pourraient être multipliés à l'infini.

En étudiant chacun d'eux, on trouverait que la forme extérieure du paysage est un reflet de la nature même des différents terrains.

Tantôt cette forme peut être considérée comme originelle et tient au mode même de formation des roches, tantôt elle est acquise et dépend des actions secondaires auxquelles ces roches ont été soumises.

Formes originelles. — Dans la première série il faut mentionner l'allure horizontale de certains pays qui sont en définitive, et conformément à des phénomènes qui nous arrêteront, des fonds de mer récemment exondés. C'est l'opinion qu'on retire de l'étude des plaines flamandes comme de celles qui, en Normandie, entourent le mont Saint-Michel; et ces dernières manifestent même, non seulement un âge très récent, mais la persistance actuelle des causes qui les ont produites.

Rien qu'à la forme de la surface, on peut juger de la différence de nature et d'origine de points parfois en contact : ainsi, quand une montagne surgit sur le bord d'une plaine horizontale, on peut être sûr qu'il y a autant de différences dans les natures pétrographiques que dans les altitudes.

La plaine du Rhin qui butte contre la chaîne des Vosges n'est pas de la même étoffe que celle-ci, et le changement de constitution se fait le long même de la ligne de jonction des reliefs différents. En Dauphiné, les parties saillantes de la chaîne des Alpes sont différentes, par la composition et par l'âge, des roches du pays plat. De même dans les Pyrénées et, on peut le dire, partout. En Savoie les deux Salèves surgissent avec une nature spéciale au-dessus d'une vallée dont la substance est tout autre.

La forme du relief et, par conséquent, l'aspect du paysage sont en maintes localités déterminés par la surgescence brusque de masses rocheuses au milieu de terrains différents.

Le mont Uzor, dans la Loire, est une butte de porphyre sans rapport de nature avec les alentours; le Puy de Dôme aussi est un bouton de roche profonde poussé au-dessus de la surface environnante.

Les Ballons des Vosges doivent, au moins pour une part, leur physionomie toute particulière à une origine analogue.

Un faciès très spécial résulte de l'origine éolienne ou atmosphérique de certaines formations, et les dunes, à cet égard, méritent une mention. Même quand elles sont anciennes et que la végétation les a envahies, elles offrent au regard des courbes particulières et des agencements qui les font aisément reconnaître. C'est ainsi, par exemple, que dans les Landes, outre les dunes actuelles, à la formation desquelles on assiste tous les jours, on en retrouve dont l'orientation est différente, dont l'origine remonte à des temps où la disposition des lieux était tout autre et qui sont cependant immédiatement reconnaissables à leur allure.

Les eaux courantes ont également donné lieu à des dépôts qui présentent, au point de vue du paysage, un aspect caractéristique : la Camargue en est un type bien saisissant, et le contraste de cette région naturelle avec les pays voisins suffit à montrer la liaison entre le dehors du sol et la substance dont il est constitué.

Il suffit de substituer aux eaux liquides, comme véhicule des éléments rocheux, l'eau solide à l'état de glacier, pour que la localité en retire une apparence toute nouvelle. Il y a longtemps qu'on décrit sous le nom de *paysage morainique* les traits généraux des régions qui doivent leur modelé à l'existence de glaciers, d'ailleurs disparus maintenant.

Par une opposition complète, nous mentionnerons à la suite des paysages glaciaires ceux qu'on peut appeler volcaniques et dont notre Auvergne procure un si incomparable spécimen. Ici des montagnes tout à fait particulières se présentent avec la coupe ou cratère de leur sommet et la coulée ou *cheire* qui s'en détache sur une longueur d'ailleurs fort ·variable. Les caractères généraux du paysage volcanique sont si nets que rien qu'à leur forme on reconnaît des volcans, même éteints, dans les régions les plus diverses et, comme on le sait, jusque sur le disque de la lune, où ils sont prodigieusement nombreux.

Formes acquises. — Mais il est temps d'indiquer quelques cas où la forme du paysage

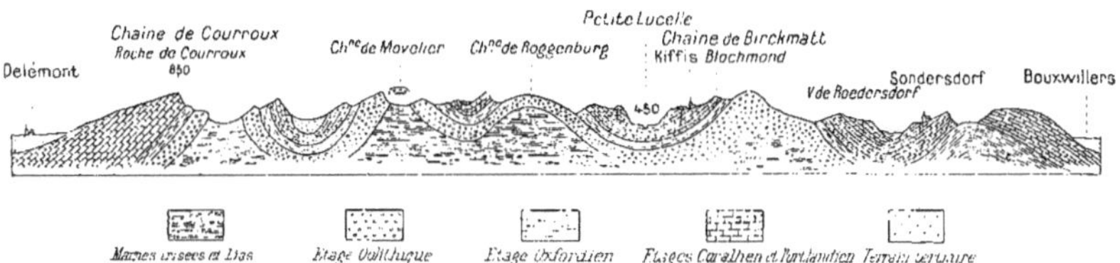

Fig. 1. — Coupe transversale de la chaîne du Jura montrant le contournement des couches du sol.

résulte moins des caractères originellement présentés par les roches que de ceux qu'elles ont acquis postérieurement.

Tout d'abord les actions mécaniques dont le sol est le siège ont déterminé souvent des reliefs et des dépressions considérables; une excursion de quelques heures dans notre Jura édifiera absolument sur la réalité du contournement de couches rocheuses d'abord planes, puis déformées par des pressions gigantesques (fig. 1). Le paysage retire de cette origine des traits tout spéciaux.

Dans le massif montagneux du Chablais (Haute-Savoie), des décollements de couches et des chevauchements parfois à grande distance impriment au pays un aspect caractéristique.

Les cassures du sol, et spécialement les failles, amènent dans le paysage la production de particularités curieuses. La chaîne des Vosges est limitée à l'est par un accident de ce genre (fig. 2), et il en résulte des abrupts singulièrement pittoresques. Les deux marges du pays de Bray (fig. 3) sont dans le même cas et encadrent la plaine entre de véritables falaises dont on retrouve les analogues dans le Boulonnais.

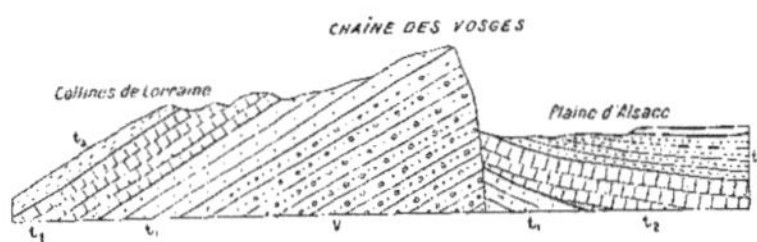

Fig. 2. — Faille-limite de la chaîne des Vosges. *l'*, terrain permien; *l*, grès bigarré; *l₂*, calcaire conchylien; *l₃*, marnes irisées.

Mais parmi les actions les plus efficaces d'acquisition par les différents sols d'aspects différents, le premier rang appartient sans doute à celles qui nous occuperont plus loin sous le nom de phénomènes de dénudation. Les diverses roches éprouvent en effet de la part des agents de démolition des influences très inégales et qui accentuent encore au bout d'un temps suffisant leurs contrastes mutuels.

Par exemple, l'action mécanique de la mer découpe des falaises dont l'effet est souvent grandiose, et notre littoral, depuis l'embouchure de la Somme jusqu'à Royan, et le long de la Provence et de la Ligurie, en offre des exemples à chaque pas. En haute Normandie, notamment, les murailles crayeuses de plus de 100 mètres de hauteur donnent au paysage une véritable grandeur sauvage (Pl. V, fig. 1). Le long de la côte granitique de la presqu'île bretonne on rencontre des points de vue magnifiques.

Ce que fait la mer sur ses côtes, des rivières le font sur leurs berges, et des escarpe-

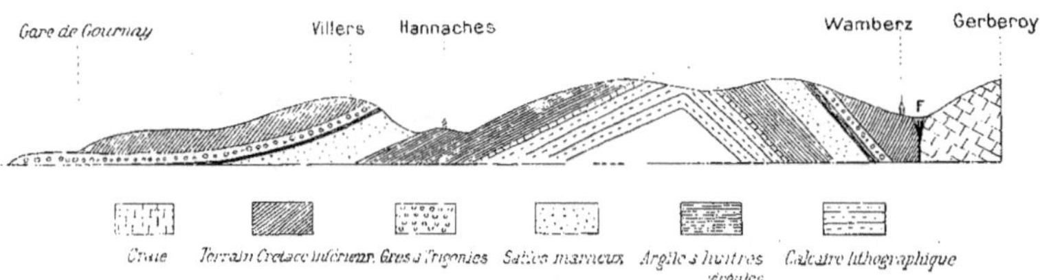

Fig. 3. — Coupe transversale du pays de Bray.

ments pittoresques accompagnent la Seine à Elbeuf, le Tarn à Montauban, la Vezère tout le long de son cours. Les roches coupées verticalement ne sont cependant pas décapées avec la même activité qu'au bord de la mer, et il en résulte des traits spéciaux pour chaque couche qu'une action plus brutale aurait fait disparaître. Des moulures et des corniches se dessinent et font ressembler les flancs de maintes vallées à de gigantesques ruines d'une architecture fabuleuse.

La pluie elle-même et les autres météores modèlent la surface et amènent la production de sites où les peintres trouvent tout spécialement matière à l'exercice de leur talent.

PLAINE CRAYEUSE DE PICARDIE

MONTAGNES SCHISTEUSES DES DAMES DE MEUSE

MONTAGNE CRISTALLINE DU PIC DU MIDI

Armand Colin et Cⁱᵉ, Éditeurs.

LES FORMES ORIGINELLES DU PAYSAGE

E. Capiomont imp.

C'est à une semblable origine et en vertu du mécanisme que nous décrirons plus loin en détail, que se sont accumulés ces blocs de roches qui font, par exemple dans la forêt de Fontainebleau, des « chaos » dont nos lecteurs ont le portrait d'après une belle photographie de M. Paul Meunier (Pl. II, fig. 1), et qui sont si appréciés des touristes. Les énormes pierres dont il s'agit, parfois posées les unes sur les autres dans de curieuses conditions d'équilibre qui amènent la production des « pierres branlantes », doivent être regardées comme un simple résidu de la désagrégation de terrains sableux au sein desquels elles étaient originairement enfouies et qui, sous l'influence des eaux superficielles, ont été enlevés grain à grain.

C'est par une sorte de dissection aqueuse du sol tout à fait analogue à la précédente, que se produisent avec le temps des reliefs d'un effet bizarre. Ainsi quand on arrive au Puy en Velay on remarque de gigantesques obélisques naturels, supports tout indiqués d'édifices. La roche Corneille est couronnée par la cathédrale, la roche Saint-Michel (Pl. II, fig. 2) par une chapelle où les archéologues trouvent matière à beaucoup d'études, et une autre éminence tout à fait semblable et alignée avec les précédentes, par le célèbre château de Polignac. Ces reliefs abrupts sont dus à l'isolement progressif de roches, en forme de grosses colonnes, d'abord entièrement souterraines. La pluie et les intempéries ayant désagrégé et dissous beaucoup plus vite les masses calcaires environnantes, ces roches ont peu à peu fait une saillie de plus en plus accusée, et les alentours, en s'abaissant, ont amené les mêmes résultats que si ces *dykes*, comme on les nomme, avaient subi un mouvement inverse d'exhaussement.

Il est des filons et spécialement des filons quartzeux qui, par suite des mêmes circonstances, se signalent par leur saillie sur le sol et prennent l'apparence de murailles ruinées. Leur effet peut être alors très pittoresque et leurs anfractuosités peuvent abriter des massifs d'arbres ou des animaux. Je citerai dans cette série un très beau mur naturel (fig. 4) qui se développe

Fig. 4. — Filon de quartz faisant saillie sur le sol aux environs de Saint-Brieuc.

dans la campagne entre Saint-Brieuc et le camp de Péran, localité bien connue des antiquaires.

Dans le département de la Loire, on connaît, auprès de Saint-Thurin, une muraille quartzeuse du genre de la précédente qui émerge du granit sur plus d'une demi-lieue et dont l'épaisseur varie de 3 à 4 mètres.

Le roc Saint-Michel, près d'Alban (Tarn), s'élève de 20 mètres au-dessus des schistes encaissants et constitue lui aussi l'affleurement d'un puissant filon quartzeux, et dans les environs, beaucoup d'autres rocs isolés sont des débris d'une formation pareille. Le roc de Mazuras dans la Creuse, la roche l'Abeille dans la Haute-Vienne sont dans le même cas.

C'est à cette catégorie que se rattachent de nombreuses séries de roches dont la forme bizarre a été comparée à celle d'objets animés. Quand on arrive au village du Mont-Dore par la route qui vient de la Bourboule, on voit à sa droite, le long d'une haute montagne, un grand rocher qui ressemble tellement à un moine que tout le monde l'appelle le Capucin. Dans une foule de points il y a aussi des rochers qui rappellent les silhouettes d'hommes, de femmes, d'animaux de tous genres, et où parfois l'imagination des paysans a vu des pétrifications d'êtres réels. La figure 5 représente comme exemple la « femme de Loth », près d'Avignon.

Fig. 5. — Rocher des environs d'Avignon connu sous le nom de « la Femme de Loth ».

C'est à cause aussi de cette inégale résistance aux eaux sauvages que les différents points de la ligne de faîte des chaînes de montagnes se présentent en dents de scie séparées par des dépressions. Les *aiguilles*, comme on les nomme dans les Alpes et dans les Pyrénées (Pl. 1, fig. 3), doivent une partie de leur modelé à la même cause et les contrastes, entre des chaînes anguleuses comme celle du mont Blanc, et des chaînes arrondies comme les Vosges, s'expliquent en grande partie par la facilité plus ou moins grande que les agents de dénudation rencontrent dans l'accomplissement de leur œuvre.

On verra plus loin comment les collines couronnées de nappes horizontales (Pl. II, fig. 3) et alignées suivant des directions déterminées, collines auxquelles beaucoup de points de l'Auvergne et spécialement les environs de Clermont empruntent un de leurs caractères distinctifs, et parmi lesquelles Gergovie se signale par son illustration historique, doivent leur isolement et leur forme à des phénomènes de dénudation du genre des précédents. De même, la production de corniches saillantes le long d'escarpements rocheux, comme en présente en tant de points la chaîne des Vosges (fig. 6) dans sa portion gréseuse, est un vrai chapitre de l'anatomie réalisée sur les roches par les intempéries. Enfin nous nous bornerons à mentionner encore dans la même série les contrastes, souvent visibles de loin, que présentent les

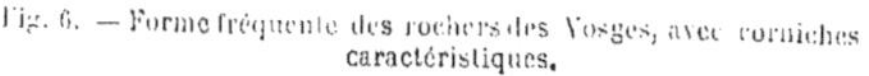

Fig. 6. — Forme fréquente des rochers des Vosges, avec corniches caractéristiques.

pentes déterminées sur des affleurements de roches distinctes par l'influence de la dénudation. La vue du plateau de Solutré dans le département de Saône-et-Loire est très instructive à cet égard : les couches supérieures de calcaire y manifestent (fig. 7) un

profil abrupt qui tranche sur la pente très douce des argiles sous-jacentes.

On pourrait résumer les faits qui viennent d'être énumérés et auxquels tant d'autres se viendraient ajouter comme d'eux-mêmes, en remarquant que la liaison de l'étoffe du sol avec les formes du paysage est si intime que, sans aucun doute, un peintre tirerait un bénéfice sérieux de quelques notions géologiques. Cette vérité est d'ail-

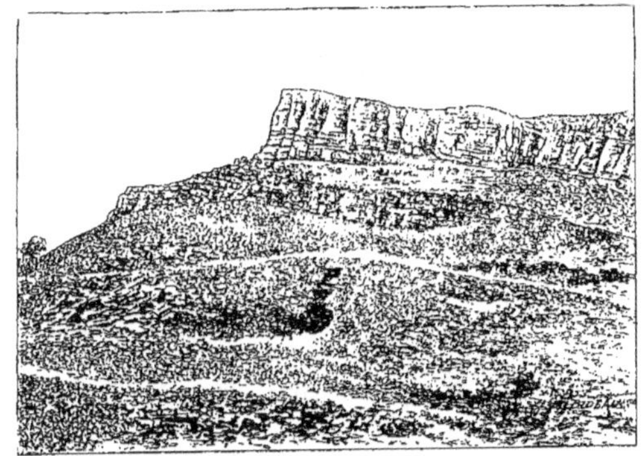

Fig. 7. — Le plateau de Solutré (Saône-et-Loire); contraste des abrupts du calcaire avec les pentes douces de l'argile.

leurs assez établie pour que la science de la terre soit enseignée à l'École des beaux-arts, d'une façon tout à fait régulière.

LIAISON DU SOL AVEC LE RÉGIME DES EAUX

Personne ne conteste que la nature du sol n'ait une grande influence sur le régime de l'eau qui peut tomber à sa surface et cependant le sujet doit nous arrêter ici, après ce qui concerne l'origine géologique de tant de traits du paysage. On va voir que la liaison dont il s'agit est multiple et qu'elle se traduit, suivant les cas, par des conséquences diverses.

Une observation superficielle suffirait pour procurer la notion, au moins sous certaines de leurs formes, des terrains perméables et des terrains imperméables. Près d'Étampes, dès qu'il ne pleut plus les routes sont propres, on ne s'y salit point : rapidement toutes les flaques ont disparu et le sol est redevenu sec. A Neufchâtel-en-Bray, au contraire, dès que le temps est humide la terre devient boueuse, et la pluie séjourne un temps infini sur les chemins.

Évidemment la raison de ces contrastes est tout entière dans les propriétés des différents terrains, et l'on peut deviner, dans bien des cas au moins, d'après les roches qu'on y recueille, quelles sont les propriétés hydrologiques de la surface du sol dans tel ou tel pays.

A cet égard les deux termes extrêmes d'une longue série sont occupés l'un par l'argile et l'autre par le sable : celui-ci constitue le type des roches perméables à l'eau, la première celui des roches imperméables.

C'est justement parce que le sable fait la surface du sol à Étampes et l'argile à Neufchâtel que ces deux localités sont si différentes l'une de l'autre après la pluie. Et à côté de ces deux localités prises comme exemples on pourrait aisément en citer de tout à fait analogues et dont la liste serait longue.

Les landes de Gascogne et de Bretagne, la plaine caillouteuse de la Crau, la plus grande partie de la forêt de Fontainebleau sont des localités essentiellement sèches. Au contraire, la Beauce et la Brie, les plateaux des Dombes, la Sologne sont imperméables et caractérisés par des marécages, des étangs et des lacs.

Toutefois, il peut se faire que les propriétés de deux sols ne coïncident pas avec celles d'échantillons qu'on y a recueillis.

Ainsi il y a peu de régions plus perméables que le plateau de la Champagne pouilleuse. A peine tombée, la pluie y disparaît à peu près comme dans un pays de sable. Cependant la roche est de la craie blanche, et celle-ci est loin d'être perméable comme le sable. Prenez-en un fragment, et, après l'avoir taillé en cube, creusez l'une de ses faces en forme de bassin; vous y pourrez verser de l'eau : elle s'y maintiendra fort longtemps.

Ces deux propriétés en apparence contradictoires se concilient bien aisément quand on remarque que la craie est recoupée dans tous les sens d'un nombre infini de fissures. Celles-ci ouvrent à l'eau d'innombrables chemins pour s'infiltrer dans les profondeurs, et c'est par là que disparaît presque immédiatement la pluie tombée.

Bien d'autres régions calcaires sont exactement dans le cas de la Champagne pouilleuse : ainsi sur les plateaux des Causses, si remarquables par leur aridité, c'est encore dans les fissures recoupant le sol et sans que la roche constituante soit par elle-même poreuse comme le sable, que se fait l'absorption de toutes les eaux de surface.

On retrouve les mêmes conditions sur des sols de composition lithologique tout autre et jusque dans certains pays de granit. Ici encore nous allons avoir affaire à une roche tout à fait imperméable par elle-même, mais que recoupent des fissures parfois fort rapprochées les unes des autres. Sur bien des parties du plateau d'Auvergne et en beaucoup de points de la Bretagne, les eaux font presque défaut.

Parfois l'assèchement de la surface se fait d'une façon tout à fait ostensible par de larges crevasses ou par des gouffres, où des rivières entières disparaissent. Ces *pertes de cours d'eau*, comme on les appelle, se rencontrent dans plusieurs localités de la France. Nous aurons l'occasion de les étudier avec quelque détail; il suffit ici de les mentionner.

Il arrive très fréquemment que dans le sol d'une même région les roches perméables à l'eau et les roches imperméables soient associées entre elles : il peut en résulter pour le régime des eaux des faits d'autant plus intéressants qu'ils se traduisent rapidement par des applications pratiques.

Par exemple, la surface du sol étant constituée par une roche poreuse ou très fissurée, très accessible à l'eau, il règne à quelques mètres de profondeur une couche possédant les propriétés diamétralement opposées : si on veut ce sera une couverture de sable sur une assise argileuse. Il est clair que l'eau de pluie, bue par le sable, ne descendra pas indéfiniment; elle sera retenue par le fond d'argile et imprégnera la portion inférieure du sable. A la surface on n'en verra rien, mais il suffira de creuser des puits pour rentrer en possession de l'eau dont la perméabilité du terrain vous aurait frustré.

Il y a bien longtemps que les hommes ont appliqué cette disposition, spécialement dans les vallées où les cailloutis perméables boivent une eau que retient plus ou moins bas un fond étanche. Il est curieux alors de noter les variations du niveau de l'eau dans les puits après ses variations dans le lit de la rivière voisine, car la notion en résulte très nette d'une *nappe* aquifère située à la partie inférieure du terrain poreux.

Une source apparaît quand, par suite des ondulations de la surface du sol, un contact mutuel de la masse perméable superficielle et de la roche étanche qui la soutient, vient affleurer au jour.

Des circonstances assez analogues produisent en divers pays les sources, plus spéciale-ment désignées sous le nom de *sommes* et qui se rencontrent si nom-breuses en Champagne. Ici, cependant, le revêtement perméable est ondulé sans que les accidents de la surface pénètrent jusqu'à son contact avec le substratum étanche, d'où ceci que la nappe d'eau ne déborde la surface limite du terrain qu'aux époques où, à la suite de pluies, son épaisseur est suffisamment grande.

A cause même de cette manière d'être, les *sommes* ont une allure toute spéciale : elles grossissent en certaines saisons avec une grande rapidité; mais elles diminuent de même et souvent disparaissent tout à fait pendant de longs mois, tant que la pluie s'abstient de tomber en quantité suffisante.

Il est des localités spécialement disposées pour donner immédiatement la notion des nappes d'eau souterraines : telle est la falaise sous le cap Gris-Nez, dans le dépar-tement du Pas-de-Calais.

Fig. 8. — Coupe verticale dans la falaise du cap Gris-Blanc-Nez. S, craie blanche très fissurée et perméable à l'eau ; T, craie marneuse étanche sur laquelle se constitue le niveau d'eau E; C, chute d'eau alimentée par la nappe souterraine; M, N, niveau de la mer.

Cette falaise (fig. 8) présente justement la constitution propre au développement d'un niveau d'eau, car sa portion supérieure est faite d'une craie blanche pareille à celle de Châlons et que d'innombrables crevasses rendent très perméable aux eaux; tandis que sa partie inférieure est de craie marneuse.

La craie marneuse peut compter parmi les roches les plus imperméables : nous en aurons des preuves plus loin ; pour le moment il suffira de noter que l'on avait choisi ses couches pour recevoir le tunnel sous-marin projeté entre Sangatte et Douvres, et qui serait maintenant terminé sans la résistance inqualifiable de l'Angleterre, simulant une véritable panique à la seule pensée qu'un chemin de fer pourrait la relier au continent. Au moment de ma visite dans les travaux, à 3 kilomètres de la côte et à 40 mètres au-dessous du fond de la mer, les perforatrices qui travaillaient dans la craie marneuse *faisaient de la poussière* : il n'y avait donc au travers de la masse aucune infiltration aqueuse.

Donc la falaise de Gris-Nez est composée pour sa moitié supérieure de craie blanche et pour sa moitié inférieure de craie marneuse.

La pluie qui tombe sur le sol est bue par la première et va s'arrêter sur l'autre. On ne verrait pas le niveau d'eau résultant, si la mer n'avait tranché verticalement les roches de façon que leur contact mutuel paraît au jour suivant une ligne horizontale. Tout le long de cette ligne, l'eau qui imprègne la craie blanche et qui repose sur la craie marneuse s'écoule et tombe dans la mer, en forme de nappe verticale voilant le pied de la falaise par un rideau transparent.

Sans la mer et surtout si les couches avaient la forme en fond de bateau que nous leur reconnaîtrons plus loin dans tant de pays, l'eau s'accumulerait sous terre et y constituerait un niveau d'eau plus ou moins accessible par des puits profonds.

C'est parmi les niveaux de ce genre qu'il faut mentionner ici le *torrent d'Anzin* avec lequel les mineurs du Nord, qui établissent des puits pour l'extraction de la houille, ont, et surtout ont eu, tant à compter.

D'après la forme et la profondeur des nappes souterraines, on peut les utiliser de façons diverses.

Les puits ordinaires, déjà mentionnés, sont tout simplement des voies de communication qu'on se ménage de la surface jusqu'à des nappes peu profondes.

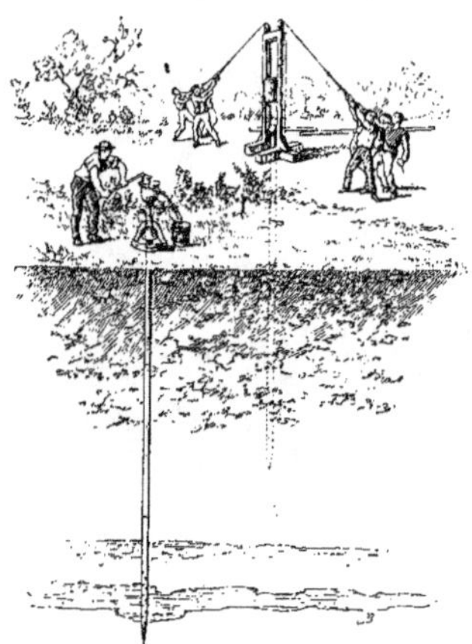

Fig. 9. — Disposition des puits instantanés. On voit au second plan le procédé d'introduction des tubes dans le sol.

Dans les *puits instantanés* (fig. 9), une variante curieuse consiste à rejoindre la nappe aqueuse à l'aide d'un tube creux qu'on enfonce à coups de mouton au travers des couches superposées et sur lequel on établit une pompe.

Dans tous les cas, la distribution de l'eau souterraine est si intimement liée à la constitution du sol, qu'on peut souvent prévoir la profondeur et le volume de la nappe à atteindre. L'abbé Paramelle a publié sur ce sujet un ouvrage fort intéressant intitulé *l'Art de découvrir les sources* et qui a rendu des services.

Parfois les puits sont jaillissants, par exemple dans nos départements d'Algérie, où abondent d'ailleurs des sources naturelles qui partagent avec eux le caractère de lancer leurs eaux à une certaine hauteur au-dessus de la surface du terrain. Il faut pour que ces effets se produisent que les couches terrestres affectent des dispositions tout à fait particulières.

C'est un acheminement vers les puits dits *artésiens* qui supposent dans le sol un agencement spécial des couches et qui peuvent fournir de l'eau émanant de profondeurs très grandes.

Les réapparitions de rivières se rapprochent jusqu'à un certain point des faits précédents et constituent la contre-partie exacte des engouffrements de cours d'eau constatés précédemment.

LIAISON DU SOL AVEC LES PLANTES ET LES ANIMAUX
QUI VIVENT A SA SURFACE

La nature intime du sol, ce qui, d'après ce qu'on vient de voir, comprend les caractères de son relief et sa manière d'être vis-à-vis des eaux, influe sur les végétaux et sur les animaux de la surface en favorisant les uns, suivant les points, au détriment des autres.

Pour s'en assurer il convient tout d'abord d'éliminer des causes agissant d'une façon tout à fait comparable, mais dérivant de circonstances extérieures.

Ainsi il est bien évident qu'une première raison qui s'oppose à l'uniformité botanique et zoologique de toute la France, c'est la latitude et la météorologie qui en résulte. On ne peut compter trouver les mêmes caractères au paysage dans la Flandre froide et pluvieuse et dans la Provence où toute l'année le soleil darde ses rayons.

Les cartes de distribution géographique des principales cultures montrent au premier coup d'œil cette influence décisive. Les limites septentrionales, si écartées l'une de l'autre, de l'olivier et de la vigne sont très éloquentes à cet égard.

Il faut presque nous répéter en ce qui concerne l'altitude, et il y a bien longtemps qu'on a remarqué que s'élever sur les pentes montagneuses c'est, au point de vue météorologique, comme si l'on se rapprochait du pôle.

Quand on gravit les flancs du Canigou, on traverse au sortir de Perpignan des vallées où l'oranger pousse en pleine terre, mais à mesure que le sol monte on voit successivement apparaître, dominer, puis décroître, les chênes, les sapins, les bouleaux, puis enfin les humbles herbes qui conduisent jusqu'aux glaciers.

.. Une autre cause immédiatement sensible de différences locales, c'est la plus ou moins grande proximité de la mer. Sous l'action combinée du vent et du sel, dont les embruns chargent l'air à une certaine distance du rivage, on voit certaines plantes prendre un caractère spécial. Les arbres poussent en se déformant et en se couchant vers la terre. Toute une florule de plantes sodifères apparaît.

Enfin, il est bien certain que l'influence de l'homme se fait sentir dans un très grand nombre de cas pour imprimer au paysage un caractère particulier. Il a déboisé de vastes régions. Ailleurs, au contraire, il a produit artificiellement des forêts, et les landes de Gascogne ont acquis de ce fait un aspect tout à fait opposé à celui des dunes mobiles que la nature y avait installées et qu'elle tendait manifestement à maintenir et à étendre. Le dessèchement de la Camargue, l'irrigation de régions sèches peuvent compter dans la même série.

Cependant, malgré tous les faits dont ces exemples évoquent la pensée, il est nécessaire de reconnaître que les principales causes des aspects si divers de la surface du sol sont de nature géologique. Elles sont, soit dans l'étoffe dont le sol est fait, soit dans les influences que ce sol a subies en conséquence des propriétés les plus générales de notre globe et dont nous nous proposons précisément de faire l'histoire.

A l'appui de cette assertion citons à la porte même de Paris, dans le val Fleury, près de Meudon, différents affleurements de formations géologiques superposées qui nous procureront une démonstration.

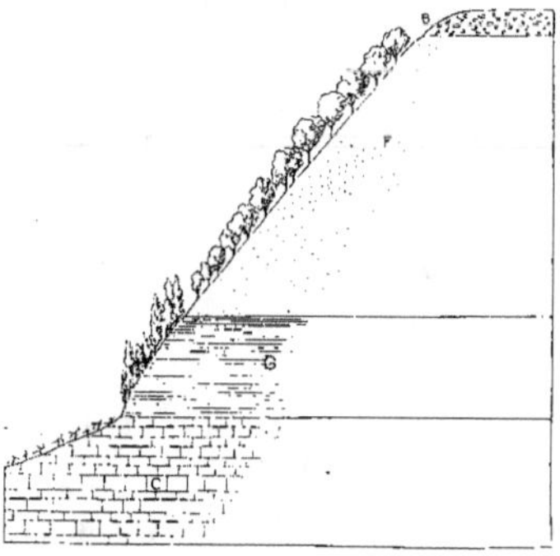

Fig. 10. — Coupe théorique dans le flanc du val Fleury, près de Meudon : C, calcaire grossier supportant des vignes et des champs de céréales ; G, marnes du gypse nourrissant des peupliers et des saules ; F, sable de Fontainebleau portant la forêt ; B, meulière de Beauce recouverte de cultures maraîchères. (La pente a été très fortement exagérée.)

Dans le fond du vallon (fig. 10), le sol est activement cultivé : des vignes, des céréales et d'autres récoltes très variées occupent de nombreux ouvriers qui portent à Paris une partie de leurs produits. Mais dès qu'on s'élève sur le flanc des coteaux, d'autres plantes succèdent aux précédentes : des arbres se montrent en grand nombre, et parmi eux les saules, les aulnes et les peupliers. Sur une épaisseur relativement faible, les conditions sont éminemment propres à l'installation des jardins, et on désigne quelquefois dans le pays sous le nom de *niveau des maisons de campagne* cette zone privilégiée. De loin on la voit se continuer à la même hauteur, très nettement différente des champs situés plus bas et des bois qui la dominent.

Ceux-ci recouvrent les flancs du vallon presque jusqu'au sommet des collines : les châtaigniers qui dominent en bien des points sont associés aux chênes, aux bouleaux et,

Armand COLIN et Cie, Éditeurs.

LES FORMES ACQUISES DU PAYSAGE

E. Capiomont impt

comme végétation plus modeste, aux bruyères cendrées, aux genêts, aux ajoncs, aux digitales et à la gracieuse graminée connue sous le nom vulgaire de *canche flexible*.

Mais tout cela cesse à son tour et le pays est couronné de nouveau par une zone où sont cultivées bien des plantes comestibles, depuis les fraisiers jusqu'aux betteraves.

Or, si l'on examine de quoi est fait le terrain à ces niveaux superposés si nettement distincts par la végétation qu'ils nourrissent, on retrouve des contrastes tout aussi frappants, et la géologie se révèle comme la cause de cette distribution des plantes.

En effet la zone d'en bas, avec ses vignes et ses blés, est avant tout de nature calcaire : la pierre à bâtir en est la roche la plus abondante. L'horizon des maisons de campagne coïncide avec l'affleurement des marnes qui couronnent la formation où dans tant de points le gypse est exploité pour la fabrication du plâtre. Les bois profonds poussent sur le sable, sur ce sable quartzeux auquel s'applique couramment dans toute la région parisienne le nom de Fontainebleau, fameux surtout parmi les touristes et les peintres, par son incomparable forêt. Enfin les plateaux qui couronnent l'ensemble sont, au point de vue géologique, caractérisés par les meulières et par les argiles qui leur sont associées. La liaison du sol avec les plantes est si stricte que de loin, à la vue des cultures, on sait exactement ce que produiraient des excavations ouvertes dans la terre.

C'est avec la même netteté qu'on voit se refléter en maints pays, dans l'économie et l'allure de la flore, les détails de la constitution minérale du sous-sol, et à ce titre il peut être intéressant de mentionner encore un exemple.

Nous le prendrons à dessein dans un pays bien différent du précédent : aux environs de Clermont-Ferrand, en Auvergne.

La ville (fig. 11) est construite sur un sol horizontal, qui se rattache à la Limagne, l'une des régions les plus fertiles de la France entière : les carrières ouvertes çà et là permettent d'y reconnaître des couches principalement argilo-calcaires dépendant d'un

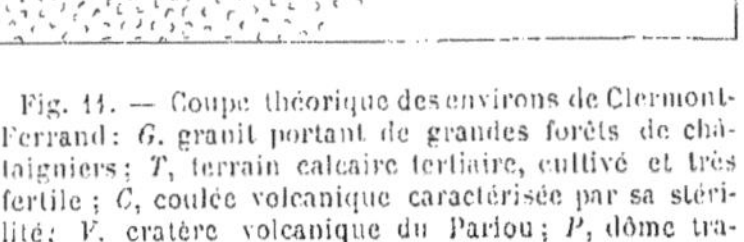

Fig. 11. — Coupe théorique des environs de Clermont-Ferrand : *G.* granit portant de grandes forêts de châtaigniers ; *T*, terrain calcaire tertiaire, cultivé et très fertile ; *C*, coulée volcanique caractérisée par sa stérilité ; *V*, cratère volcanique du Pariou ; *P*, dôme trachytique du Puy de Dôme.

étage géologique récent et dont l'origine date d'une époque où un grand lac occupait l'emplacement actuel du chef-lieu du Puy-de-Dôme. Vers l'ouest, des pentes rapides conduisent sur le plateau d'où la vue s'étend si magnifique sur de vastes horizons. A mesure qu'on s'élève changent en même temps la nature du terrain et la végétation dominante : au lieu de calcaires, ce sont des granits qu'on foule aux pieds ; au lieu de cultures maraîchères, ce sont des bois profonds de châtaigniers séculaires comme à Fontanat, ou de grandes forêts aux espèces variées comme sur la route de Volvic. Mais on ne tarde pas à atteindre des zones bien différentes encore. Près de la fontaine du Berger, par exemple, on trouve une bande sur laquelle aucune plante utile ne peut pousser et qui n'offre aux yeux que des blocs de rochers âpres et dénudés avec des taches bien limitées de petites herbes rabougries : c'est la *cheire*, suivant le vocable du pays; c'est la coulée volcanique issue de Puy de Pariou et dont la substance constitutive n'est plus ni du calcaire ni du granit, mais une lave remarquablement résistante à la décomposition subaérienne. Trois flores sont donc en contact, qu'on peut, à cause de leur habitat, qualifier au propre de flore calcaire, de flore granitique et de flore lavique.

Les botanistes ont rendu service aux géologues en dressant, pour bien des pays, la liste des plantes spontanées que portent les diverses formations rocheuses, et tout naturellement ces listes comprennent des plantes dont la composition chimique est loin d'être la même. Les plantes calcicoles et les plantes silicicoles diffèrent comme le sol qui les a produites. Dans les terrains salés du littoral et des environs des gîtes de sel gemme, on recueille des plantes à soude, *Salsola* et autres; dans les gîtes de zinc croît la *Viola calaminaria*, dont les cendres sont zincifères, etc.

Dans la Côte-d'Or on connaît l'influence directe de certains sols sur la qualité des vins. On pourrait qualifier de *niveau des grands crus* certaine partie des marnes du terrain oxfordien qui constituent, par exemple, le sol des vignobles de Meursault, de Volnay, de Pomard, de Beaune et de Vougeot.

Parmi les régions où les faits dont on vient de parler sont tout particulièrement sensibles, il est impossible de ne pas mentionner quelques points des environs de Nantes. Du côté d'Arthon et de Cheméré (fig. 12), le sol comprend des bassins de calcaire tertiaire très peu étendus entourés de toutes parts du granit et des roches connexes qui font tout le pays. Or, tandis que les masses cristallines nourrissent une végétation essentiellement silicicole et dans laquelle les ajoncs prédominent, les îlots calcaires sont recouverts d'une flore

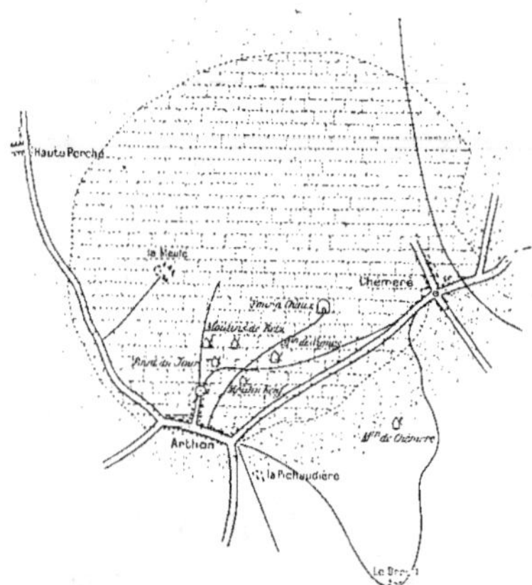

Fig. 12. — Carte géologique des environs d'Arthon et de Cheméré (Loire-Inférieure). La zone quadrillée est calcaire et porte une flore calcicole ; la région environnante pointillée est granitique et porte une végétation silicicole.

tout à fait comparable à celle qu'on trouve près de Paris dans la région de la pierre à bâtir. De loin, le contraste est frappant et les contours de ces flores distinctes sont si nets, que c'est comme si les plantes s'étaient entendues pour colorier une espèce de carte géologique naturelle.

Cette dernière remarque est d'autant plus légitime qu'on peut dans certains cas tirer de la distribution des plantes observée à distance des services analogues à ceux que donnerait l'examen d'une véritable carte. Pour en donner l'idée par un seul exemple, supposons un corps expéditionnaire lancé, comme si récemment à Madagascar, dans un pays dont l'étude du sol soit loin d'être terminée, et qui pourrait même n'être pas commencée. L'officier chargé de fixer l'itinéraire des convois et de l'artillerie devra savoir tirer, de la nature des plantes reconnaissables à la lunette, la notion de la nature du sol : tels arbres indiquent le sable, tels autres l'argile ou le calcaire, et par conséquent les uns des terrains résistants où les transports se feront bien, les autres des sols boueux où l'artillerie et les convois risqueront de s'embourber.

Les conséquences de ces remarques peuvent prêter à beaucoup de développement, et je me rappelle avec plaisir l'intérêt que voulut bien y attacher, il y a plus de vingt ans, le corps des officiers d'un régiment d'infanterie dont le colonel m'avait demandé d'initier ses subordonnés à la géologie pratique.

Il est presque superflu d'ajouter que les animaux affectent parfois une distinction géographique reflétant la disposition des masses géologiques et se rattachant d'une façon plus ou moins directe à la distribution des plantes. Aux terrains secs, aux terrains marécageux, aux prairies, aux bois, aux dunes correspondent des faunes plus ou moins compliquées auxquelles se mêlent des espèces parfois nombreuses, qui se déplacent facilement et qui par conséquent sont liées moins directement à la substance essentielle du sol. Certains êtres, comme les mollusques, pour leurs coquilles, les oiseaux pour leurs œufs, ont besoin du calcaire que tous les sols ne pourraient leur fournir. On constate que la coque des œufs des poules est d'épaisseur et de solidité variables selon l'abondance de la chaux dans les diverses localités.

LIAISON DU SOL AVEC LES HOMMES QUI L'HABITENT

L'antique qualification de *mère commune* donnée à la terre trouverait, si besoin en était, une justification nouvelle dans les traits particuliers que tirent souvent du sol les habitants des différentes régions. Le sol, en effet, ne tarde pas à exercer sur l'homme une influence qui se traduit par des modifications dans les mœurs et jusque dans le perfectionnement intellectuel.

Que l'on songe à un coin de la Bretagne ou du Morvan : un sol granitique, âpre et sauvage, ne produisant qu'une végétation rabougrie, ne renfermant que de toutes petites sources très maigres et très écartées les unes des autres ; évidemment si une agglomération d'habitants tentait de s'y établir, les choses les plus indispensables à la vie manqueraient aussitôt. De toute nécessité, sur un pareil terrain, il faut qu'on se sépare par petits groupes, presque par familles, dont chacune dresse sa demeure auprès d'un jaillissement d'eau, et il y aura parfois de longues courses à faire pour aller d'un groupe au groupe le moins éloigné. Dans de pareilles conditions, il faudra se replier en quelque sorte sur soi-même, parler peu, s'ingénier à tous les métiers pour subvenir à tous les besoins, qu'on restreindra d'ailleurs autant que possible, s'engourdir dans un état industriel et intellectuel à peu près stationnaire. On a bien assez à faire pour vivre, et nul temps n'étant laissé à la culture de l'esprit, on restera indéfiniment la proie de l'ignorance et de la superstition. C'est de l'homme granitique de basse Bretagne que Michelet a dit qu'il est resté « trop gaulois pour être bien français ». La remarque pourrait se répéter à peu près pour d'autres provinces.

Les hommes de nos régions granitiques ont été à l'origine pourvus en effet de caractères spéciaux qui les faisaient aisément reconnaître : le sol d'Auvergne et le sol de Bretagne ne se ressemblent pas plus, géologiquement parlant, que l'Auvergnat ne ressemble au Breton ; en sortant des limites géographiques que nous devons nous imposer, on constaterait que l'autochtone du pays de Galles reproduit encore les mêmes traits fondamentaux.

Au contraire, que l'on pense à un pays riche, dont la terre féconde est arrosée de grosses sources ou traversée de larges rivières : les individus y afflueront, y formeront des établissements. Pouvant échanger sur place le résultat de leur travail, chacun s'adonnera à ce qu'il saura et aimera le mieux faire : celui-ci sera boulanger, tel autre menuisier, ou maçon, ou tailleur, et la somme des produits croîtra très vite en raison de cette division des fonctions. Bientôt tout le temps de la journée ne sera plus nécessaire pour subvenir aux besoins exclusivement matériels ; on pourra réfléchir, penser, inventer, échanger des idées, étudier la nature et faire de belles choses dans les lettres, dans les arts et dans les sciences.

On a noté parfois les contrastes aussi nets qu'inattendus de deux populations habitant, au contact de l'une et de l'autre, des sols nettement différents. Le Normand et le Breton doivent être cités à cet égard comme fournissant l'exemple le plus rapproché. Le premier, grand, blond, aux yeux bleus, à la tête allongée, à la peau qui devient rouge au soleil ; l'autre petit, trapu, brun, aux yeux noirs, à la tête courte et carrée, à la peau brunissant au soleil ; vivant, le Normand sur un sol stratifié calcaire et argileux, riche en eaux ; le Breton sur le granit et les roches de la même catégorie. A l'époque où les chemins de fer et l'activité commerciale qu'ils ont fait naître n'avaient pas encore réalisé parmi les hommes le brassage qui menace de les rendre uniformes d'un pôle à l'autre, le Normand et le Breton se regardaient volontiers comme des ennemis. Jamais ils n'eussent songé à fraterniser ensemble, encore moins à conclure entre eux des mariages.

Considérée dans son ensemble, la France manifeste une unité géologique des plus remarquables, sur laquelle Élie de Beaumont et Dufrénoy ont insisté depuis bien longtemps, et qui admet, avec une frappante symétrie, deux régions qui sont avant tout signalées par leurs contrastes mutuels.

Les hommes célèbres qui viennent d'être cités qualifient ces deux régions de *pôles de la France*. Ces pôles sont situés l'un à Paris et l'autre du côté d'Aurillac ; le premier sur des terrains très arrosés et très fertiles dont la Normandie n'est qu'un détail ; l'autre établi sur la grande formation de granit qu'on désigne depuis très longtemps sous le nom de *Plateau Central*. Une coupe générale de la France dirigée du Nord au Sud (fig. 13) en fait ressortir

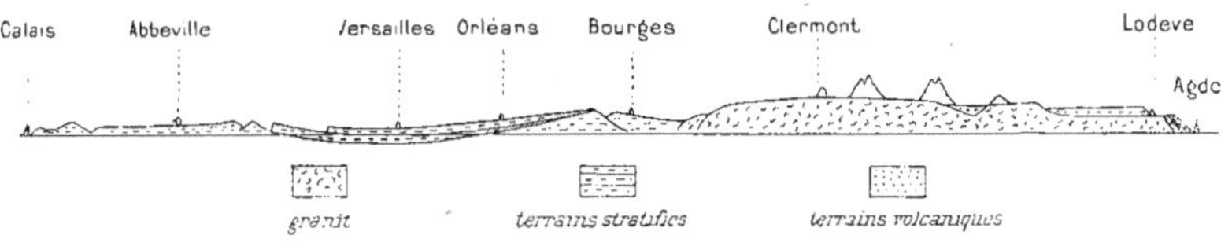

Fig. 13. — Coupe générale de la France, de Calais à Agde.

l'existence. Une carte comme celle que résume la figure 14 est également éloquente dans le même sens.

Dans la région parisienne le sol est formé de couches superposées à la manière d'assiettes empilées et qui seraient de bas en haut de plus en plus petites : il en résulte que les eaux s'y donnent rendez-vous, tant à la surface sous forme de rivières que dans les profondeurs sous forme de sources

Au contraire, dans la région d'Auvergne, le terrain fait comme une protubérance d'où les cours d'eau irradient dans tous les sens pour se répandre dans d'autres régions du pays.

L'un de ces pôles est donc « attractif » et l'autre « répulsif », et l'on constate que ces qualités subsistent vis-à-vis des hommes comme vis-à-vis des eaux. Tous les Français (et bien d'autres aussi) voudraient aller à Paris se mêler au monde actif qui s'y agite dans les domaines les plus variés; l'Auvergne, au contraire, ne produit pas de quoi nourrir ses enfants, et ils vont en grand nombre chaque année offrir leurs services dans des localités moins âpres.

Les anciennes divisions politiques sont bien souvent une sorte de traduction humaine des limites géologiques. Dès que le sol change notablement, toutes ses productions deviennent différentes; la distribution des eaux y est tout autre et par conséquent les conditions d'existence s'y présentent très diverses.

Sans sortir de notre pays nous pourrions à cet égard faire un très grand nombre de remarques.

Dans le nord de la France, nous voyons la région parisienne prise comme exemple, qu'une série de contours géologiques coïncide avec des frontières d'anciens pays : la Beauce, la Brie sont des pays de travertins, calcaires ou siliceux associés à des argiles; le Perche, la Sologne, sont des régions essentiellement argileuses, la Champagne est crayeuse, la Thiérache est schisteuse, la Flandre est limoneuse, etc.

On peut ajouter d'une façon générale que l'inégalité de densité de la population dans les différentes parties de la France peut sans grand effort se rattacher aux diverses constitutions géologiques.

Dans un très grand nombre de cas, la situation des villes actives est en rapport avec la présence dans le sol de matériaux directement utilisables. A Paris, tout le monde connaît les catacombes, qui ne sont que les galeries des anciennes carrières, d'où sont sortis les matériaux dont la ville est construite. La réunion dans son sol de la pierre à bâtir, de la pierre à plâtre et de la terre à briques et à tuiles explique sans peine sa réputation de splendeur,

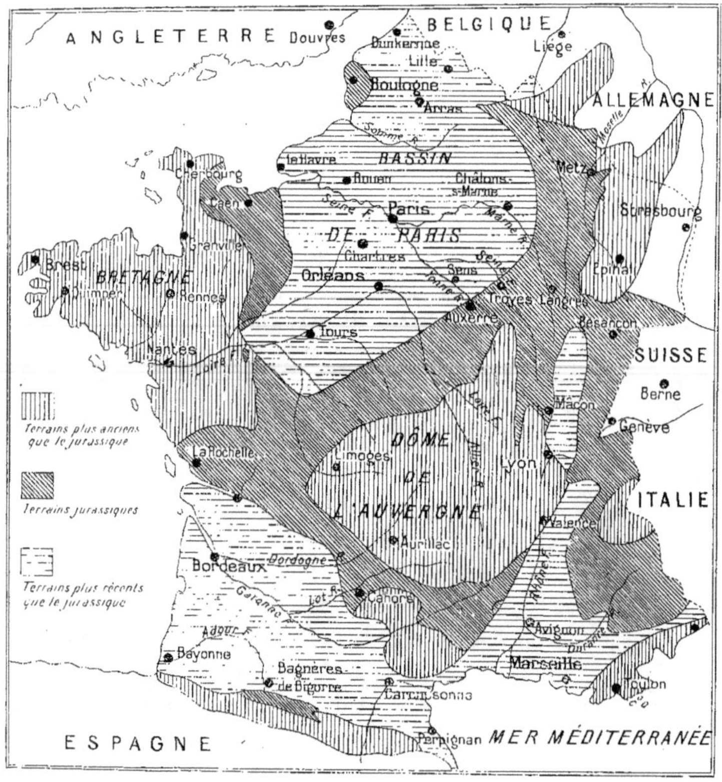

Fig. 14. — Carte de France destinée à montrer les contrastes entre le bassin de Paris et le dôme de l'Auvergne.

à l'époque où la difficulté des transports condamnait chaque cité à se construire avec les matériaux contenus dans son propre sol.

Beaucoup de villes sont assises sur des gisements de minerais, et par exemple c'est le charbon de terre qui a déterminé l'existence d'Anzin, de Decazeville, etc., et qui a substitué Saint-Étienne à Montbrison comme chef-lieu du département de la Loire. D'autres localités doivent leur existence à des sources parfois pures, comme Sommesous, en Champagne;

tantôt chaudes, comme Plombières dans les Vosges, Chaudesaigues en Auvergne, Dax dans les Landes; tantôt enfin minéralisées par des substances variées, comme Barèges dans les Pyrénées, Aix en Savoie, Vichy dans l'Allier.

Que de villes, que de villages ont conservé dans leur nom même la preuve du rôle prépondérant dans leur établissement d'une substance minérale utile! Qui ne connaît des lieux qui s'appellent : Roche, La Roche, Les Sables, Grès, Marne, Carrière? Monceau-les-Mines, Saint-Laurent-le-Minier et bien d'autres sont éloquents. Ferrières, Argentière, l'Argentière, Penestin, rappellent des exploitations métallurgiques. Salies, Saléons, Salins, Château-Salins, Sales, Salival, Saulxures, Marsal, doivent leur nom au sel gemme ; Aix, Fontaine, Fontanat, Fontenay, Fontainebleau, Belle-Fontaine, Chaud-Fontaine, Froidefont,

Fig. 14 bis. — L'observatoire du mont Blanc, d'après une photographie.

La Chaudeau, Les Eaux-Chaudes, Chaudes-Aigues, Eaux-Bonnes, Bains, Bagnols, Bagnoles, à des eaux; etc.

De tout temps les accidents du sol ont pu provoquer l'établissement des hommes en des points déterminés : ce furent d'abord les cavernes, les *abris sous roche*.

Encore aujourd'hui et même en France, les cavités du sol sont utilisées en maints endroits pour l'habitation ou au moins pour la mise en sûreté des objets de garde, récoltes de tous genres, outils, etc.

Parfois, quand la roche constituant le sol présente les qualités d'imperméabilité nécessaires, on y creuse des habitations, et c'est ce que montrent bien des points du Soissonnais, de la Touraine, etc.

C'est à des causes surtout géologiques qu'il faut attribuer la situation de bien des localités habitées et spécialement des châteaux et des forteresses sur les observatoires naturels formés par des rochers isolés.

Dans les pays accidentés, les sommets isolés ont de tout temps servi d'observatoires, de postes de défense et les oppida romains en sont de bons exemples, parmi lesquels on peut citer la colline de Gergovie, en Auvergne, déjà mentionnée plus haut. Les burgs des Vosges sont plantés sur des crêtes escarpées dont les flancs se confondent souvent avec les murailles de fabrication humaine. Le château de Murols, dans le Puy-de-Dôme (Pl. III, fig. 2), peut être pris aussi comme type dans la même série où figureraient des points nombreux dans les Cévennes, dans les Ardennes et bien ailleurs. La pittoresque cité d'Eza dans les Alpes-Maritimes (Pl. III, fig. 3) est un type spécial dans cette belle série.

Nos forteresses actuelles sont souvent en posture analogue : le fort de l'Écluse, le fort de Charlemont (Pl. III, fig. 1), sont sur des points désignés avant tout par leur allure géologique. Dans les temps passés, quand la guerre offrait à l'activité humaine son moyen le plus honoré de manifestation, les peuples riches habitant des sols favorisés étaient nécessairement désignés aux entreprises des populations vivant sur des terrains ingrats. De sorte que c'est encore dans le domaine purement géologique qu'il faut aller chercher l'origine de nombreux faits historiques.

Il faut enfin, pour épuiser les faces principales de ce sujet, remarquer encore que les grands accidents du sol sont de nature à procurer à la science une ressource précieuse dans la recherche de la vérité. De toutes parts, les hauts sommets sont choisis avec empressement par les météorologistes et par les astronomes pour l'établissement des laboratoires et des observatoires. En France, le mont Ventoux de même que le pic du Midi sont couronnés de stations météorologiques et notre planche reproduit cette dernière localité d'après une belle photographie qu'avait eu la gracieuseté de nous offrir M. Vaussenat, le collaborateur si zélé du général de Nansouty et qui est mort maintenant. On sait que M. Janssen a construit au sommet du mont Blanc un observatoire astronomique, et surtout spectroscopique (fig. 14 *bis*), dont la grande altitude a pour conséquence principale de supprimer à peu près complètement l'influence de l'atmosphère terrestre, de sorte que la composition des astres peut être reconnue directement et presque sans mélange.

LES SOMMETS HABITÉS

Armand Colin et Cie, Éditeurs.

E. Capiomont imp.

NOS TERRAINS

PREMIÈRE PARTIE

LES PHÉNOMÈNES ACTUELS

I

LA VIE DU SOL

Une des conclusions les plus grandioses auxquelles conduisent les études géologiques, c'est que la profondeur du sol, loin d'être, comme on le croit trop souvent et tout naturellement, le domaine du repos et du silence — de la mort, en un mot, — est au contraire singulièrement active, exposée à de perpétuels changements, le théâtre en vérité d'une vie particulière. Certes une pierre est bien inerte, et le contraste est légitime qu'on a fait entre l'immobilité des roches et la mobilité des bêtes et même des plantes, dont la croissance, l'épanouissement, la décrépitude et la mort sont des phénomènes d'observation si vulgaire.

Cependant peut-être s'est-on trop hâté de conclure, en présence d'un bloc isolé, aux propriétés de tout l'ensemble. Un pavé est mort à peu près comme sont morts aussi un oiseau empaillé ou une plante dans un herbier; mais quand la roche qui le constitue était à sa place, dans la couche du sol où la carrière a été ouverte, cette roche ressemblait plutôt à l'animal dans les bois ou à l'herbe dans la prairie, prenant comme eux une part active à d'incessantes métamorphoses.

La mobilité du sol. — Tout d'abord, ce que l'on sait bien, c'est que le sol est loin d'être voué à l'immobilité absolue. Par moments il subit des trépidations plus ou moins violentes, connues sous le nom de tremblements de terre et dont la cause est évidemment interne. Ces mouvements font partie de l'histoire normale de notre globe; malgré leurs conséquences, pour nous souvent funestes, ce ne sont point des accidents en ce qui concerne la terre; ce sont des manifestations purement physiologiques.

En France, les tremblements de terre ne sont pas souvent désastreux, mais ils sont bien plus fréquents qu'on ne le supposerait. Le plus considérable de ces derniers temps a eu lieu sur notre côte méditerranéenne le 23 février 1887, et je puis en parler en témoin, m'étant trouvé à Nice précisément au moment du phénomène. Il était 5 h. 43 du matin. Déjà réveillé et encore couché, j'entendis comme un frémissement venant de loin, auquel je n'attachai d'abord pas d'importance; il grandit rapidement, prit les proportions du roulement d'une brouette, puis d'une voiture lancée avec une vitesse de plus en plus grande; il acquit bientôt une intensité épouvantable rappelant les éclats du tonnerre. En même temps toute la chambre se mit à vibrer; les vitres, les portes ajoutèrent leur note au concert, et sans confusion avec le premier bruit il y eut quelque chose d'analogue à l'assourdissant vacarme qu'on entend dans un omnibus presque vide roulant sur un mauvais pavé. Subitement mon lit se mit en mouvement, d'abord des pieds vers la tête, puis transversalement de mon pied droit à mon épaule gauche et je ressentis au moins une quinzaine de chocs rapides donnés comme avec fureur alternativement dans deux sens opposés. C'est seulement à ce moment que je me rendis compte de la cause du phénomène; j'entendis ensemble les cris de la rue, les hurlements de nombreux chiens, la chute de lourds matériaux et le frôlement contre les fenêtres des bambous du jardin, bien qu'il n'y eût pas de vent. Le temps était admirablement pur, la pression élevée, la mer absolument calme. On a ressenti trois secousses distinctes ou plus exactement trois séries de chocs. La première, la plus violente, a duré plus d'une minute; dix minutes après, la seconde se produisit, et trois heures plus tard la dernière, qui fut de beaucoup la plus faible.

Depuis Cannes jusqu'à la frontière, les effets furent de plus en plus marqués et le maximum d'intensité se fit en Italie (fig. 15). Pour rester sur le territoire français, disons qu'à Menton des quartiers entiers s'écroulèrent faisant de nombreuses victimes. A Nice, beaucoup de maisons furent lézardées du haut en bas; une école s'effondra et tua une personne. Des crevasses s'ouvrirent dans le sol en différentes directions.

La côte ligurienne est d'ailleurs une localité d'élection pour les tremblements de terre : on se rappelle celui du 16 février 1752, qui, comme le dernier, eut lieu le lendemain même du mardi gras et vint mêler le deuil aux masques.

Beaucoup d'autres tremblements de terre, le plus souvent très faibles, ont été observés en France dans ces derniers temps; on peut en citer ici quelques exemples. Ainsi dans la chaîne des Alpes, qui est une des régions favorables au phénomène, on peut presque au hasard mentionner, le 1er novembre 1888, une secousse assez violente qui a jeté la panique parmi les habitants de Digne : plusieurs se sont levés prêts à tout événement. Le 19 février 1889, une secousse s'est fait sentir à Pont-de-Beauvoisin dans l'Isère : « Sur toutes les maisons, dit un témoin, semblait prêt à s'abattre un poids formidable, produisant des craquements sinistres. Les habitants effrayés sont sortis de leurs demeures. » Le 8 avril 1893 un faible tremblement de terre a été noté à Grenoble.

La vallée du Rhône, qu'on peut regarder géologiquement comme une annexe de la chaîne des Alpes, qui lui est parallèle, est agitée assez souvent. Ainsi le 13 novembre 1887, il y a eu des secousses dans la région de Vaucluse. A Saint-Saturnin, des maisons ont été lézardées; à l'Isle-sur-Sorgues, des cheminées ont été démolies. A Cavaillon, plusieurs consommateurs attablés dans un café ont été renversés pendant que toute la verrerie de l'établissement était brisée. Une dame qui prenait un bain aux Aliziers s'est vue subitement privée d'eau. En 1892, le 26 août, toute la vallée du Rhône fut soumise à des trépidations ainsi qu'une bonne partie du Plateau Central; dans la Haute-Loire, on entendit des grondements souterrains rappelant le tonnerre; à Saint-Étienne, à Montbrison, à Montrond, des glaces, des tableaux, des suspensions ont été brisés. A Riom, on nota cinq secousses dans la journée;

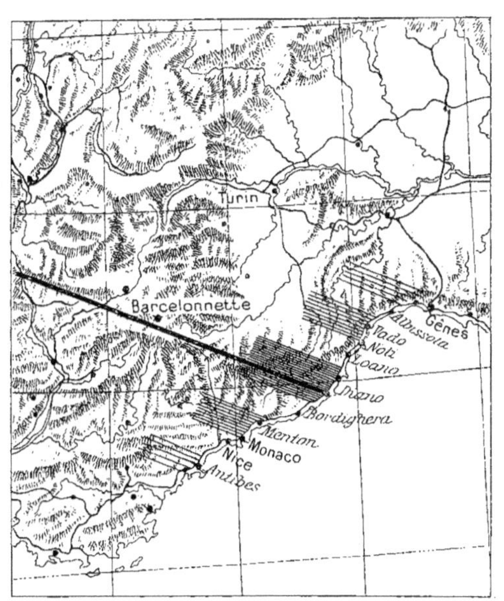

Fig. 15. — Carte du tremblement de terre éprouvé le 23 février 1887 sur le littoral des Alpes-Maritimes. Les hachures représentent, par leur rapprochement, l'intensité du phénomène en chaque point.

un terrassier fut renversé dans une fosse. Au mois de mai 1888, les départements de l'Allier et du Puy-de-Dôme eurent des secousses répétées. Le 5 et le 23 mars 1889 les mêmes manifestations sismiques se renouvelèrent dans le Cantal, l'Aveyron, la Lozère et la Haute-Loire.

Dans la chaîne des Pyrénées, le phénomène n'est pas rare. Le 28 juin 1891, aux Eaux-Chaudes, à Laruns et dans d'autres points des Basses-Pyrénées, on entendit un fort roulement rappelant le tonnerre, et l'on éprouva une secousse allant du nord au sud; les fenêtres furent ébranlées, les lits remués. Dans la nuit du 7 au 8 janvier 1892, c'est dans les environs de Bagnères-de-Luchon et à Argelès-de-Bigorre que le sol a tremblé : sept secousses se succédèrent de minuit et demi à 2 heures et demie du matin. La première a réveillé tous les habitants ; la troisième, la plus violente de toutes, accompagnée de roulements souterrains, a ébranlé les maisons. La région est coutumière du fait.

Le Jura aussi est soumis de temps à autre aux mouvements du sol : citons seulement les secousses du 10 juin 1890 ressenties à Lons-le-Saunier et à Poligny et qui se sont propagées dans toutes les parties basses du Jura en suivant la ligne des montagnes. A Parcey, des paysans assis sur le pont de la Loue ont ressenti un choc violent qui leur a fait perdre l'équilibre : l'un d'eux est tombé dans la rivière, d'où il a pu d'ailleurs se tirer sain et sauf. A Beaune, on a eu comme un contre-coup du choc ; dans plusieurs maisons, la vaisselle a oscillé bruyamment, des pendules se sont arrêtées et la cloche de l'église a tinté.

Il faut citer comme spécialement fertile en tremblements de terre notre région occidentale. Le 30 mai 1889, vers 8 heures du soir, la Normandie tout entière fut secouée. A Cherbourg, on sentit trois secousses et la corniche du portail de l'église de la Trinité fut renversée ; à Granville, à Rouen, à Caen, à Pont-Audemer et bien ailleurs, la population fut très effrayée. A Paris même, bien que les secousses fussent faibles, un grand nombre de personnes les ont ressenties. Le 7 juin 1889, à 1 heure un quart de l'après-midi, une très nette et très bruyante secousse a été ressentie à Brest. Le 12 août 1889, vers 2 heures et demie du matin, le sol a tremblé à Angers et à Poitiers. Enfin, encore la même année, dans la nuit du 3 au 4 septembre, une secousse a été enregistrée dans le département de Maine-et-Loire, à Chalonnes, à Angers et ailleurs.

En 1891, le 10 et le 13 mars, des secousses se produisirent auprès d'Angers. En 1892, dans la nuit du 23 au 24 janvier, c'est dans la Sarthe, près de Château-du-Loir, que le phénomène se signala. Quatre secousses se succédèrent et secouèrent les fenêtres et les contrevents, en sorte que des habitants crurent que des malfaiteurs s'étaient attaqués à leur porte, pendant que d'autres pensaient qu'une voiture lourdement chargée avait heurté le mur de leur maison, ou encore que leur toit s'effondrait. En 1893, on a cité un tremblement de terre à Brest le 9 mars, un le 2 juillet à Angers, etc.

Enfin des trépidations furent observées dans le nord de la France et qui sont peut-être d'une catégorie spéciale. Durant l'année 1891 on ressentit à trois époques différentes ces secousses bien caractérisées à Sin-le-Noble, auprès de Douai. Le 19 janvier, les habitants furent très impressionnés par deux secousses, dont la première fut assez forte pour déplacer des meubles. Le 15 avril, trois trépidations se produisirent dans l'espace de cinq minutes. Dans les maisons, tous les objets ont été déplacés et dans les rues, des cheminées de briques se sont abattues ; enfin le 25 septembre des maisons furent lézardées. En 1892, une vio lente secousse a été ressentie le 11 décembre aux environs de Lens (Pas-de-Calais). Le 27 décembre 1893, un tremblement de terre se produisit à Aniche (Nord), avec accompagnement de grondements souterrains.

On a inventé, pour étudier les tremblements de terre, des appareils qui substituent un témoignage par écrit mécanique à des impressions difficiles à comparer entre elles. On les nomme des sismographes (fig. 16), et tous nos observatoires en possèdent. Chaque fois qu'il se produit une secousse ils en procurent comme le portrait sous la forme d'une courbe ou sismogramme du genre de celle que nos lecteurs ont sous les yeux (fig 17).

En soumettant les sismographes à une observation soutenue, on n'a pas tardé à reconnaître que les tremblements de terre sont beaucoup plus fréquents qu'on n'eût pu se l'imaginer. Ayant établi dans les Pyrénées un appareil des plus délicats, dans les meilleures conditions d'isolement, M. d'Abbadie est arrivé à conclure qu'il ne se passe pas 30 heures sans que le sol ne soit agité. On voit combien il est légitime de reconnaître dans le phénomène sismique non un accident mais une manifestation de la physiologie terrestre. Le sol est dans un frémissement continu qui n'atteint que de loin en loin les proportions de secousses perceptibles. Les trépidations sismiques ne sont pas les seuls mouvements dont le sol puisse être animé et il nous reste à dire un mot d'un véritable mouvement de bascule que subit d'ensemble la surface de notre pays, et qui témoigne peut-être plus éloquemment encore de l'allure vraiment vivante du milieu géologique.

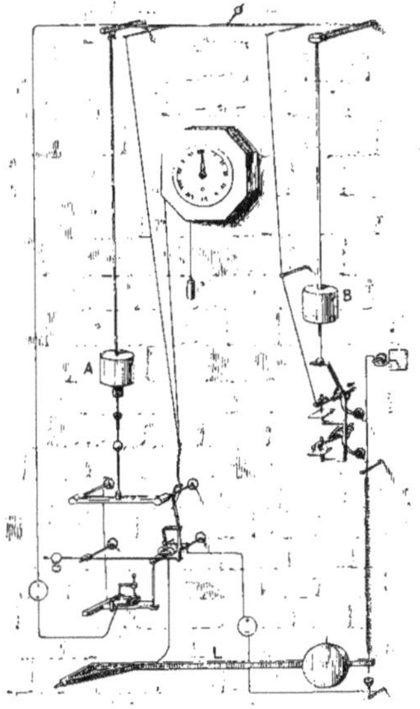

Fig. 16. — Le sismographe de Cecchi. A et B, pendules propres à enregistrer les mouvements horizontaux ; L, levier pour enregistrer les mouvements verticaux.

Des mesures trigonométriques très précises ont permis de constater que la région nord de la France subit un affaissement général, en conséquence duquel la mer gagne progressivement sur la terre ferme. C'est ainsi qu'à la suite de discussions minutieuses et dont le résultat doit inspirer d'autant plus de confiance, M. Bouquet de la Grye arriva à affirmer que de 1832 à 1871 la région du Havre s'est affaissée de 2 millimètres par an. A première vue c'est peu de chose, mais si l'on pense à la vertigineuse durée des temps géologiques, aux milliers de siècles depuis lesquels se continue la *période actuelle*, on reconnaîtra que de grands effets doivent résulter de ces causes très lentes. La forme du littoral est profondément changée et des portions continentales sont devenues marines.

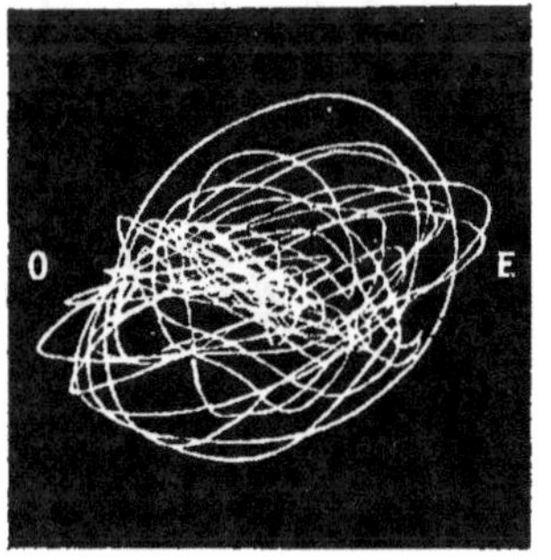

Fig. 17. — Un sismogramme. Courbe tracée par un sismographe pendant un léger tremblement de terre.

La côte est d'ailleurs bordée de forêts sous-marines témoignant un affaissement très récent.

On a la preuve en beaucoup de points de la Provence et de la Ligurie que notre littoral méditerranéen subit au contraire un mouvement lent d'exhaussement. Près de Beaulieu, par exemple, aux environs de Nice, on voit le long du rivage des lambeaux de sable tout pareil à celui que dépose la mer aujourd'hui, renfermant des coquilles identiques à celles qui vivent actuellement dans les flots, mais qui sont à une hauteur très notable au-dessus du niveau de l'eau. Ces sables datent donc d'un moment où la terre ferme était moins haute qu'aujourd'hui relativement à la surface de la mer.

Les grands mouvements de bascule dont notre propre pays nous donne un exemple sont constatés, avec des allures diverses, dans les régions les plus variées de la terre entière. Ils sont connus depuis Élie de Beaumont sous le nom très expressif de *bossellements généraux* et leur étude, qui a été poussée très loin, démontre une flexibilité générale de la surface du sol dont les conséquences sont nombreuses et importantes.

La circulation des eaux. — Ainsi donc le sol ferme, le « plancher des vaches », comme on dit vulgairement, n'a aucunement droit à la vieille réputation de stabilité qu'on lui a faite.

Il faut ajouter que pendant qu'il se déplace en masse, sa substance subit d'incessants déplacements relatifs, que son épaisseur est le siège de modifications continues, et que la forme la plus sensible de toute cette vitalité géologique est celle de vraies circulations.

Fig. 18. — Bois de dicotylédone silicifié et rempli de cristaux bipyramidés de quartz, des sables moyens du Guepelle (Oise). 1/2 de la grandeur naturelle.

Non seulement les portions fluides du globe qui composent l'atmosphère, les océans, les lacs, et les cours d'eau de tous ordres changent incessamment de place, mais encore dans l'épaisseur des roches les plus cohérentes en apparence, la matière minérale obéit à des agents qui la transportent d'un point à un autre. Des molécules mélangées d'abord d'une certaine façon, en raison des conditions originelles, s'arrangent ensuite autrement, et personne n'en saurait douter à la vue des *minéralisations* de débris végétaux (fig. 18) ou animaux et même de portions rocheuses devenues des *rognons*, comme sont les silex (fig. 19), le phosphate de chaux, la pyrite et tant d'autres matières.

Nous aurons plus loin à voir s'il n'est pas possible de faire au moins des suppositions sur la cause qui imprime aux substances minérales une allure si imprévue. Pour le moment, il suffira de constater par un petit nombre d'exemples l'importance et la variété des actions dont il s'agit. Elles nous donneront la clé d'un grand nombre de phénomènes en voie actuelle d'accomplissement et qui composent un des chapitres les plus intéressants de la géologie.

Par son extrême mobilité l'eau constitue certainement l'agent géologique le plus actif de la surface du globe. Nous énumérerons ailleurs quelques-uns des résultats qu'elle produit, soit en démolissant des roches, soit en en édifiant de

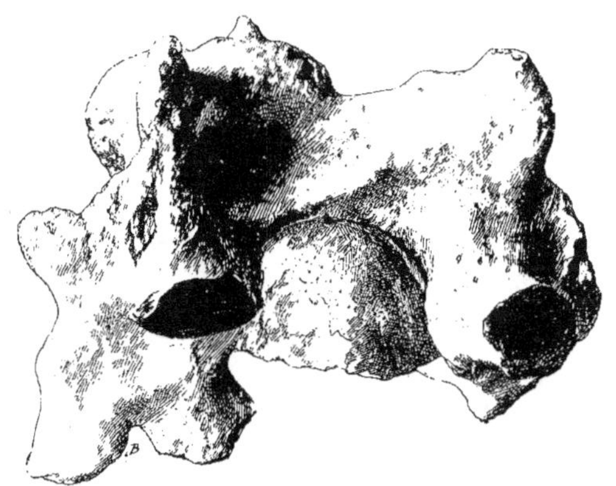

Fig. 19. — Un rognon de silex de la craie blanche de Meudon (Seine-et-Oise). On y voit un oursin (*Ananchytes ovata*), dont le test est resté calcaire, solidement empâté dans la matière siliceuse. 1/2 de la grandeur naturelle.

nouvelles. Pour le moment il importe de noter que la circulation aqueuse n'a pas lieu au hasard, mais qu'au contraire elle obéit à des lois très strictes.

Il faut rappeler d'abord la circulation atmosphérique des eaux, qui se traduira, comme on le verra, par de vrais phénomènes géologiques auxquels préside avant tout la subtilité de l'air, qui, à l'état de vents et de courants réguliers, réalise des transports de matière minérale pouvant représenter des volumes énormes.

Sous l'action de la chaleur solaire, l'eau changée en vapeur s'élève verticalement dans l'atmosphère. Elle est alors complètement invisible, mais il suffit d'un refroidissement résultant, suivant les cas, de l'altitude atteinte ou de la rencontre d'un vent froid pour que la condensation la ramène à une forme sensible aux yeux. Les nuages, comme on le sait, sont des amas de gouttelettes aqueuses séparées les unes des autres et qui résultent d'une simple précipitation déterminée par un abaissement de température de la vraie solution invisible qu'elles constituaient dans la masse de l'air relativement chaud.

Ces nuages, très ordinairement qualifiés du nom impropre de *vapeurs*, constituent au sein de la masse transparente des airs comme des repères dont l'étude amène la notion du régime des hautes régions de l'océan aérien.

Il arrive souvent que l'eau y passe à l'état solide, et suivant les cas elle se constitue en aiguilles de glace, en flocons de neige ou en grains de grêle. Sous l'une de ces formes comme sous l'autre, comme à l'état de gouttelettes liquides, l'eau obéit à la pesanteur et elle tombe plus ou moins vite. Souvent sa chute, en la ramenant dans les régions basses, chaudes et non saturées de l'atmosphère, la reconstitue à l'état invisible de vapeur ; et la persistance de bien des nuages en un point du ciel n'est qu'une apparence due à la condensation successive et locale d'un courant, limpide au contraire, dans le voisinage. Fréquemment aussi, l'eau liquide arrive par terre et les chutes de pluie, de neige ou de grêle complètent la circulation verticale. En tombant, elle fait subir à l'air un véritable lavage, et les sédiments de l'eau de pluie, comme de celle qui résulte de la fusion de la neige et de la grêle, devront intervenir parmi les productions géologiques des météores aqueux.

Une fois tombée, l'eau de pluie se divise en trois portions facilement sensibles : l'une qui se volatilise et recommence le trajet atmosphérique, une autre qui pénètre dans la terre et dont nous nous occuperons dans un instant, une dernière qui ruisselle en suivant les déclivités.

Celle-ci constitue au propre *l'eau sauvage*, et son passage est la cause de modifications incessantes de la forme même du sol.

Elle se forme sur les surfaces à peu près planes ou légèrement concaves, ruisselle le long des pentes et se précipite dans les parties basses avec une rapidité qui dépend de la forme des reliefs.

Dans les pays accidentés, après les pluies abondantes, il se fait des cours d'eau temporaires qui peuvent causer des accidents à raison de leur impétuosité. Les filets de ruissellement ne tardent pas à se réunir dans un lit plus ou moins permanent, et c'est ainsi que se produisent les torrents. En les suivant depuis les hautes régions où ils prennent naissance jusque dans les parties les plus basses, on les voit se calmer progressivement, se régulariser, passer à l'état de ruisseaux dilatés ailleurs en mares, en étangs, en lacs, chaque fois que la vallée qui les dirige subit dans ses portions sensiblement horizontales des élargissements suffisants.

Conformément à un vieux dicton, les petits ruisseaux forment les rivières, et même les grosses rivières ; celles-ci se jettent les unes dans les autres et arrivent finalement à la mer sous la forme de fleuves.

L'ensemble de tous ces cours d'eau a depuis longtemps été comparé au réseau de vaisseaux établis dans les profondeurs de l'organisme des plantes et des animaux ; il ne constitue cependant qu'une partie du système vasculaire de la terre. Mais déjà il justifie l'assimilation par la véritable fonction de nutrition qu'il réalise vis-à-vis du grand organisme terrestre.

On peut lui voir comme une continuation dans l'ensemble des courants réguliers qui sillonnent les océans et dont la navigation a su retirer un si précieux parti en diminuant, grâce à eux, la durée primitive de beaucoup de traversées.

Sur nos côtes, nous avons à mentionner l'existence de l'un au moins de ces courants, le

LA PERTE DU RHÔNE

LA SOURCE DE VAUCLUSE

LA RIVIÈRE DE PADIRAC

Armand COLIN et C\ie, Éditeurs.

LES RIVIÈRES SOUTERRAINES

E. Capiomont imp.

Gulf-Stream, qui par sa branche descendante vient lécher nos côtes de Bretagne et de Vendée et y amène chaque année, avec les sardines, un élément de prospérité.

Mais ce qui achève de donner à la circulation aqueuse une analogie intime avec celle de la sève et du sang chez les végétaux et chez les animaux, c'est le rôle qu'elle joue au-dessous même de l'épiderme du sol, dans les pores des roches et dans les cavités qui les perforent. Nous verrons que les eaux souterraines remplissent une fonction géologique de première importance, dont pour le moment il suffit de constater l'existence.

Elle manifeste d'ailleurs deux formes principales, ayant lieu tantôt dans des canaux de dimensions notables qui sont comme le réseau des veines et des artères de l'organisme, tantôt par des chemins invisibles analogues aux espaces interstitiels des éléments anatomiques.

Dans bien des pays, des cours d'eau de toutes sortes de volume disparaissent tout à coup dans les profondeurs du sol : c'est ce qu'on appelle les *pertes des rivières*, et nous les avons mentionnées déjà.

De pareils accidents sont connus sur un très grand nombre de points de notre territoire et certains d'entre eux sont même célèbres parmi les touristes à cause de leur aspect pittoresque. C'est le cas par exemple dans la Charente, où le Bandiat se précipite avec fracas dans le gouffre de la Caillère. Dans la Haute-Saône, la Côte-d'Or, le Jura, les Bouches-du-Rhône et bien ailleurs, des pertes analogues se rencontrent de divers côtés.

Il arrive qu'en certains cas, la rivière ainsi engloutie continue son cours à une petite distance de la surface du sol, et parfois on a trouvé intérêt à supprimer le plafond qui la cache aux regards. Le Rhône (Pl. IV, fig. 1) se comportait de la sorte, et les habitants du pays ont fait sauter les roches sous lesquelles s'engouffrait la rivière. Maintenant elle est à ciel ouvert sur tout son parcours et disponible comme force motrice pour un grand nombre d'industries qui en usent largement.

Le plus souvent, on n'a pu en agir ainsi parce que le cours souterrain est trop loin de la surface ; mais de hardis explorateurs n'ont pas craint de pénétrer dans les cavités du sol et d'y observer toutes les particularités de la circulation occulte. Plusieurs de nos provinces sont remarquables par l'abondance des accidents de ce genre et l'on peut citer tout spécialement à cet égard le Jura et les Causses, la Charente et la Normandie.

M. Martel a donné une célébrité à beaucoup de gouffres qu'il a explorés avec intrépidité, et comme exemple des splendeurs que réservait à ceux qui savent l'aller chercher le cours souterrain des rivières, nous citerons ici, choisie presque au hasard, l'exploration du gouffre de Padirac dans le département du Lot. Situé à 11 kilomètres au nord-est de Rocamadour, « il s'ouvre tout rond dans une *glèbe* sans que rien en signale l'approche » (fig. 20). Il a 35 mètres de diamètre, 110 mètres de circonférence et la corde de sonde donne 75 mètres au point le plus creux, 54 mètres seulement au sommet du talus de pierres qui forme cône

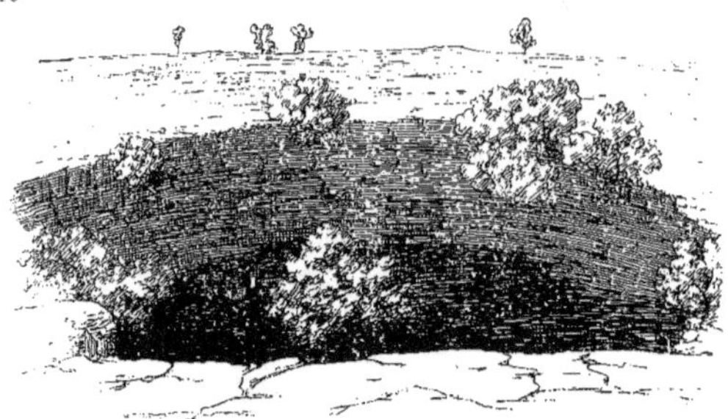

Fig. 20. — Entrée du gouffre de Padirac (Lot), d'après M. Martel.

au fond du gouffre. Une échelle de corde est descendue; elle comprend 180 échelons, qu'il faut huit minutes pour parcourir. D'en bas le gouffre se présente avec une apparence fantastique : « on se croirait au fond d'un télescope ayant pour objectif un morceau circulaire de ciel bleu. » D'un côté une large arcade s'ouvre sur un talus argileux qu'on peut suivre pendant 60 mètres et qui, à une profondeur de 98 mètres, nous amène auprès d'un cours d'eau circulant dans un couloir étroit (fig. 21). Un canot bâti en vue de ces explorations spéciales permet la promenade dans le mystérieux défilé. il a 6 mètres de largeur. Les rives à pic sont formées de deux falaises droites qui se rejoignent à 20, 30, 40 mètres au-dessus de l'eau. Le silence et l'obscurité sont absolus. Après 425 mètres de cette navigation on arrive à un petit barrage stalactitique par-dessus lequel il faut porter l'embarcation. « Maintenant commence la vraie merveille, dit M. Martel, et ce que nous allons découvrir ne saurait se décrire. Quatre expansions successives de la galerie forment autant de petits lacs ovales de 10 à 20 mètres de diamètre où nous subissons un véritable éblouissement : comme dans les plus belles grottes connues, le brillant revêtement des stalactites lambrisse leurs parois; là s'étalent en saillies et s'allongent en rangées les ornements les plus gracieux, bas-reliefs bizarres, sculptés par la nature en étincelant carbonate de chaux, bouquets de fleurs, bénitiers d'églises, feuilles d'acanthe, statuettes, dais, consoles et clochetons de cristal blanc et rose scintillant jusqu'aux voûtes, qui mesurent 20 et

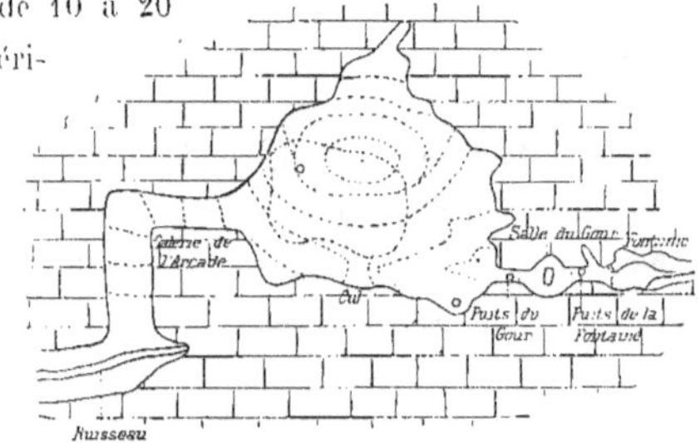

Fig. 21. — Plan du fond du gouffre de Padirac, d'après M. Martel.

30 mètres de hauteur; comme richesse de décoration, nul artiste n'a rien imaginé ni créé de semblable. Le magnésium fait de tout cela l'intérieur d'un pur diamant; sur l'onde unie comme un miroir, le reflet double la splendeur; d'un encorbellement de la rive droite descend une immense pendeloque rouge et jaune longue de 15 mètres, épaisse de 4, effilée en pointe jusqu'au niveau de l'eau. Nous en faisons le tour émerveillés, ne trouvant plus un mot à dire. Nous avons presque peur, sans savoir pourquoi. Aucun bruit ne trouble le majestueux silence de cette magnificence inconnue, le flot même

ne chante pas. Seules les gouttes d'eau tombant des voûtes sonnent aiguës ou graves, argentines ou sourdes selon la distance, mates sur la rivière, sonores sur la stalagmite, et l'écho qui discrètement les répercute combine toutes ces notes en un chant mélodieux, en une musique douce, plus harmonieuse et pénétrante que les plus suaves timbres terrestres. Nul être humain ne nous a précédés dans ces profondeurs; nul ne sait où nous allons ni ce que nous voyons; nous sommes isolés, deux dans la barque, loin de tout contact avec la vie : rien d'aussi étrangement beau ne s'est présenté à nos yeux; ensemble et spontanément nous nous posons la même question réciproque : Est-ce que nous ne rêvons pas?

Ces sensations-là sont inoubliables! » M. Martel a eu la complaisance de me communiquer, exprès pour les lecteurs de *Nos Terrains*, la belle photographie reproduite Pl. IV, fig. 2. Je lui en fais ici mes vifs remerciments.

En somme, la rivière souterraine de Padirac,

Butte d'Escure — Perte de l'Aure — Falaise de Port en Bessin — Source — Niveau de la II^le Mer — Niveau de la B^se Mer

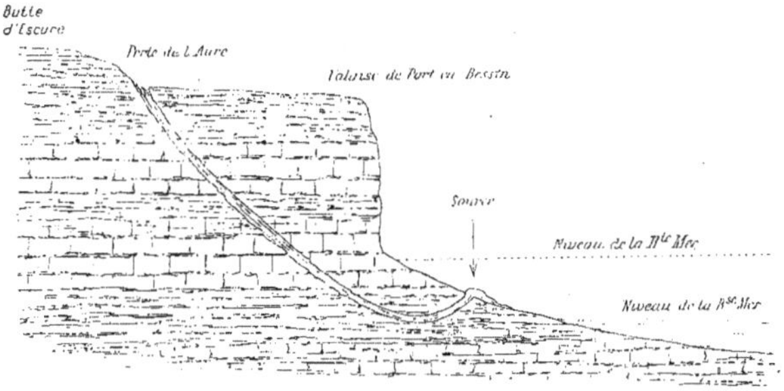

Fig. 22. — Perte et réapparition de la rivière d'Aure, aux environs de Bayeux (Calvados).

interrompue par dix-sept barrages et élargie en une dizaine de lacs, mesure environ 3 kilomètres, dans la région qui a pu être explorée. Elle disparaît ensuite dans des crevasses impénétrables aux touristes. Ainsi éparpillée en petits filets distincts, elle peut sans doute entretenir les sources qui sourdent à flanc de coteau, auprès de Gintrac, à 100 mètres au-dessus de la Dordogne, au pied d'un cirque de falaises situé dans le prolongement de la galerie souterraine et à 2 kilomètres et demi au nord de son extrémité.

Il est en effet très légitime dans une foule de cas de considérer les sources comme des *réapparitions* de rivières englouties et conséquemment comme un détail de la circulation souterraine des eaux. Quelques exemples le prouveront, et le meilleur est sans doute relatif à la magnifique source de Vaucluse (Pl. IV, fig. 3), si célèbre et dont le type est reproduit dans un si grand nombre d'autres sources. Les études auxquelles on a soumis son régime ne laissent aucun doute sur l'origine de ses eaux, qui proviennent du drainage des puissantes masses voisines du calcaire crevassé constituant les causses. C'est une des sources les plus puissantes de la surface du globe : elle sort brusquement d'une fissure de rocher sous le surplomb d'une falaise haute de plus de 220 mètres et forme une grosse rivière, la Sorgue, qui, malgré les caprices de son débit, actionne presque immédiatement des usines.

C'est d'ailleurs avec des dimensions très variables que l'appareil naturel dont la source de Vaucluse est le produit peut se présenter dans telle ou telle localité. On en retrouve par exemple comme une réduction aux environs de Bayeux, avec des circonstances que leur netteté rend spécialement intéressantes.

Dans la vallée de Maisons, au pied de la butte d'Escures (fig. 22), les deux rivières d'Aure et de Dromme se perdent peu à peu à la Fosse-Souci. La longueur sur laquelle se fait la perte varie avec les saisons, c'est-à-dire avec l'abondance d'eau, de 40 mètres en été à 80 en hiver. Partout où l'absorption a lieu on entend sous terre un bruit sourd. Or, il suffit de se rendre à Port-en-Bessin, à 4 kilomètres plus au nord, pour voir à marée basse les eaux réapparaître au pied des falaises, et c'est même un spectacle original que celui des blanchisseuses lavant en apparence du linge dans la mer.

Si la sortie s'était faite un peu plus loin du rivage, l'eau douce aurait jailli dans la masse même de l'eau salée, et c'est ce qui a lieu en plusieurs points du littoral du Var et des Alpes-Maritimes.

C'est ainsi qu'une grande source sous-marine se manifeste dans le golfe de Cannes, où elle se trahit, pendant le temps calme, par un bouillonnement bien visible à la surface. A Capri, surgit de même la source sous-marine de Port-Miou, qui émerge du roc par une ouverture de 2 mètres carrés au moins. Sa force d'impulsion se manifeste par un courant capable d'entraîner les corps flottants jusqu'à 2 kilomètres du rivage.

II

LA DÉMOLITION DES TERRAINS

De tous les chapitres de cette *physiologie de la terre* dont on vient d'avoir un très rapide aperçu il en est deux qui se signalent par l'importance des résultats auxquels ils donnent naissance. Ils concernent l'un la démolition des roches, l'autre la constitution de nouvelles masses minérales. Nous devons d'autant plus nous y arrêter un moment qu'on verra bientôt de quel secours décisif seront les notions ainsi réunies pour l'explication des phénomènes anciens dont l'écorce terrestre a conservé les vestiges.

Il suffit d'une promenade de quelques heures dans une région un peu accidentée pour être frappé de l'intensité et de la rapidité des actions qui tendent à réduire les roches même les plus dures et les plus compactes en fragments et en poussière. Sous l'influence incessante de plusieurs agents, dont les plus efficaces sont l'eau et l'air, la surface du sol subit sans interruption un véritable décapage, ou, pour employer l'expression consacrée, la *dénudation*.

Les phénomènes de dénudation très variés et souvent causes de particularités remarquables de la surface, se recommandent encore à notre attention par cette circonstance qu'ils fournissent aux actions sédimentaires une bonne partie des matériaux qu'elles mettent en

œuvre dans l'édification de formations nouvelles : nous sommes sûrs qu'ils se sont renouvelés à tous les âges et que par conséquent les matériaux rocheux qui se déposent aujour-
d'hui même au fond de l'eau ont pu déjà avoir fait partie intégrante d'un grand nombre
de terrains successifs.

Dès notre introduction, et à propos des causes géologiques du relief du sol, nous avons dû
nécessairement mentionner quelques-uns des phénomènes qui vont maintenant nous
occuper plus spécialement. Il a fallu noter l'usure des roches par la mer, par les eaux courantes, et la modification qui en résulte dans les traits de la surface. Mais nous n'avons
rien dit du mécanisme qui produit ces effets et le moment est venu de pénétrer plus
avant dans le sujet.

La dénudation par la mer et par les lacs. — La mer, battant ses falaises,
est incontestablement l'agent de dénudation dont les effets sont le plus immédiatement visibles. Il suffit d'une promenade sur nos côtes escarpées,
en Bretagne ou en Normandie, pour avoir une haute idée
de ce mécanisme de destruction du continent par
les flots.

Ce n'est d'ailleurs pas tant
l'eau liquide qui agit par elle-
même que les colla-
borateurs qu'elle
trouve dans les ga-
lets lancés par la
lame contre la
paroi rocheuse et
frappant sur elle
comme des milliers

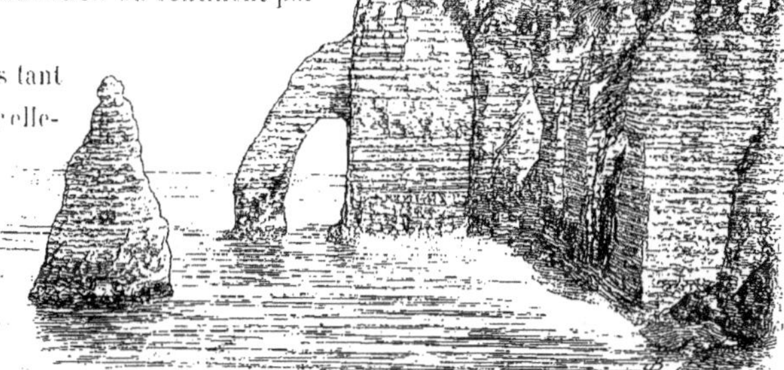

Fig. 23. — Les falaises crayeuses d'Étretat (Seine-Inférieure), comme type de
dénudation marine.

de béliers et de catapultes. La muraille verticale de granit, de grès ou de calcaire, suivant
les points, est minée à sa base et s'abîme par grandes plaques que l'eau désagrège ensuite
à loisir; naturellement le travail va d'autant plus vite que la roche est de désagrégation
moins difficile, et dans la zone crayeuse de notre littoral, les progrès de la mer, aidés par
l'affaissement progressif du sol dont nous parlions tout à l'heure, et sans lequel une posi-
tion d'équilibre serait promptement atteinte, sont très sensibles, au bout d'un temps très
court.

Le phénomène est si universellement connu qu'on le fait intervenir dans tous les actes
de vente des terrains littoraux de la haute Normandie (Pl. V, fig. 1). En quelques points,
la perte que ces terrains sont destinés à subir tous les ans, inspire aux propriétaires le sentiment qu'ils n'en sont que les détenteurs très provisoires. La surface toujours avivée des

falaises en fait des localités spécialement instructives pour l'étude de la structure du sol (Pl. V, fig. 2).

La démolition prend d'ailleurs, suivant les moments, une allure différente : après des périodes de grande activité, il semble qu'il y ait un arrêt relatif, la mer devant déblayer le pied de la muraille naturelle encombré par les écroulements antérieurs. C'est une disposition qu'on cherche à imiter quelquefois en donnant aux flots qui menacent une côte comme une espèce de proie à dépecer sur laquelle s'épuisent leurs efforts pendant un temps plus ou moins long.

Dans bien des cas, la mer aidée dans son œuvre, comme nous l'avons dit, des galets qu'elle lance à l'assaut de la terre ferme, creuse dans la base des falaises des cavernes plus ou moins vastes, et c'est par exemple ce qu'on peut voir au Pollet, auprès de Dieppe. Quelquefois elle sculpte des sortes de porches ou d'arcs comme aux environs d'Étretat (fig. 23). La forme des roches si remarquable qui bordent la *grande côte* (fig. 24), par exemple auprès de Croisic, tient à l'inégale résistance de portions voisines de la falaise. En Bretagne, le granit et les schistes de désagrégation relativement faciles sont traversés de filons rocheux beaucoup plus solides, qui restent après la démolition des roches voisines et constituent ces aiguilles dont l'aspect est si pittoresque et l'abord si dangereux pour les navires (Pl. V, fig. 3).

Fig. 24. — Le rocher granitique de la *grande côte* (Loire-Inférieure), comme type de dénudation marine.

Ces traits de la dénudation marine se reproduisent fort exactement, à l'échelle près, pour la dénudation lacustre : la masse d'eau douce secouée par les vents attaque souvent son rivage, même les falaises, et détermine de temps à autre des éboulements plus ou moins importants. On en a noté plus d'une fois sur le lac Léman, dont la côte sud est française et appartient en conséquence à notre programme. On en rencontre d'analogues sur les lacs du Bourget, d'Annecy, etc

La dénudation par les eaux sauvages. — On a dit sans exagération que la pluie est l'agent le plus efficace de modification du sol exondé. Son action à chaque instant paraît négligeable, mais en se continuant en temps différent et en se répétant sur une surface assez grande, elle donne lieu à des effets considérables.

Tout le monde a remarqué qu'après un orage, une forte pluie, l'eau qui ruisselle est épaisse, boueuse, comme on dit. C'est qu'elle tient en suspension, pour les emporter plus ou moins loin, des particules arrachées à tous les points de la surface du sol.

Dans certaines localités, il suffit d'un coup d'œil pour apprécier l'énergie avec laquelle la pluie démolit ainsi et désagrège, pour l'entraîner, la partie solide de la terre. Entre toutes doit être citée une pittoresque ravine des environs de Saint-Gervais en Savoie, où les touristes vont voir les *cheminées des fées* (Pl. VI, fig. 1).

Ce sont d'énormes cônes de terre couronnés par une pierre plate et dont la hauteur est plusieurs fois celle d'une grande maison. Elles sont dues à ce que la pierre plate du sommet a joué le rôle de parapluie pour la terre située verticalement au-dessous. Tout le reste ayant été peu à peu entraîné, les pierres, grâce au piédestal qu'elles se sont ménagé, sont restées à peu près à leur niveau et permettent d'apprécier l'énorme volume de ce qui manque dans le ravin.

Mais ce qui se fait à Saint-Gervais d'une façon si facilement mesurable se répète avec

Fig. 25. — Calcaire compact à la surface duquel l'érosion pluviaire a fait saillir des cristaux de grenat, à Port-Vieux (Hautes-Pyrénées). 1/2 grandeur naturelle.

des intensités diverses sur toute la surface du sol exondé, et l'on peut dire que, du fait de la pluie et des eaux sauvages, les continents fondent peu à peu dans l'eau comme ferait une substance soluble, un pays en sucre.

Quelques roches sont réellement solubles, comme le sel gemme et le gypse, dans l'eau pure et le calcaire dans l'eau pourvue d'acide carbonique, ce qui est le cas ordinaire de la pluie ; mais le plus souvent, la dénudation est réalisée par voie mécanique. Les roches sont usées, délayées ou désagrégées et emportées grain à grain. L'eau liquide est d'ailleurs aidée de la façon la plus efficace par les poussières qu'elle tient en suspension et qui agissent sur le sol comme une multitude de petits burins. C'est ainsi que se constituent dans les pays accidentés de véritables obélisques, comme le Pic de l'Aiguille sur le chemin qui monte de Saint-Laurent-de-Pont à la Grande-Chartreuse (Pl. VI, fig. 2), et que souvent des rochers montrent des perforations complètes comme à Pierre-Perthuis dans le département de l'Yonne (Pl. VI, fig. 3).

On peut, jusqu'à un certain point, pénétrer dans le détail du mécanisme de l'érosion pluviaire en examinant certaines surfaces de roches préalablement aplanies et qui ont subi l'action des intempéries pendant un temps suffisant.

C'est peut-être sur des matériaux artificiellement taillés que le fait est le plus rapidement visible. Ainsi, dans les pays très pluvieux, des constructions en calcaire peu résistant subissent une véritable dissolution. C'est, parmi de très nombreux exemples, ce que l'on peut voir dans les rues de Rethel (Ardennes) sur la façade des maisons bâties en calcaires compacts.

A Beauvais, la cathédrale est en craie dans beaucoup de ses parties et l'on peut juger de la dénudation que les pierres ont subie par l'énorme relief qu'affectent maintenant les rognons siliceux.

Comme reproduction du même phénomène sur des roches naturelles, on peut mentionner les surfaces calcaires d'une partie de la chaîne des Pyrénées où des grenats sont restés en saillie sur la surface attaquée (fig. 25). Dans les Alpes, en Dauphiné par exemple, la pluie a corrodé la pierre d'une manière très spéciale : des réseaux de crêtes embranchées les unes sur les autres de façon très compliquée donnent à l'ensemble un aspect qui ressemble étrangement à certaines cartes géographiques en relief où l'on a imité les inégalités du sol.

Fig. 26. — Bloc de sel gemme corrodé par la pluie des environs de Salies de Béarn (Basses-Pyrénées). 1/5 de la grandeur naturelle.

L'origine de ces accidents est d'autant plus facile à démontrer qu'on en voit de tout pareils se reproduire à vue d'œil sur les masses de sel qu'on abandonne à la pluie. On conserve dans la collection du Muséum des spécimens venant de Salies et qui à cet égard sont instructifs (fig. 26).

La dénudation par les cours d'eau. — Une notion tout à fait vulgaire, c'est que les cours d'eau : torrents (Pl. VII, fig. 1), ruisseaux (Pl. VII, fig. 2), rivières ou fleuves (Pl. VII, fig. 3), ont eux-mêmes creusé le lit dans lequel ils coulent. On sait même qu'ils continuent à le creuser, et ce qui suffit à le faire pressentir, c'est que, par moments au moins, leurs eaux sont troublées par de la matière limoneuse entraînée. Mais la preuve complète résulte d'un examen plus approfondi du sol des vallées.

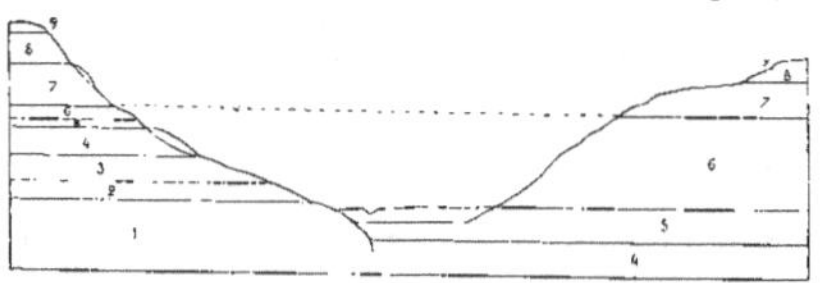

Fig. 27. — Coupe transversale de la vallée de la Seine entre Meudon, à gauche, et Montmartre, à droite : 1. craie : 2. argile plastique : 3. calcaire grossier : 4. sables moyens ; 5. calcaire de Saint-Ouen ; 6. gypse : 7. marnes supérieures ; 8. sables de Fontainebleau ; 9. meulières de Beauce.

Si dans un pays tel que les environs de Paris, au bord de la Seine, on examine la constitution des coteaux qui se font face de part et d'autre de la vallée, on constate (fig. 27)

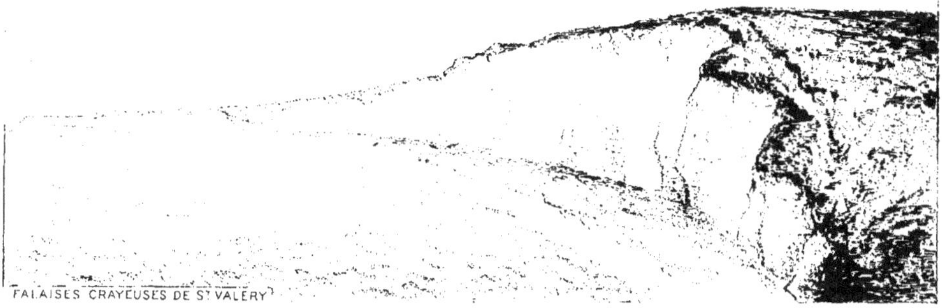

FALAISES CRAYEUSES DE St VALERY

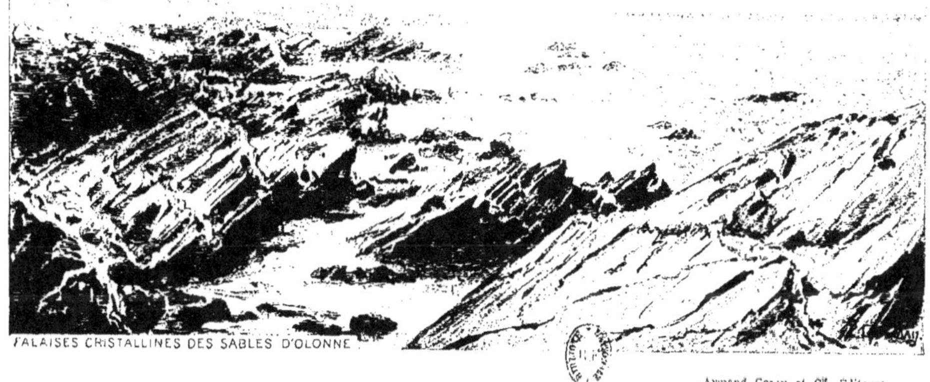

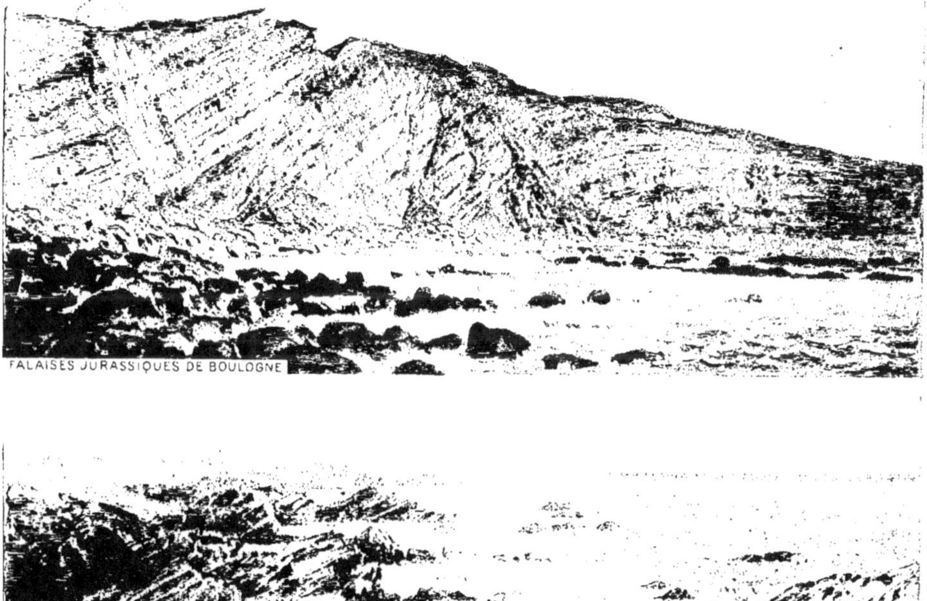

FALAISES JURASSIQUES DE BOULOGNE

FALAISES CRISTALLINES DES SABLES D'OLONNE

Armand Colin et Cie, Éditeurs.

LA DÉNUDATION PAR LA MER

E. Capiomont impr.

sur les deux flancs une identité à peu près absolue : les mêmes roches se succèdent verticalement dans le même ordre, avec des épaisseurs sensiblement égales et des caractères uniformes.

Il en résulte, avec une évidence qui rend toute autre preuve superflue, que les matériaux constitutifs des deux rives se faisaient anciennement suite au travers du vide actuel et que la sorte de sillon où coule la rivière a été creusée dans une masse originairement solide.

Mais comment a eu lieu ce creusement? Tout d'abord, et pendant bien longtemps, les

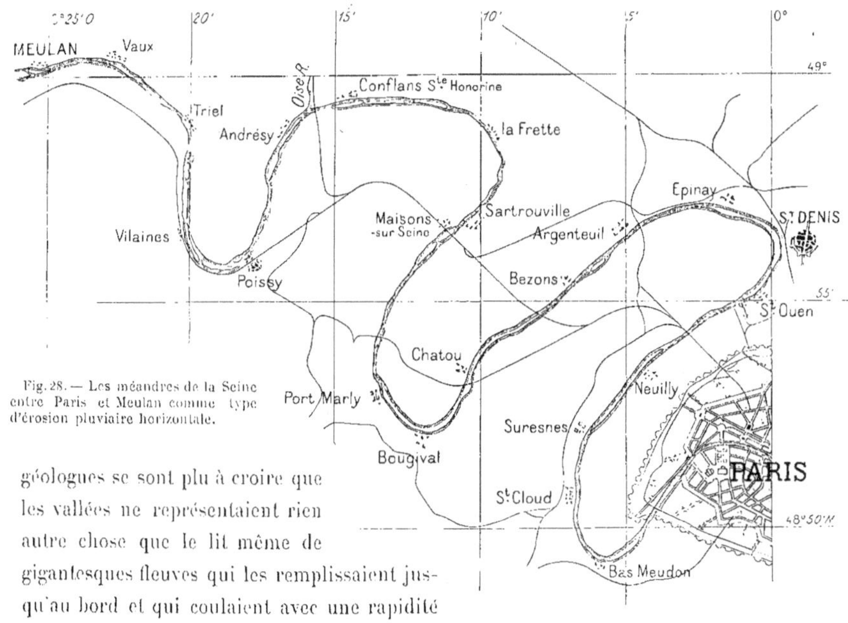

Fig. 28. — Les méandres de la Seine entre Paris et Meulan comme type d'érosion pluviaire horizontale.

géologues se sont plu à croire que les vallées ne représentaient rien autre chose que le lit même de gigantesques fleuves qui les remplissaient jusqu'au bord et qui coulaient avec une rapidité assez grande pour emporter d'un seul coup jusqu'à la mer tous les matériaux dont nous constatons l'absence.

Mais on peut s'étonner du crédit qu'a rencontré cette manière de voir, contraire aux observations, et. quand on y réfléchit bien. difficile à préciser.

Tout d'abord. on ne saurait trouver nulle part des sources assez abondantes pour alimenter de pareils courants, et d'un autre côté, on raisonne d'habitude sur ceux-ci comme si déjà ils étaient contenus dans le lit gigantesque qu'ils sont destinés à creuser, de sorte qu'on se trouve pris dans une espèce de pétition de principe.

D'ailleurs, dans tous les pays où les fleuves sont remarquablement larges, comme le Mississipi, les Amazones, le Niger, les eaux profondes s'écoulent, sauf aux chutes, avec une majestueuse lenteur et ne se comportent nulle part à la façon des *rabots aqueux* qu'on a imaginés.

De sorte qu'après réflexion la « théorie des grands fleuves diluviens » surprend par son caractère d'extraordinaire naïveté.

En réalité une vallée est l'œuvre de la rivière qui coule en son fond et des eaux qui ruissellent sur ses flancs.

Il est vrai que si l'on prend l'exemple de vallées très larges, comme celle de la Seine à partir de Paris, on peut s'étonner qu'une dépression aussi vaste soit due à un filet d'eau relativement si petit. Mais il suffit d'examiner l'allure des rivières pour reconnaître que cette difficulté n'est qu'apparente.

On reconnaît d'abord qu'une rivière relativement étroite peut creuser une vallée large.

En effet, dans les vallées ouvertes les rivières ne sauraient couler en ligne droite. Elles décrivent des séries de courbes connues sous le nom de *méandres* (fig. 28) et qui changent constamment de place, pourvu que les hommes ne s'y opposent pas par des quais ou d'autres travaux de canalisation.

Le déplacement des méandres est très facile à étudier et présente beaucoup d'intérêt.

Que l'on considère les corps flottant sur une rivière, tels que des morceaux de bois ou des bouchons, on reconnaîtra que tous les filets d'eau ne s'écoulent pas avec la même vitesse.

Dans les rares portions où la rivière est à peu près rectiligne, la plus grande vitesse est au milieu, mais aux tournants elle se rapproche toujours du bord qui est le plus loin du centre de la courbe. Il en résulte que ce bord, appelé concave, frappé par l'eau rapide se démolit et recule. Le bord d'en face, dit convexe, baigné par de l'eau relativement calme, reçoit à chaque instant de nouveaux dépôts et avance véritablement dans le cours d'eau. Celui-ci, ayant ses deux bords maintenus parallèles entre eux, déplacés dans le même sens, change véritablement de place, et quand on suit de près le phénomème, on reconnaît que tous les points du fond de la vallée font successivement partie du fond de la rivière.

Ce régime donne parfois lieu, en se continuant, à un changement complet dans le cours de la rivière.

Par suite de l'érosion progressive des courbes concaves, on observe que deux anses successives se rapprochent de plus en plus l'une de l'autre, de façon à ne laisser entre elles qu'un isthme à chaque instant rétréci. C'est ce que montre par exemple, auprès de Paris, la boucle de la Marne (fig. 29), qui procure au canotage une promenade si estimée.

A un certain moment qui arrive fatalement, l'isthme se rompt et l'eau se précipite par le nouveau canal en abandonnant dans la boucle de l'eau morte qui ne tarde pas à être séparée de la rivière par deux barrages naturels. Il en résulte un accident très fréquent en certains pays, et qu'on a désigné parfois sous le nom de *fausses rivières*, que nous pouvons adopter.

Comme exemple, on peut citer les singularités du cours du Doubs aux environs de Fretterans (fig. 30).

En réfléchissant un peu à ces différents faits, on arrive à reconnaître qu'une rivière relativement étroite est très efficace pour creuser une vallée très large, si la forme antérieure du terrain s'y prête.

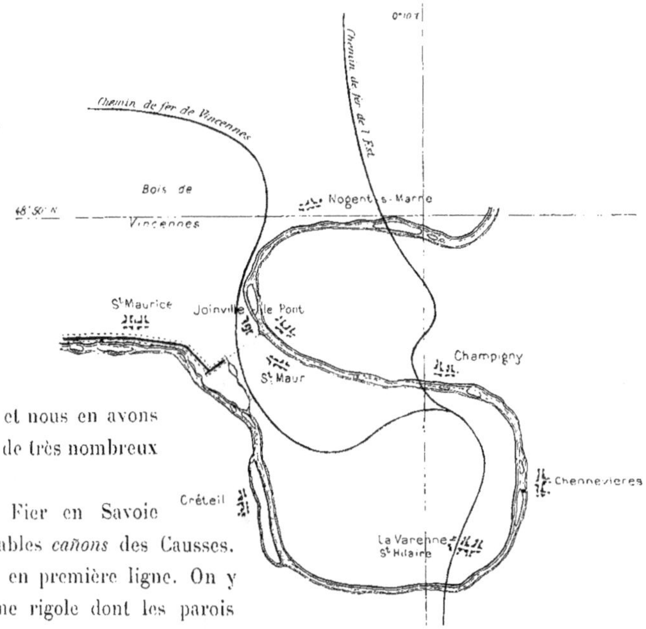

D'un autre côté, bien des observations démontrent qu'une rivière peu profonde peut à la longue ouvrir une vallée très creuse, et nous en avons sur notre territoire de très nombreux exemples.

Les gorges du Fier en Savoie (fig. 31), les véritables *cañons* des Causses. peuvent être cités en première ligne. On y voit réellement une rigole dont les parois portent à toutes les hauteurs les traces du niveau supérieur de l'eau, et pour peu qu'on ne soit pas aveuglé par un parti pris

Fig. 29. — La boucle de la Marne, près de Saint-Maur (Seine).

irréfléchi, on s'aperçoit que le cours d'eau, avec le cortège de pierrailles qu'il charrie, contraint par la forme primitive du sol à ne pas donner les méandres décrits plus haut, s'est comporté vis-à-vis des roches sous-jacentes comme une lame de scie ou comme un fil enduit d'émeri. Il a pénétré peu à peu dans la masse qu'il attaquait, et, abaissant progressivement son fond, il a abaissé en même temps sa surface supérieure.

En combinant cette action si évidente avec celle qui concerne la divagation des méandres, on a tout ce qu'il faut pour comprendre dans les pays peu accidentés le creusement de très

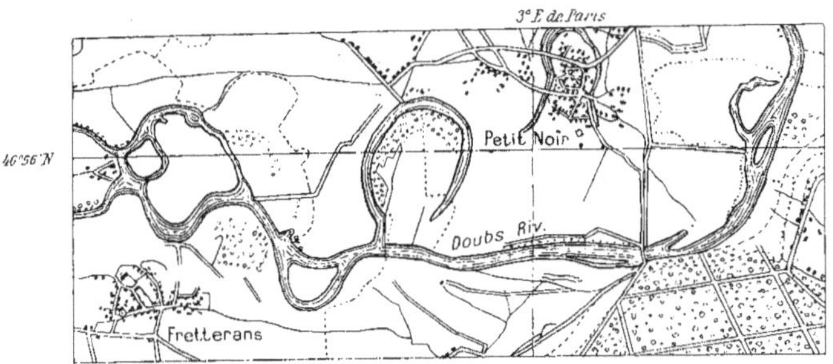

Fig. 30. — Les fausses rivières du Doubs, près de Fretterans.

larges et très profondes vallées par des rivières analogues quant au volume à celle qui circule aujourd'hui dans leur thalweg.

C'est un point très important dont la considération simplifie des problèmes que, dans leur ignorance primitive, une foule de géologues ont considérés tout d'abord comme résolubles seulement par des agents différents de ceux que nous voyons à l'œuvre tous les jours.

Il arrive fréquemment que, par suite des progrès purs et simples de la dénudation fluviale, les rivières changent leur cours, cessant de passer par des vallées qu'elles baignaient d'abord et s'ouvrant de nouveaux chemins. De là résulte souvent l'isolement de collines qui ont pu, à certains moments, être plus ou moins entourées par une anse du cours d'eau.

Pour n'en citer qu'un seul exemple, on mentionnera ici le mont Valérien, à la porte de Paris, qui sans doute a été à une certaine époque séparé de Saint-Cloud par une rivière maintenant disparue. Dans bien des pays, on peut suivre les étapes de semblables modifications, et c'est à des faits de ce genre, incomparablement éloquents à l'égard de l'application de la doctrine des causes lentes à l'histoire du creusement des vallées, qu'on donne maintenant le nom de *capture des rivières*. La figure 32 montre comment, peu à peu, le Petit-Morin a été dépossédé, par la Marne et par l'Aube

Fig. 31. — Les gorges du Fier, près de Lovagny (Savoie), comme type d'érosion fluviaire verticale.

qui s'en sont grossies, des deux ruisseaux, la Somme et la Superbe, primitivement conver-
gents vers son lit.

Dans les pays accidentés, l'érosion par les eaux courantes peut donner naissance à certains accidents dont il importe de dire un mot.
Nous voulons parler de la production de cônes
pierreux rappelant des pains de sucre et dont un
type bien complet se trouve dans le département de l'Ain, où on le désigne sous le nom
pittoresque de « la Demoiselle de Pyrimont »
(fig. 33). Elle a 10 mètres de hauteur et 30 mètres
de circonférence à la base et se trouve dans le lit
même d'un torrent qui se jette dans le Rhône, à
quelques kilomètres au nord de Seyssel. Quand
on suit le petit chemin qui va de la halte de
Pyrimont au bac par lequel on accède aux mines
d'asphalte dites de Voland, il n'y a que 100 mètres
à faire pour se trouver face à face avec le pain
de sucre.

Fig. 32. — La capture des rivières. Exemple fourni
par la région de Saint-Gond, entre la Marne et l'Aube.

Son examen révèle son mode de formation et l'on voit par la figure ci-dessous que
la Demoiselle se dresse au pied d'un escarpement qui interrompt brusquement le lit du
ruisseau de l'Hôpital et qui détermine une vraie chute à l'époque des hautes eaux. Aux
temps ordinaires, l'écoulement, d'ailleurs peu abondant, ne
mouille guère le cône rocheux et glisse derrière lui dans
l'espace semi-annulaire laissé entre sa face postérieure et
la paroi du coteau.

Il en résulte qu'on pourrait au premier coup d'œil prendre la Demoiselle pour un *cône de déjection*, c'est-à-dire
pour un cône résultant de l'accumulation de pierrailles et de
limons tombant avec l'eau le long de l'escarpement. Mais
il faut vite renoncer à cette manière de voir et cela avant
tout parce que le pain de sucre présente une structure des
plus régulières.

Elle consiste en couches superposées sensiblement
horizontales et qui correspondent une à une par leur épaisseur, leur ordre de succession, leur composition et leur
structure, aux couches qui composent, par derrière,
l'escarpement rocheux.

Fig. 33. — « La Demoiselle de Pyrimont »
(Ain) : exemple remarquable d'érosion
fluviaire.

Ce n'est donc pas un produit d'atterrissement, mais bien au contraire un résidu de démolition. Un petit croquis (fig. 34) représentant la coupe du sol dans l'axe du torrent permettra de s'imaginer comment l'isolement de ce cône a pu se faire progressivement.

On y a représenté par un trait pointillé la forme primitive du terrain et l'on voit une dépression en rapport avec une cassure du sol. Lors des grandes eaux, la chute devait passer par-dessus tout l'escarpement, mais les eaux moins abondantes, qui sont le régime ordinaire, s'infiltraient dans la crevasse et y réalisaient la dissolution qui progressivement y a élargi la fissure. Le cône s'est dégagé à mesure, en même temps qu'il gagnait en hauteur et régularisait sa forme par suite de l'approfondissement du sillon environnant.

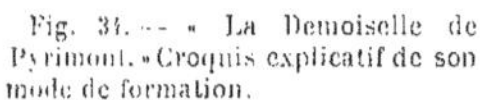

Fig. 34. — « La Demoiselle de Pyrimont. » Croquis explicatif de son mode de formation.

La dénudation par les glaciers. — Les glaciers doivent être considérés comme des agents énergiques de dénudation. Leur frottement sur le fond et sur les flancs de la vallée qui les enserre est bien trop considérable pour ne pas laisser de traces sur les roches avec lesquelles ils se trouvent en contact.

Si l'on pénètre entre le sol et la surface inférieure d'un glacier, dans la région médiane où circule l'eau provenant de la fusion, on rampe sur une couche de cailloux et de sable au-dessous de laquelle la roche sous-jacente est nivelée, polie, usée par le frottement et présente des stries rectilignes, ressemblant tantôt à de petits sillons, plus souvent à des rayures parfaitement droites qui auraient été gravées à l'aide d'un burin ou même d'une aiguille très fine.

Comme les géologues l'ont reconnu depuis longtemps, le mécanisme par lequel ces stries ont été gravées, est celui que l'industrie emploie pour polir les pierres et les métaux. A l'aide d'une poudre, appelée émeri, on frotte la surface dure et on lui donne ainsi un éclat qui provient de la réflexion de la lumière par une infinité de petites stries excessivement fines. La couche de cailloux et de boue interposée entre le glacier et le roc sous-jacent, voilà l'émeri; le roc est la surface dure, et la masse du glacier qui presse et déplace la couche de boue, en descendant continuellement vers la plaine, représente l'action de la main du polisseur. Aussi les stries dont nous parlons sont-elles toujours dirigées dans le sens de la marche du glacier; mais comme celui-ci est sujet à de petites déviations latérales, les stries se croisent quelquefois en formant entre elles des angles très petits. Sur les flancs de la vallée qui contient un glacier, la nappe de cailloux et de débris rocheux se retrouve au contact de la glace et réalise le même burinage que sur le fond. Les stries gravées ainsi latéralement sont en général horizontales ou parallèles à la surface; toutefois, aux rétrécissements des vallées, elles se redressent et se rapprochent de la verticale. C'est que, forcé de franchir un détroit, le glacier se relève sur les bords et remonte le long des flancs de la montagne qui lui barre le passage.

Les galets qui ont attaqué les roches supportant les glaciers présentent eux-mêmes des stries tout à fait caractéristiques (fig. 35).

Quand on visite nos beaux gla- ciers des Pyrénées ou des Alpes, par exemple la Mer de Glace qui aboutit à la vallée de Chamonix (Pl. VIII, fig. 1), on observe aisé- ment sur les roches de chaque rive des traces témoignant de l'énergique puissance érosive des fleuves conge- lés. Ils consistent en une zone de surfaces polies, moutonnées, striées et cannelées qui s'élève jusqu'à 1000 et 1500 mètres au-dessus du niveau actuel de la glace (fig. 36).

Fig. 35. — Galet glaciaire présentant à sa surface polie des stries caractéristiques, identiques pourtant à celles qui peuvent résul- ter de l'exercice des phénomènes de la dénudation souterraine.

Ces traces d'un aspect si imposant montrent bien clairement que le glacier, comme précé- demment la rivière qui creusait sa vallée, pénètre peu à peu dans la roche sous-jacente à la façon d'une lame de scie. Cela ne suppose d'ailleurs aucunement, comme on se l'imagine

naïvement tout d'abord, que l'agent érosif a dimi- nué de dimension avec le temps : une lame de scie peut par exemple laisser son empreinte sur 1 mètre et plus de la section d'une bille de bois, sans avoir eu à aucun moment plus de 2 ou 3 centimètres de lar- geur.

Pour avoir une idée complète de l'énergie avec laquelle les glaciers réali- sent la démolition du sol, il faut se rappeler qu'ils déterminent dans leur voi- sinage le développement

Fig. 36. — Rive gauche de la Mer de Glace (Haute-Savoie). Contraste entre les roches moutonnées par le passage de la glace M, et les roches en aiguilles A, qui ont échappé à son action. La hauteur des roches moutonnées indique la quantité dont le glacier GG a pénétré verticalement dans la roche qui le supporte, au fur et à mesure des progrès de la dénudation glaciaire.

des agents de dénudation énumérés plus haut, pluie et ravinement des eaux sauvages et des torrents.

On est profondément frappé du cube gigantesque de ruines qui encombrent les vallées de montagnes et proviennent de ce mécanisme complexe toujours à l'œuvre (Pl. VIII, fig. 2).

La dénudation souterraine. — Nous n'aurions qu'une idée bien incomplète du travail de dénudation réalisé par les eaux en mouvement si nous ne considérions que celles qui agissent à ciel ouvert. De toutes parts les masses liquides qui pénètrent dans le sol et y circulent, comme nous l'avons vu, déterminent, par le fait seul de leur déplacement, des démolitions de roches pouvant représenter une action considérable.

Il n'y a rien d'étonnant d'ailleurs à ce que, dans le sens plus ou moins vertical des écoulements souterrains, l'eau conserve le même pouvoir de démolition que dans le sens horizontal de son cours superficiel. Aussi comprend-on tout de suite que les cavernes et les autres cavités plus ou moins profondes où se perdent les rivières soient au moins en grande partie l'œuvre de ces rivières elles-mêmes. Le travail est partie mécanique, partie chimique, et l'on assiste à ses progrès en choisissant quelques exemples convenables.

Nous prendrons, comme satisfaisant aux exigences d'une description type, la grotte d'Arcy-sur-Cure, dans le département de l'Yonne, dont la visite est bien facile et qui ne présente aucune particularité exceptionnelle.

Elle consiste (fig. 37) en une série de chambres plus ou moins vastes réunies par des

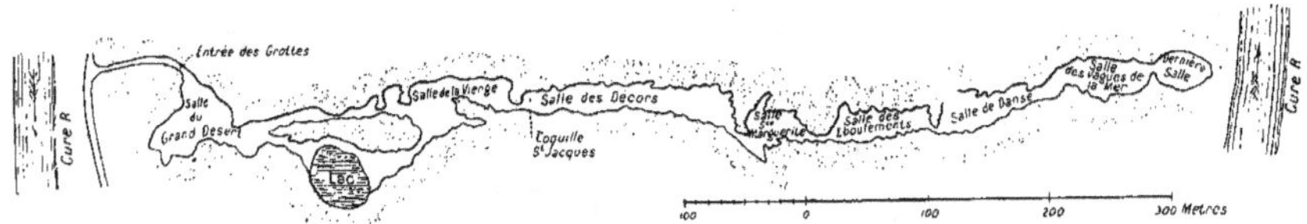

Fig. 37. — Plan des grottes d'Arcy-sur-Cure (Yonne), comme type de dénudation souterraine.

étranglements et constituant comme un vrai couloir qui recoupe transversalement un cap rocheux contourné par la rivière. Les murailles et les plafonds, constitués par des calcaires compacts propres à la construction, sont recouverts de stalactites et d'incrustations de tous genres parfois fort pittoresques. Le sol est aussi encombré de stalagmites, mais pas assez continûment cependant pour qu'on n'y puisse très bien constater une nappe de galets et de sables tout pareils à ceux qui garnissent le lit des rivières.

L'étude de la localité montre que, sollicitées tout d'abord à pénétrer sous terre par des fissures recoupant le sol, les eaux courantes ont peu à peu élargi et approfondi le conduit qui leur ménageait une issue. Quoique gênée par les parois encaissantes, la rivière souterraine s'est même permis en bien des cas des divagations analogues aux méandres ordinaires et la célèbre !! coquille de Saint-Jacques !! en est une preuve bien remarquable.

C'est, à première vue, une stalactite, puisque cette masse rocheuse, grossièrement cylindrique, est suspendue au plafond de la grotte et même assez haut pour qu'on puisse

Armand Colin et Cⁱᵉ, Éditeurs.

LA DÉNUDATION PAR LES EAUX SAUVAGES

E. Capiomont imp.

passer sous elle tout debout (fig. 38). Pourtant, loin de se terminer en pointe, comme font les stalactites, elle s'évase par en bas et atteint un diamètre égal au moins à celui de sa surface d'attache. En outre sa face inférieure présente de nombreux galets siliceux empâtés dans sa masse cristalline et c'est ce qu'aucune stalactite ne saurait montrer. On explique toutes ces singularités en reconnaissant que la coquille de Saint-Jacques constitue l'ensemble d'une stalactite et d'une stalagmite qui, par le fait de leur croissance, se sont soudées bout à bout. Après leur cimentation, la rivière souterraine en divaguant est venue

déchausser la stalagmite et s'est frayé au-dessous d'elle un chenal qui fait maintenant le sol de la caverne : c'est un cas d'usure progressive tout à fait conforme à ceux que nous a présentés plusieurs fois l'histoire des vallées à ciel ouvert.

Sous terre, le filet d'eau charriant des cailloux s'est comporté comme le fil imprégné d'émeri dont le lapidaire se sert pour scier les roches, et l'on n'admirera jamais assez l'incroyable naïveté des observateurs superficiels et aveuglés par leurs idées préconçues qui, constatant au-dessus du niveau actuel des eaux des signes d'érosion sur les flancs de la caverne, en concluent gravement que la rivière était jadis plus active qu'à présent et que sa profondeur passée se mesure par la hauteur des roches

Fig. 38. — La *Coquille de Saint-Jacques* de la grotte d'Arcy-sur-Cure (Yonne). Stalagmite ayant pris l'apparence d'une stalactite, par suite des progrès de la dénudation souterraine.

intéressées. La coquille de Saint-Jacques ferait à elle seule la lumière à cet égard si le plus simple des raisonnements ne suffisait, puisque si cette ancienne rivière avait été profonde comme on dit, elle n'aurait eu aucun travail d'érosion à accomplir.

À cet égard j'ajouterai que j'ai fait sur l'érosion souterraine des expériences qui, malgré leurs petites dimensions, m'ont procuré des imitations parfaites des cavités analogues à la grotte d'Arcy : le creusement réalisé par un filet d'eau acidulée s'est fait progressivement avec des dimensions un très grand nombre de fois supérieures au jet de liquide corrosif (fig. 39). L'allure générale des parois offre avec les accidents naturels des ressemblances qui ne sont certainement pas fortuites.

Une forme de la dénudation souterraine que nous devons avoir bien garde d'oublier

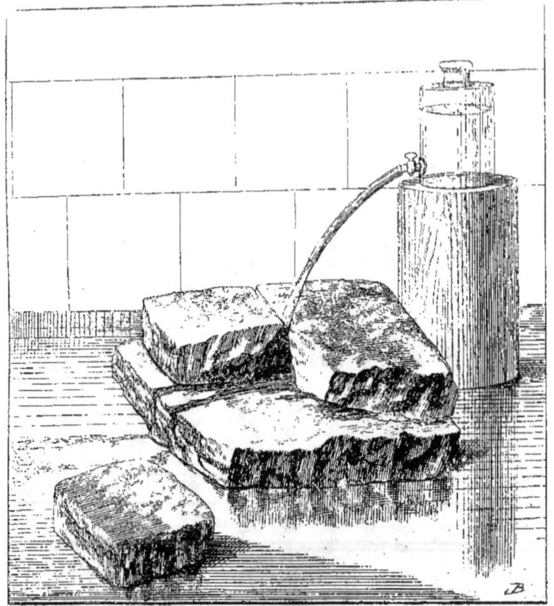

Fig. 39. — Imitation artificielle de cavernes par la corrosion de dalles de calcaire à l'aide d'eau acidulée. Expérience exécutée au laboratoire de géologie du Muséum.

est celle qui consiste dans le délayage et la soustraction plus ou moins complète de masses argileuses, marneuses ou sableuses, surmontées de roches quelconques, qui, privées ainsi de leur appui primitif, s'effondrent ou s'éboulent par glissement (fig. 40).

Tout le monde a présent à l'esprit l'événement encore si récent des environs de la Grand'Combe, dans le Gard, où il a été pittoresquement qualifié de « montagne qui marche ». Le sol, formé de couches inclinées, comprend des alternances de bancs calcaires et gréseux avec des lits schisteux qui, sous l'influence des eaux d'infiltration, sont devenus boueux. Entraînées par leur poids, les masses supérieures se sont mises peu à peu à glisser sur le plan vraiment lubréfié des couches d'argile, et c'est dans des déplacements dérivant de la même cause et dépendant, comme on le voit, de la dénudation souterraine, qu'il faut chercher la cause d'écroulements de montagnes entières constatés en maintes circonstances.

La soustraction de matériaux dans les profondeurs par la circulation occulte des eaux a souvent son contre-coup dans les effondrements de la surface. Fournet a dans le temps réuni des documents intéressants à cet égard pour notre région du Jura.

La dénudation par le vent. — Il n'y a pas très longtemps qu'on a reconnu l'activité géologique de l'atmosphère tout à fait comparable à celle des masses aqueuses et qu'on a constaté de véritables phénomènes de dénudation dont l'auteur est le vent.

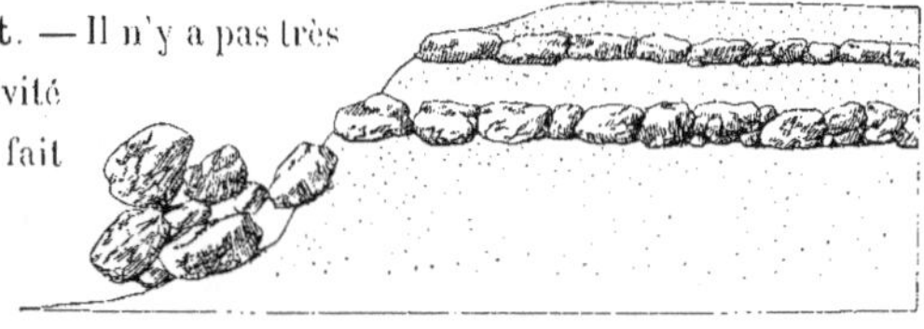

Fig. 40. — Coupe théorique montrant comment les *Chaos* de la forêt de Fontainebleau résultent de la dénudation lente des couches sableuses renfermant des nodules de grès.

Il suffirait d'une promenade dans bien des points de la forêt de Fontainebleau, vers Uri par exemple, ou près de Nemours, dans les friches de Poligny (Pl. VIII, fig. 3), pour être tout à fait édifié sur la rapidité avec laquelle des roches dures peuvent être usées et détruites sous l'influence des courants aériens.

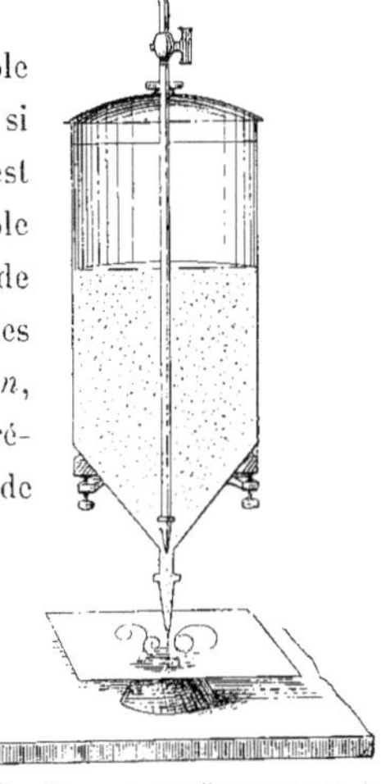

Fig. 11. — Appareil permettant de graver sur le verre par la projection d'un jet de sable au moyen d'un courant d'air.

On y voit des blocs de grès parfois énormes émergeant du sable blanc ébouleux sous le pied et offrant au regard des surfaces si parfaitement polies qu'on les dirait émaillées. Le polissage est l'œuvre du vent qui promène sur les roches les particules du sable fin, et des études spéciales ont montré l'active efficacité de ce mode imprévu de dénudation. M. Thoulet, professeur à la Faculté des sciences de Nancy, a même soumis le phénomène d'*abrasion*, comme on appelle l'usure éolienne des roches, à des mesures précises, et on peut voir son ingénieux appareil dans la collection de géologie expérimentale du Muséum au Jardin des plantes.

Du reste, tout le monde sera convaincu du travail considérable que peut réaliser le grain de quartz poussé par le vent en se rappelant la rapidité avec laquelle un filet de sable poussé par un soufflet grave le verre sur lequel il se promène (fig. 41). Le fait se réalise spontanément aux dépens des vitres des cabinets de bains, dans les pays de dunes.

III

LA PRODUCTION DES TERRAINS

De même que dans la physiologie des êtres vivants une action donnée est toujours contre-balancée par une action antagoniste, de même, en face d'un phénomène géologique de signification déterminée, nous trouvons le phénomène de signification inverse, et c'est ainsi que, dans les deux cas, malgré les variantes consécutives au progrès de l'évolution, l'état d'équilibre normal est conservé.

Tandis que dans les pages précédentes on a vu une série d'actions collaborer à la destruction des masses rocheuses, nous avons à considérer maintenant un ensemble de phénomènes dont le résultat commun est l'édification de terrains nouveaux.

Pour en rendre le tableau plus frappant, nous les rangerons dans un ordre correspondant terme à terme à la série de tout à l'heure.

La production des terrains par la mer et par les grands lacs. — A marée basse on peut déjà, sur bien des côtes, se faire une idée de la façon dont se déposent dans les bassins aqueux les matériaux pierreux qui y sont apportés par les agents de dénudation (Pl. IX, fig. 1). Par exemple une promenade dans la baie du Mont-Saint-Michel ou sur la plage de Trouville, quand l'eau s'en est retirée, est extrêmement instructive. On voit la vase, appelée *tangue* dans le premier de ces pays, et le sable étalés d'une façon sensiblement horizontale (fig. 42). Les excavations ouvertes çà et là font voir qu'en profondeur la masse est formée de couches superposées parallèles entre elles et que distingue les unes des autres la nature des matériaux constituants. Çà et là des niveaux de cailloux interrompent la série des sables et rendent la *stratification* d'autant plus visible qu'elle est marquée aussi par des lits de coquilles mortes, aux valves souvent désarticulées. La production de ce terrain sédimentaire ne peut laisser aucun doute à l'esprit, non plus que le procédé par lequel se trouvent inclus dans sa masse des débris d'êtres organisés.

Fig. 42. — La plage de Trouville à marée basse, montrant l'allure des sédiments actuels de la mer (d'après M. Lennier).

Si nous examinons maintenant les choses au pied de la falaise de Dieppe, nous ajouterons quelques notions nouvelles aux précédentes. Dans la région tout à fait voisine de l'escarpement vertical de la roche crayeuse (fig. 43), les galets constituent une bande à laquelle peut s'appliquer à première vue le nom de *cordon littoral* et qui est suivie, vers la mer, par une bande sableuse dont le grain est de plus en plus fin. Plus au large, c'est un limon calcaire, produit de la pulvérisation de la craie qui s'étale au fond de l'eau.

Ce qui résulte de cette observation c'est que la sédimentation marine est accompagnée d'un véritable triage des éléments isolés par l'érosion. La même couche constituant actuellement le fond de la mer présente en chaque point une composition et une structure en rapport direct avec la distance au rivage, et on s'en rend compte bien aisément en remarquant que, toutes choses égales d'ailleurs, l'eau jouit d'une faculté de transport d'autant plus grande que les particules en suspension sont plus fines. Sous les eaux très éloignées des côtes il ne peut plus se constituer que des accumulations de sédiments, très fins, souvent impalpables.

Comme conséquence importante dont nous tirerons parti plus loin, il faut remarquer que si la mer était supprimée on pourrait, d'après le *facies* de chaque point du fond, reconnaître s'il faisait partie de la zone littorale ou d'une zone de profondeur moyenne, dite thalassique, ou enfin de la zone centrale des grandes mers dite pélagique.

Dans cette dernière, ce sera par accident qu'on trouvera des éléments grossiers ; ils pourront provenir de la submersion de fragments transportés à la surface par des corps flottants.

Ce sont, par exemple, des blocs de toutes tailles voyageant plus ou moins sur des glaces flottantes qui au moment de leur fusion les abandonnent à la pesanteur ; ou des débris d'animaux morts, comme des os de baleines ou de poissons, des coquilles de mollusques nageurs, etc. ; des pierres que certains animaux peuvent transporter, et parfois d'une manière fort bizarre. Ainsi, il résulte d'observations, maintenant assez nombreuses, que divers poissons avalent des pierres qui jouent peut-être dans l'estomac de ces

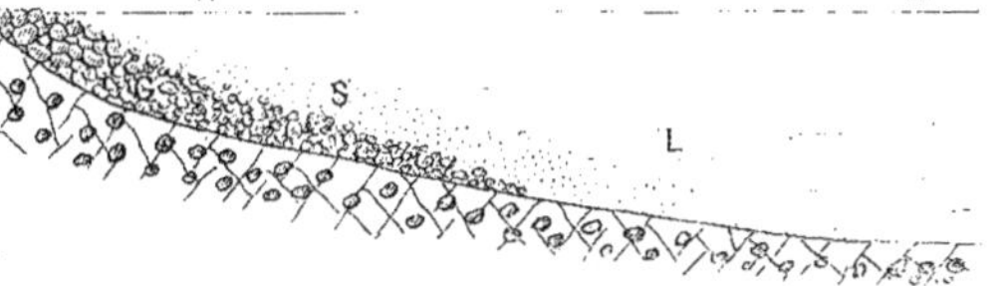

Fig. 43. — Coupe théorique montrant comment la dénudation par la mer d'une falaise crayeuse silexifère F, détermine la sédimentation simultanée d'une couche profonde G de galets, d'une couche moyenne S de sable et d'une couche superficielle de limon L. NN, niveau de la mer.

animaux un rôle analogue à celui des graviers dans le gésier des poules. Si le poisson meurt et tombe au fond de l'eau, les pierres restent après la décomposition du cadavre.

Il y a aussi les particules agrégées dans les bas-fonds comme les produits de concrétion minérale, comme les nodules de manganèse précipité peu à peu et qu'on a décrit sous le nom anglais de *wad* à cause de leur ressemblance avec de l'ouate noire.

Il ne faut pas oublier non plus que des animaux et des plantes ont le pouvoir d'arrêter au passage des substances dissoutes, comme la silice et le calcaire, pour s'en constituer une espèce de squelette ou des carapaces très variées. Les tests d'infusoires, de radiolaires et de diatomées, parfois prodigieusement abondants, en sont des exemples bien connus.

Les sédiments sous-aqueux sont remarquables par les conditions spéciales qu'ils présentent à la décomposition des débris organiques et qu'on peut résumer en disant que l'oxygène libre y faisant défaut, la désagrégation totale, si ordinaire au contact de l'air, ne s'y réalise pas. Les fragments de bois ou les os, les coquilles y subissent des modifications lentes souvent réalisées sans perte de forme pour ces objets, qui peu à peu passent à l'état de *fossiles*. La nature de ces débris pourra faire reconnaître si le bassin de dépôt était marin ou lacustre.

7

Beaucoup des particularités les plus importantes de la sédimentation ont été élucidées par des expériences synthétiques.

La sédimentation par les eaux sauvages. — Par le fait pur et simple de leur circulation irrégulière, les eaux sauvages amènent parfois la constitution de terrains tout particuliers.

Dans cette direction, il y a deux catégories principales à distinguer.

Parfois des terrains se trouvent édifiés, avec des caractères nouveaux, comme résidus d'une véritable analyse faite par les eaux sauvages aux dépens de formations plus anciennes. Ainsi dans les pays où le sol est formé de craie, la roche calcaire est recouverte d'assises argileuses ordinairement riches en silex et qui tout d'abord semblent n'avoir aucun lien d'origine avec le sous-sol (fig. 44). Quand on examine les choses avec plus de

Fig. 44. — Dispositions des *poches* d'argile à silex à la surface de la craie, à Hardivillers (Oise).
D'après une photographie de M. Bourault.

soin, on reconnaît que les *argiles à silex* (Pl. IX, fig. 3) constituant le terrain superficiel de la craie, représentent en réalité un résidu de lavage de la roche crétacée. Les eaux sauvages, chargées d'acide carbonique, ont peu à peu dissous tout le carbonate de chaux, mais les autres éléments, argile, sable, rognons de silex, fossiles silicifiés sont restés sur place. Ils ont descendu verticalement pendant que leur gangue première disparaissait peu à peu, et ils se sont accumulés dans leur situation actuelle. Les gîtes de sables phosphatés si recherchés pour l'agriculture se rattachent à ce type (fig. 45).

Le même mécanisme a donné en certains pays naissance à des recouvrements argileux bien connus à cause des rognons phosphatés qu'on y exploite activement, et c'est le cas pour les lits de « coquins » des Ardennes (fig. 46).

Près de Paris nous voyons souvent au-dessus des sables supérieurs des sortes de cordons de fragments arrondis de meulière qui ont encore cette même origine, et on peut y rattacher aussi les amas de blocs de grès constituant les *chaos* de la forêt de Fontainebleau, des environs d'Étampes et d'ailleurs qui déjà

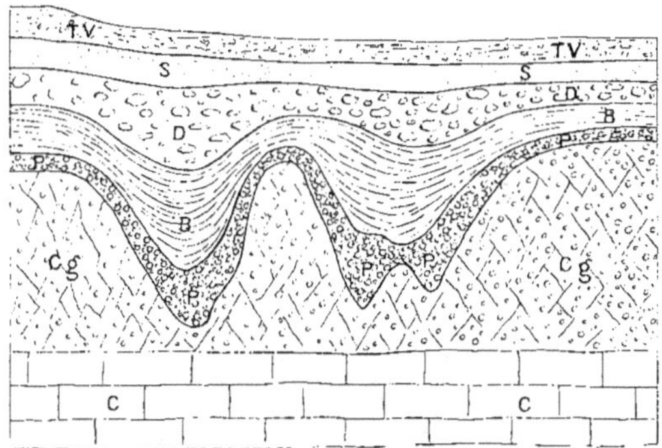

Fig. 45. — Coupe des poches à sable phosphaté dans la craie de Beauval (Somme). TV, terre végétale; S, sable provenant de la dénudation souterraine des assises tertiaires; D, argile à silex provenant de la craie à silex; B, argile provenant de la craie sans silex; P, sable phosphaté provenant de la craie grise; C g, craie grise chargée de grains phosphatés; C, craie blanche non phosphatée.

ont été décrits, ainsi que les blocs de toutes tailles qui font la plus grande partie du diluvium.

Sur les pentes, et surtout sur les pentes rapides des montagnes, il se produit, comme contre-coup des phénomènes de dénudation, des placages de débris de toutes grosseurs qui peuvent masquer plus ou moins complètement les formations en place. Dans les Alpes, les Pyrénées, l'Auvergne, ces *égravats* sont appelés *terrains meubles sur les pentes* : ils sont parfois cimentés par des incrustations et donnent alors des brèches particulières.

Dans d'autres cas, les eaux sauvages ruisselant d'une façon torrentueuse sur un sol convenablement incliné, entraînent dans les parties basses des matériaux boueux

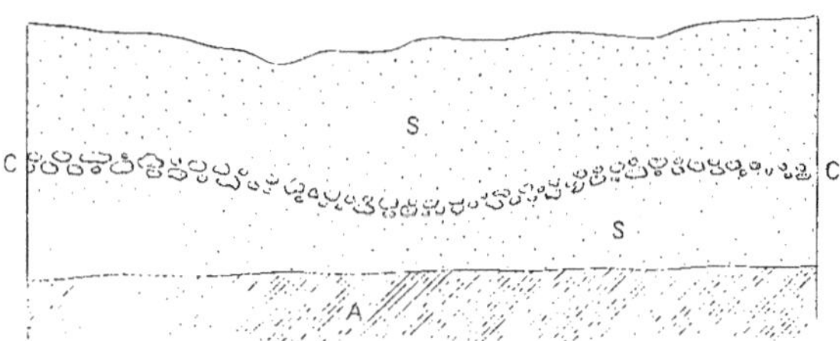

Fig. 46. — Constitution par sédimentation souterraine d'un lit de rognons phosphatés (coquins) CC: SS, sable: A, terrain argileux sous-jacent.

qui viennent se constituer sous la forme de placages dont l'origine a d'abord été méconnue.

Ces revêtements s'étalent dans les vallées à la sortie des ravins latéraux sous la forme d'espèces de deltas fort surbaissés dont la substance comprend des blocs de toutes grosseurs jetés sans aucun ordre dans un limon conjonctif. Ils apportent souvent la fertilité avec eux, et dans bien des montagnes leur surface devient le lieu d'élection de cultures précieuses; mais leur arrivée est dangereuse et la catastrophe survenue le 13 juillet 1892 à Saint-Gervais-les-Bains (Haute-Savoie) restera célèbre (fig. 47).

Des expériences spéciales instituées au laboratoire de géologie du Muséum m'ont permis de reproduire artificiellement les principales conditions de formation et les principaux caractères des épanchements boueux (fig. 48). Leurs formes ont été imitées de même que leur faculté de transporter jusqu'à de grandes distances, et sans aucun frottement, des blocs rocheux anguleux ainsi placés dans une situation identique à celles des blocs erratiques d'origine glaciaire.

Il importe de distinguer nettement, en terminant ce sujet, les épanchements boueux des « cônes de déjection», autre forme d'édification de masses rocheuses par les eaux sauvages et torrentueuses. Ceux-ci se rencontrent au-dessous des

Fig. 47. — Vue de l'épanchement boueux qui a ruiné, en 1892, le grand hôtel de Saint-Gervais.

chutes d'eau tombant verticalement le long des escarpements : il y en a à chaque pas dans les Vosges, les Cévennes, les Pyrénées, les Alpes.

La sédimentation par les eaux courantes. — Le lit des rivières et le fond des vallées, en même temps qu'ils sont le théâtre des érosions décrites plus haut, sont les réceptacles de dépôts variés dont l'histoire est assez compliquée. Dans les anses de la rive convexe il se fait des atterrissements, qui peu à peu recouvrent de « terrain de transport » tout le fond des vallées larges à faible pente. Derrière les obstacles, il se fait des *bancs de sable* qui peu à peu deviennent des îles; et chaque île est une raison pour qu'une nouvelle île se forme à son aval (fig. 49).

Dans les bancs de sable, les matériaux sont constamment déplacés et un triage en résulte qui concentre à l'amont les gros matériaux et les matières denses. Les orpailleurs le savaient bien et installaient en conséquence leur atelier de lavage.

Quand le cours d'eau sort de son lit, au moment des inondations, il dépose, en perdant sa vitesse, les limons qu'il tenait en suspension et réalise ainsi le colmatage naturel, d'autant plus précieux que les troubles sont ordinairement riches en matériaux favorables aux récoltes.

Il ne faut pas oublier dans l'histoire, même très sommaire, de la sédimentation

LA DÉNUDATION PAR LES EAUX COURANTES

fluviatile le transport de matériaux rocheux par les glaces qui, lors des débâcles, suivent le fil de l'eau. C'est ainsi sans aucun doute que des fragments de granit et d'autres roches cristallines provenant du Morvan, peuvent de temps en temps être amenés par la Seine jusqu'au-dessous de Paris, et bien d'autres mélanges de fragments très divers s'expliquent par le même mécanisme.

Quand un cours d'eau se jette dans un lac ou dans la mer, la perte de vitesse qu'il éprouve détermine le dépôt des troubles (Pl. IX, fig. 2), qui se constituent en *delta* (fig. 50) d'abord sous-aqueux, puis progressivement exondé.

On est parvenu à imiter la production de ces sédimentations spéciales par des expériences qui ont fourni l'explication des caractères de certains dépôts plus ou moins anciens, et spécialement des couches de houille.

Fig. 48.- Appareil installé au laboratoire de géologie du Muséum pour imiter artificiellement les épanchements boueux et pour en étudier les principales conditions. C. réservoir de boue ; R. glissière où se fait l'écoulement (e) ; T, table sur laquelle s'épanche le delta boueux D.

La sédimentation par les glaciers. — C'est dans plusieurs conditions principales que se déposent les matériaux pierreux charriés par les glaciers et dont nous reproduisons (fig. 51) la disposition ordinaire d'après une belle photographie que M. Émile Belloc a bien voulu nous communiquer.

Les moraines marginales qui accompagnent les glaciers dans toute leur longueur comme des murailles protectrices sont en général encore sur la glace, bien qu'elles soient adossées

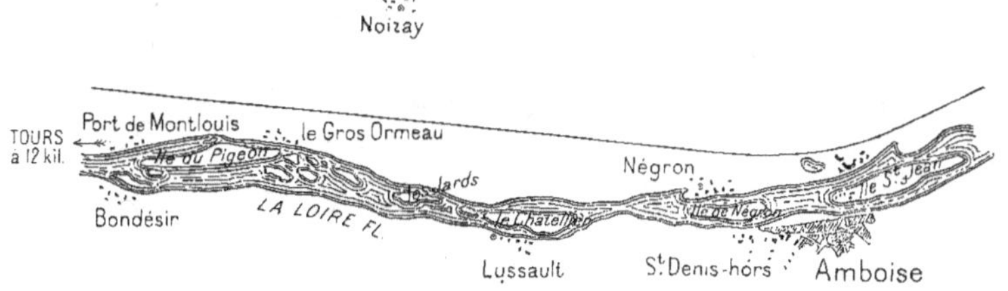

Fig. 49. — Disposition des îles en série dans le lit de la Loire, entre Amboise et Tours.

aux flancs rocheux de la vallée. Si l'on suppose que le glacier diminue et disparaisse, on conçoit que ces moraines se plaquent sur le sol de façon à ne pas se distinguer des éboulis proprement dits, sinon par leur association avec des surfaces rocheuses polies et striées, marquées en un mot au sceau des actions glaciaires. C'est dans des conditions différentes

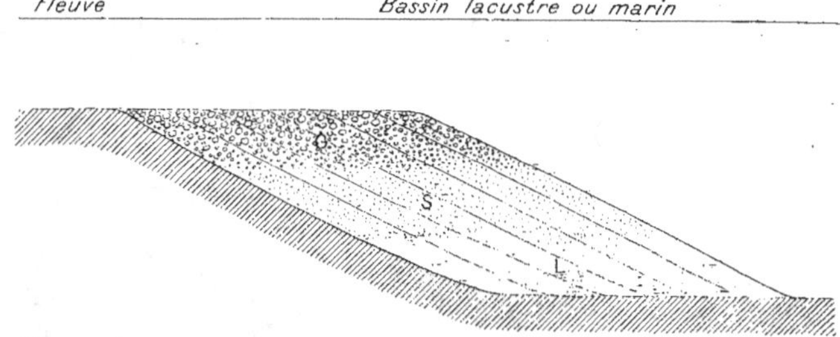

Fig. 50. — Structure d'un delta sous-lacustre montrant comment des lits successifs inclinés déterminent, grâce au triage des matériaux qui les composent, une apparence de stratification horizontale. G, galets; S, sables; L, limon.

que se présentent les moraines frontales; elles sont d'ordinaire en dehors du glacier et reposent sur le sol avec cette forme spéciale que nous avons déjà décrite dans l'Introduction.

Un glacier en voie de diminution quitte sa moraine frontale, derrière laquelle il peut

Fig. 51. — Moraine du glacier des Gourgs-Blancs (Hautes-Pyrénées), d'après une photographie de M. Émile Belloc. A gauche, le pic d'Épicoles (altitude : 3019 mètres); au milieu, le Port d'Oo (Haute-Garonne), (altitude : 3002 mètres): à droite, le col des Gourgs-Blancs (altitude : 3042 mètres).

d'ailleurs, à des distances variables suivant les cas, en édifier une ou plusieurs autres. Un glacier en voie d'accroissement monte au contraire sur une moraine frontale; il l'écrase et l'étale sur le fond de la vallée, de façon à la convertir en une moraine profonde qui peut recouvrir une surface parfois très vaste.

Sous cette forme, le dépôt constitue comme un intermédiaire entre les moraines bien caractérisées et le terrain glaciaire éparpillé, si abondant en avant des glaciers des Alpes et des Pyrénées et si reconnaissable dans plusieurs localités des Vosges et ailleurs.

Le produit de la sédimentation glaciaire, souvent mélangé à des résultats de l'action des eaux sauvages, n'a pas toujours été distingué des épanchements boueux. Je me suis attaché à démontrer la confusion faite à cet égard et qui a conduit à supposer aux glaciers un rôle plus grand qu'ils ne l'ont eu en réalité dans l'édification de la surface de la terre

La sédimentation souterraine.— En pénétrant dans les pores de certaines roches attaquables ou solubles en partie, les eaux isolent des résidus qui prennent facilement l'apparence de formations distinctes et rappellent des terrains qui nous ont occupés déjà à propos de la sédimentation par les eaux sauvages.

L'attaque de la craie, par exemple, qui donnait lieu précédemment au terrain superficiel dit argile et silex, peut se reproduire quand cette craie est recouverte d'un revêtement même épais de terrain sableux. C'est de cette manière que se fait actuellement la zone de phosphate de chaux granuleux qui, sous l'ensemble des lambeaux quaternaires, recou-

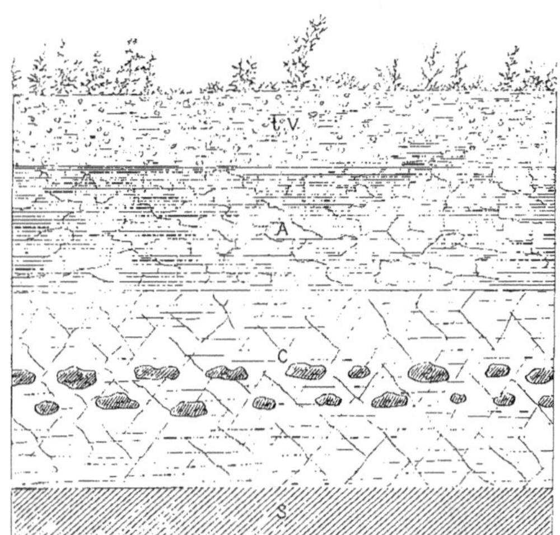

Fig. 52. — Dispositions des rognons de marnolithe dans le lœss. — t. V. terre végétale ; A, lœss argileux ; C, lœss calcaire avec les rognons ; S, calcaire grossier. Coupe prise aux environs de Mantes (Seine-et-Oise).

vre la craie brune autour de Beauval (Somme) et autour d'Hardivillers (Oise).

On ne peut supposer en effet que ce sable phosphaté très fin ait résisté aux phénomènes fluviaux auxquels se rattache, comme on l'a vu, le dépôt de diluvium ; donc il a fallu qu'il prît naissance sous celui-ci, préalablement déposé. C'est ce que m'a démontré une étude sur les lieux et le fait paraît devoir s'étendre à l'histoire de certaines formations qui peuvent être fort éloignées de la surface, mais où accèdent les eaux souterraines.

C'est ce qui a lieu dans les pays où l'on retrouve des *bone-beds*, c'est-à-dire des lits minces constitués uniquement par des rognons phosphatés et des vestiges de squelettes fossilisés.

On peut supposer par extension la même origine à certains lits de sable primitivement disséminés dans des calcaires.

Quand la structure et la composition du sol s'y prêtent, la circulation des eaux souterraines amène sous nos yeux la production de roches vraiment nouvelles par une distribution autre des éléments préexistants. On en a un exemple classique dans la formation progressive en plein limon des nodules connus sous le nom de marnolithes et auxquels les Alsaciens ont depuis longtemps appliqué la qualification si expressive de *Lehmkindchen* (enfants du lehm) (fig. 52). Il faut encore comprendre dans la même catégorie de mouvements moléculaires la production de rognons siliceux et autres; celle des

Fig. 53. — Structure des argiles à minerai de fer en grains du département du Cher.

pisolithes de *fer en grains* (fig. 53) et celle bien plus abondante des globules à couches concentriques qui composent par leur réunion les roches et surtout les calcaires *oolithiques* (fig. 54).

On peut rattacher aussi à la circulation souterraine des eaux la production en plein Paris, dans la rue Meslay et sur la place de la République, de soufre natif dont le Muséum possède de très nombreux échantillons.

Une seconde forme de sédimentation souterraine nous est offerte par le sol des cavernes, où l'on retrouve, avec d'autres, la plupart des particularités caractéristiques des terrains de transport. Déjà nous avons dû mentionner en passant le vrai diluvium caillouteux de la grotte d'Arcy; il faut ajouter qu'on en rencontre dans bien d'autres cavités du même genre.

Ce qui est plus constant encore, c'est l'argile rouge qui constitue le sol des cavernes et dont la rencontre avait conduit les géologues, à l'exemple de Cuvier, à des suppositions inacceptables. Cette argile, c'est le résidu de l'attaque des calcaires, modifié par

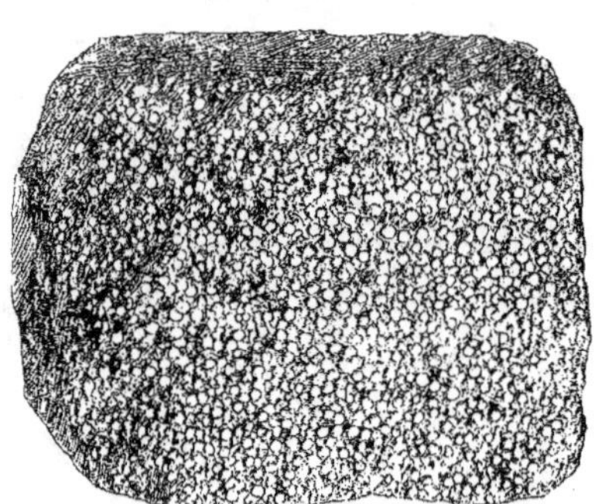

Fig. 54. — Structure du calcaire oolithique de Tonnerre (Yonne).

l'action oxydante de l'air. A cet égard elle a la même origine que la matière qui donne sa nuance caractéristique au diluvium rouge, et c'est l'occasion de souligner les analogies si intimes des vallées d'érosion et des cavernes. Dans un travail célèbre, Desnoyers qualifiait les gorges des montagnes qui ne sont que des vallées très étroites, de « cavernes à ciel ouvert », et l'expression est parfaitement justifiée.

Dans les cavernes on trouve aussi, comme dans les vallées, des éboulis, des épanchements boueux et même des cônes de déjection qui parfois atteignent des dimensions considérables.

Parmi les formes de la sédimentation dans les cavernes, il faut faire une place à part aux dépôts de stalactites et de stalagmites (fig. 55) qui

Fig. 55. — Dispositions des stalactites et des stalagmites dans une caverne.

peuvent prendre des proportions considérables. Ces formations, dont le mode de production est parfaitement connu, arrivent à rétrécir et même parfois à obstruer complètement des cavernes, dont la place n'est plus visible au milieu du calcaire compact que par des amas d'onyx plus ou moins spathique.

A première vue il semble y avoir contradiction entre l'activité érosive des eaux souterraines creusant les cavernes et leur aptitude à combler ces cavités par des dépôts cristallins. Mais il faut remarquer que dans un même point ces deux actions sont consécutives et tiennent à la substitution d'un régime tout nouveau au régime primitif.

Quand on pénètre dans les canaux d'ascension des sources thermales minéralisées, il n'est pas rare d'y rencontrer de vraies sédimentations dont elles sont les auteurs. Ainsi à Plombières les crevasses aquifères du granit sont tapissées, et parfois sur une épaisseur notable, des dépôts minéraux constitués par un silicate spécial appelé *plombiérite*. J'ai trouvé à Carmaux, dans une

Fig. 56. — Accumulations de travertins calcaires au griffon d'une source incrustante.

source émergeant au fond d'une galerie de mine, un autre silicate de formation contemporaine.

A Mahourat, dans les Pyrénées, les fissures s'incrustent de quartz; à La Malou (Hérault), de barytine, à Plombières, de fluorine, etc.

Dans bien d'autres points, ce que les sources profondes déposent dans leur trajet souterrain, c'est du calcaire connu sous le nom de travertin (fig. 56). A Vichy, le dépôt a atteint des dimensions extraordinaires.

La sédimentation éolienne. — L'océan aérien, où nous avons vu s'accomplir des actions de dénudation très énergiques, est le siège de phénomènes sédimentaires importants. L'un des plus connus concerne la formation des dunes.

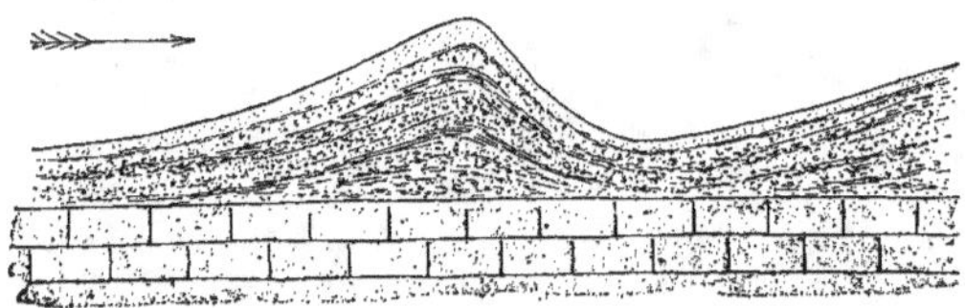

Fig. 57. — Coupe transversale d'une dune montrant la superposition des lits de sable de grosseurs diverses. La flèche indique le sens du vent dominant.

En diverses régions, et spécialement sur notre littoral du sud-ouest, le sable fin poussé par le vent de mer constitue des bourrelets qui se déplacent progressivement et sont capables, à moins que des végétations ne les arrêtent, d'envahir des surfaces énormes de territoire. La structure des dunes (fig. 57) ne manque pas d'analogie avec celle des dépôts réalisés par l'eau courante, par exemple avec celle des bancs de sable dans les rivières et avec celle des deltas. Un appareil des plus simples m'a permis de faire

Fig. 58. — Empreintes de gouttes de pluie surmoulées par un grès de la période permienne, des environs de Saverne, dans les Vosges. 1/3 de la grandeur naturelle.

expérimentalement la reproduction artificielle des dunes.

Dans ces dernières années on a été conduit à donner aux phénomènes de la sédimentation éolienne une importance de plus en plus grande en y rattachant l'origine de certains limons et spécialement celle de divers gisements de lœss.

Fig. 59. — Rides produites par le vent et craquellements produits par le soleil, surmoulés par un grès de la période permienne du Kronthal, chaîne des Vosges. 1/4 de la grandeur naturelle.

On rencontre aux environs de Paris, des placages de lœss à des altitudes supérieures à celles que les rivières atteignent dans leurs plus grandes crues, et dans une situation que peut seule expliquer l'accumulation des produits des pluies de poussières. C'est en petit la reproduction d'un fait considérable à l'œuvre dans certaines régions éloignées, et entre autres en Chine, où des observations précises ont été faites en grand nombre.

J'ai reconnu par des observations variées, que sont venues confirmer de nombreuses expériences, que c'est aussi à des phénomènes éoliens qu'il faut attribuer l'origine de ces curieux fossiles connus sous les noms pittoresques de *pluie fossile* (fig. 58), de *vent fossile* et de *soleil fossile* (fig. 59), ainsi que la conservation des *traces fossiles* (bilobites) de passages d'animaux sur un sol boueux. Seul le vent peut amener du sable dans ces différentes catégories de dépressions sans les effacer et le nombre des vestiges dont il s'agit suffirait pour faire des phénomènes éoliens un chapitre des plus importants de la géologie.

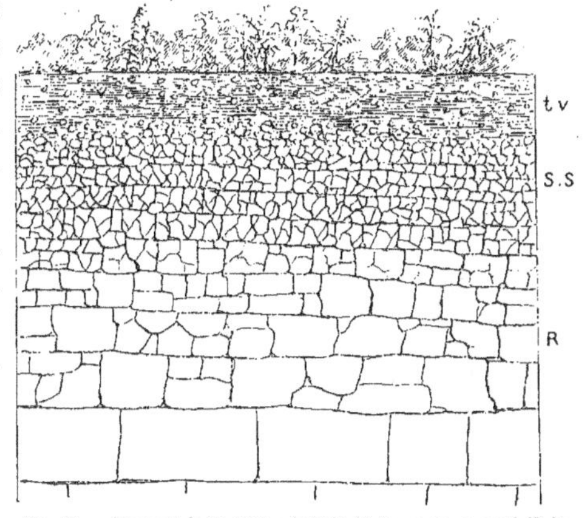

Fig. 60. — Rapport de la terre végétale (*t v*) avec le sous-sol (S S) et les roches en place (R).

La production de la terre végétale. — Ajoutons, en terminant

cette rapide énumération des procédés de sédimentation, que la terre végétale doit son origine dans bien des cas à la collaboration de plusieurs d'entre eux. A part la substance organique qui la caractérise, elle consiste en un mélange de matériaux apportés par les eaux sauvages et par les eaux courantes avec des substances charriées par le vent. Cela explique comment, dans certains cas, elle n'a que peu et même pas de rapport chimique avec les roches en place formant le sous-sol (fig. 60). Nous reviendrons un peu plus loin sur la cause, très importante au point de vue pratique, de ces particularités.

IV

LES CAUSES DE L'ACTIVITÉ GÉOLOGIQUE

En somme, les exemples précédents suffisent pour montrer combien il est légitime d'affirmer que l'épaisseur du sol est le siège de phénomènes incessants. Sa masse entière se déplace et subit, suivant les lieux et les temps, des soulèvements, des affaissements ou des trépidations ; ses éléments fluides circulent sans arrêt, entraînant dans leur course toutes sortes de matières suspendues ou dissoutes, dont les déplacements amènent des changements continuels dans la structure de la terre. Nous aurons plus loin à pénétrer le mécanisme de plusieurs de ces changements et l'occasion de refaire ainsi l'histoire même de notre sol; pour le moment, il convient de nous demander quelle est la cause de l'activité géologique si incontestablement constatée. Cette recherche, puissamment intéressante par elle-même, aura en outre le mérite de nous faire étudier une série nombreuse de phénomènes importants.

La chaleur interne du globe. — Comme dans l'organisme vital, comme dans la machine à vapeur, le centre d'où émane l'activité géologique est un foyer de chaleur. Il est situé au plus profond du globe, et c'est une sorte de « cœur de la terre » dont l'existence est hors de doute. Quoique la géologie française, à laquelle nous devons nous restreindre, ne soit pas apte à fournir tous les éléments d'une démonstration rigoureuse, elle donnera néanmoins de précieuses indications à ce sujet.

Il suffit de pénétrer sous la surface du sol pour reconnaître que la terre est chaude, et d'autant plus chaude qu'on pénètre plus bas. Pour bien comprendre ce qui concerne la chaleur propre de la terre, il faut commencer par éliminer l'influence du soleil, c'est-à-dire pénétrer assez loin de la surface pour que les alternatives des saisons ne se fassent plus sentir. C'est ce qui a lieu à Paris à vingt mètres environ, c'est-à-dire sensiblement au niveau des caves de l'Observatoire, où des thermomètres très précis suivis depuis des siècles avec la plus scrupuleuse attention n'ont jamais montré la moindre variation. On dit que ces caves atteignent la première couche à température constante.

Si, partant de là, on fait des mesures à des distances de plus en plus grandes de la surface, on trouve que chaque profondeur est de même thermométriquement définie par une température invariable. En rapprochant beaucoup de résultats, on constate qu'à chaque approfondissement de 30 mètres correspond un échauffement de un degré ou à peu près.

Ceci posé, un petit calcul montre qu'avec l'accroissement de un degré du thermomètre par 30 mètres, il doit régner à 60 kilomètres de profondeur une température voisine de 2000 degrés. Or à cette température, que nous savons produire dans les fourneaux des usines et dépasser dans ceux des laboratoires, toutes les roches sont entièrement fondues.

Il résulte évidemment de là que rien de solide ne peut exister à plus de 60 kilomètres de la surface. La terre nous apparaît donc comme un globe fluide enveloppé d'une croûte plus mince, toute proportion gardée, que la coquille d'un œuf de poule : c'est sur cette pellicule de matière solide (fig. 61) que nous habitons.

La haute température du foyer interne est en quelque sorte contrôlée par cette circonstance que toutes les substances qui nous viennent des profondeurs sont chaudes, et ceci mérite de nous arrêter un instant. Si notre programme nous permettait de sortir des frontières françaises, nous aurions à citer en premier lieu, parmi les phénomènes témoignant dans ce sens, les montagnes connues sous le nom de volcans et qui vomissent non seulement

Armand COLIN et Cⁱᵉ, Éditeurs.

LA DÉNUDATION PAR LES GLACIERS ET PAR LE VENT

E. Capiomont imp.

des torrents de vapeur d'eau, mais des laves qui ne sont pas fusibles à moins de 1000 degrés. Nous verrons qu'il y a eu des volcans en France, mais ils sont maintenant parvenus depuis bien longtemps à l'état de repos ou de volcans éteints (fig. 62).

Nous n'avons pas non plus à mentionner des jets de vapeur ou soffioni sortant du sol, comme en Toscane et aux États-Unis, avec une température très supérieure à celle de l'eau bouillante; et nous ne pouvons même pas invoquer les geysers qui, en Islande, au Kamtschatka, en Nouvelle-Zélande, dans l'Utah, fournissent de l'eau bouillante mélangée à un grand excès de vapeur d'eau.

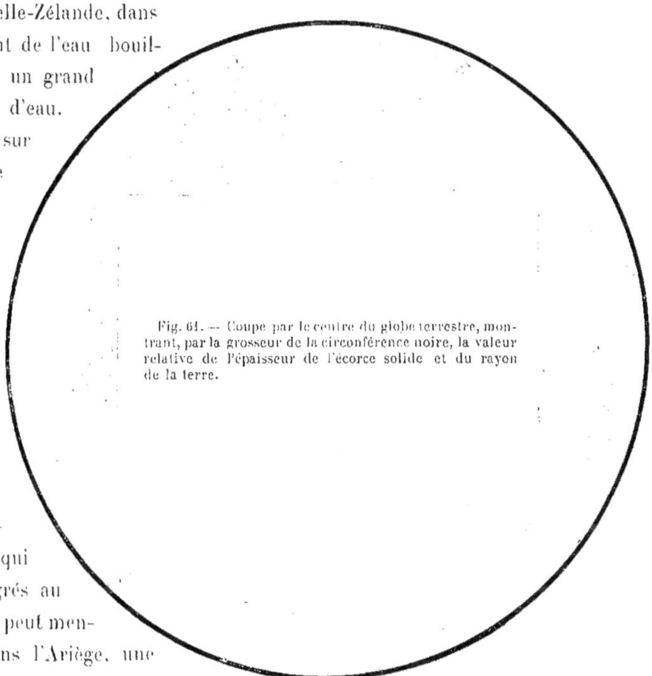

Mais nous avons sur notre sol une série très nombreuse de sources chaudes sur lesquelles nous reviendrons et qui suffiront à notre démonstration. Parmi les plus remarquables, il faut citer celles de Chaudes-Aigues (Cantal), qui marquent 88 degrés au thermomètre. On peut mentionner à Ax, dans l'Ariège, une source à 77 degrés et une à 70

Fig. 61. — Coupe par le centre du globe terrestre, montrant, par la grosseur de la circonférence noire, la valeur relative de l'épaisseur de l'écorce solide et du rayon de la terre.

degrés à Plombières, dans les Vosges. A Bourbonne-les-Bains, dans la Haute-Marne, l'eau est à 68 degrés, elle est à 52 degrés à la Bourboule (Puy-de-Dome); elle est à 31 degrés à Saint-Honoré (Nièvre), à 24 degrés à Allevard, etc.

La chaleur propre de la terre communique fréquemment à l'eau qui circule dans les profondeurs une activité chimique particulière, et les phénomènes *vitaux* de notre globe en sont considérablement augmentés.

Pour le moment, ce qu'il faut retenir surtout de ce qui précède, parce que nous aurons à en tirer parti dans nos études ultérieures, c'est que l'activité incessante du milieu géologique dérive d'une cause unique, et malgré la variété infinie de ses manifestations, de l'existence d'un foyer intense de chaleur interne.

C'est à cause de cette chaleur que la terre n'a de solide qu'une pellicule superficielle qui peut se déformer et même se briser, et c'est encore en conséquence de cette même chaleur que l'eau parcourt au sein des roches et dans leurs fissures, des trajets toujours recommencés qui déplacent sans relâche des éléments de tous genres, de telle sorte qu'ils s'arrangent de façons nouvelles et toujours renouvelées.

Fig. 62. — Panorama de la chaîne des Puys d'Auvergne ou volcans éteints, pris de Randane, sur la route de Clermont au Mont-Dore.

Il y aurait à se demander quelle est l'origine de la chaleur propre et à constater l'espèce de conflit qui s'est déclaré entre elle et la chaleur du soleil pour déterminer les conditions de température de la surface terrestre. Mais tout cela suppose que nous sommes édifiés sur bien des faits qui ne nous ont pas encore occupés, et, avant tout, que nous savons comment est constituée l'écorce solide du globe. Il faut donc remettre à plus tard ce grand sujet.

DEUXIÈME PARTIE

LES PHÉNOMÈNES ANCIENS

I

LES TERRAINS STRATIFIÉS

L'allure des terrains stratifiés. — Les détails dans lesquels nous sommes entrés précédemment n'ont pas seulement le résultat, déjà si grand et sur lequel nous avons insisté, de démontrer l'activité actuelle du milieu géologique. Ils vont jeter leur lumière sur l'histoire des anciens phénomènes dont la terre a été le théâtre. Il suffira en effet d'une observation rapide pour reconnaître que les productions géologiques d'aujourd'hui ne sont que la suite de productions antérieures.

Pour prendre un exemple bien sensible, la vue du front de taille des carrières ouvertes dans les environs de Paris ressemble extrêmement aux cavités dont nous avons parlé dans les dépôts actuels de la mer, par exemple dans la baie du mont Saint-Michel. On y revoit des masses rocheuses superposées, et dans ces masses, tantôt sableuses ou gréseuses, tantôt argileuses ou marneuses, tantôt calcaires, on rencontre des cailloux roulés et des débris faciles à reconnaître pour avoir appartenu à des êtres organisés, et spécialement des coquilles.

L'analogie est si intime qu'il ne peut venir à l'esprit que la cause ne soit la même et que malgré la distance actuelle de Paris à la mer, ces roches maintenant exploitées pour les constructions, ne soient des dépôts datant d'une époque où le point aujourd'hui recouvert d'habitations était sous les flots.

Le changement n'est qu'une affaire de temps : les bossellements généraux auxquels nous avons assisté rendent facile de comprendre comment une localité marine devient progressivement continentale ou réciproquement.

Parmi les conclusions de ces remarques, quelques-unes méritent d'être soulignées : d'abord que les terrains des environs de Paris et de bien d'autres régions sont stratifiés et sédimentaires, c'est-à-dire d'origine aqueuse ; et en second lieu, que dans une même région ils ne sont point du même âge, les plus anciens ayant servi de substratum aux plus récents, qui se sont déposés sur eux.

A Vanves, on voit très bien que les lits de pierre à bâtir se sont déposés sur un fond de terre à brique ; par conséquent celle-ci était déjà formée quand la future pierre à bâtir était encore une vase marine toute remplie de coquilles en partie vivantes. On peut donc en toute vérité affirmer que la terre à brique ou argile plastique est plus ancienne que la pierre à bâtir ou calcaire grossier (fig. 63).

Il en est de même dans l'épaisseur de chacune de ces formations, et on ne peut avoir de doute sur l'âge relatif des couches que si des cassures du sol ou des plissements viennent compliquer les choses : il faut alors une étude particulière et quelquefois difficile, mais, en somme, ce cas est exceptionnel.

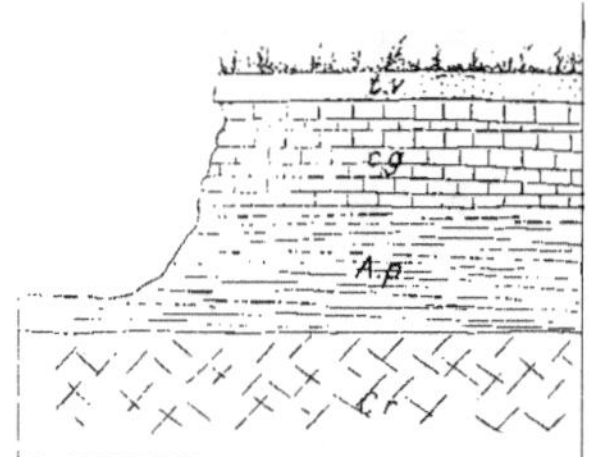

Fig. 63. — Coupe prise à Vanves (Seine) pour montrer l'allure ordinaire des terrains stratifiés. — *t v*, terre végétale ; *c g*, calcaire grossier ; *A p*, argile plastique ; *cr*, craie.

De proche en proche, ce que nous disons pour une carrière s'étend à des régions très vastes, et c'est ainsi qu'on trouve, conformément aux remarques faites plus haut, que le blanc d'Espagne ou craie est d'âge plus ancien que la pierre à bâtir de Vanves et de Montrouge ; que le charbon de terre est plus ancien que la craie ; que les ardoises d'Angers sont plus anciennes que le charbon de terre, et que le granit, qui est le fondement sur lequel tous les terrains stratifiés sont étalés, est par cela même plus ancien que ces terrains.

Nous avons ainsi le moyen de remonter véritablement dans l'histoire de la terre. Successivement nous pouvons par la pensée éplucher le globe, comme on ferait d'un gros oignon, et lui retirer des couches de plus en plus anciennes qui représentent, malgré les changements accomplis certainement depuis lors, les dépôts de la mer et des lacs à des âges de plus en plus éloignés de nous.

On sent tout de suite l'immense intérêt de cette observation, car elle va nous permettre non seulement d'évoquer l'état du globe à des moments successifs, mais de synthétiser toute l'évolution de la terre.

Il importe du reste de bien remarquer que les âges successifs par lesquels la terre a passé ne sont pas plus séparés les uns des autres que ne sont séparés les uns des autres les âges successifs d'un homme. Il est d'abord petit enfant, puis grand enfant, adolescent, jeune homme, homme dans la force de l'âge, homme mûr, vieillard, etc. Toutes ces nuances et bien d'autres sont d'usage dans le discours. Mais si chacune d'elles est nette en elle-même, on ne saurait cependant imaginer de limite entre l'une quelconque et sa suivante ou sa précédente immédiate. C'est rigoureusement la même chose pour les degrés du développement terrestre ou, comme on dit, pour les *périodes géologiques*.

Cette conclusion, dont la vérité est cependant si évidente, a d'abord et pendant bien longtemps été complètement méconnue. Au début, les géologues, manquant d'une foule de termes et ne soupçonnant pas une multitude de détails de l'histoire du globe, pensaient que cette histoire était formée d'époques parfaitement tranchées, séparées brusquement les unes des autres par des phénomènes brusques, dits *révolutions* ou *cataclysmes*. C'était une lourde erreur, mais il faut bien la rappeler en passant, puisque chacun est exposé encore à entendre parler des révolutions du globe, expression qui ne consacre qu'une idée fausse encore qu'elle ait été adoptée par de très grands hommes.

Depuis que les phénomènes de sédimentation ont commencé sur la terre, les couches succèdent aux couches dans les bassins aqueux avec une continuité parfaite.

Là où se montrent des lacunes, il est intervenu des causes locales. Tantôt le dépôt a été interrompu et pendant un temps plus ou moins long, à cause du retrait de l'eau déplacée comme on l'a vu; tantôt des sédiments ont été enlevés par le jeu des forces superficielles : dénudation subaérienne, arrachement par les eaux à la surface des continents, sur les lignes de falaises ou sur le fond de la mer. Il y a aussi des régions où rien ne se dépose dans le bassin des océans, parce que, vu la distance aux côtes et l'absence de courants, les eaux sont absolument pures de toute substance suspendue.

Ces observations, dont l'exactitude est de plus en plus évidente à mesure qu'on pousse plus loin l'étude de la géologie, ne doivent pas cependant nous faire abandonner la notion des périodes géologiques. Celles-ci sont absolument indispensables pour déterminer dans l'histoire du globe des coupures en chapitres qui peuvent seuls amener la précision et la clarté. Le choix des principales périodes est en bonne partie arbitraire; cependant chacune d'elles possède un certain nombre de caractères distinctifs; nouvelle analogie avec les périodes de la vie humaine qui, tout en étant intimement liées les unes aux autres, pourront être caractérisées, celle-ci par la poussée des dents de lait, cette autre par la venue des dents de sagesse, cette troisième par le blanchissement des cheveux, etc.

Bien que les classifications ne soient jamais capables, en aucune direction, de représenter tous les caractères relatifs des objets classés, elles sont indispensables au succès de nos études : ce sont des outils dont on ne saurait se passer.

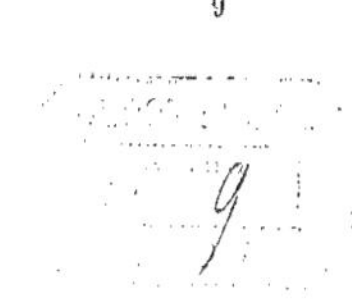

Les fossiles. — Avant de préciser ce qui concerne les différentes époques entre lesquelles nous allons être amenés à diviser l'histoire de la terre, il importe extrêmement de revenir sur l'un des caractères les plus saillants des terrains stratifiés qui est, comme nous l'avons déjà constaté, de contenir des vestiges d'êtres organisés. Lentement transformés par les réactions incessantes dont les couches du sol sont le théâtre, ces vestiges sont devenus des *fossiles*. Sous ce nom ils ont éveillé l'attention des hommes et provoqué une foule d'explications plus ou moins bizarres.

Rien en effet n'est plus singulier tout d'abord que la rencontre dans le sein des pierres, en plein continent et jusque dans la masse des montagnes, de coquilles ayant manifestement des analogies intimes avec celles qui vivent actuellement dans la mer (fig. 64). Déjà nous savons qu'il faut conclure de leur présence que la mer a séjourné jadis sur des points situés maintenant en dehors de son bassin et les déplacements horizontaux des lignes de côtes expliquent le fait sans difficulté.

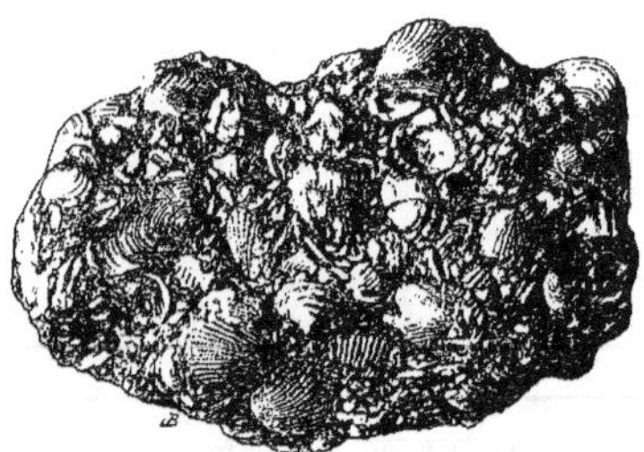

Fig. 64. — Bloc de calcaire grossier fossilifère, de Liancourt-Saint-Pierre (Oise). — *Fimbria*, *Cardita*, *Cardium*, *Crassatella*, etc. — 1/4 de la grandeur naturelle.

Mais il y a lieu de constater qu'ordinairement les fossiles diffèrent beaucoup pour la composition des corps organisés dont ils ont conservé les formes : c'est surtout à l'action des eaux souterraines que la modification est due.

Dans les cas les plus fréquents, la matière organique qui se décompose peu à peu est remplacée par de la matière minérale apportée par les infiltrations : ainsi on trouve dans la craie et dans la pierre à bâtir des coquilles devenues entièrement siliceuses. Dans d'autres terrains elles sont transformées en minerai de fer.

Mais il arrive aussi que le fossile a simplement perdu de la substance sans rien recevoir en échange : c'est ce qui arrive pour beaucoup de coquilles renfermées dans des sables et qui ne diffèrent des coquilles vivantes que par la disparition d'une partie des éléments organiques. Il en est ainsi des végétaux, qui dans les couches argileuses du sol subissent des pertes de substances volatiles et acquièrent successivement la composition des tourbes, puis des lignites, puis des houilles, et enfin des anthracites, variétés de combustibles que tout le monde connaît bien.

En examinant avec soin les caractères des fossiles, on ne tarde pas à s'apercevoir et c'est un bien grand motif de légitime étonnement, que pas un seul (à moins d'avoir affaire aux couches les plus récentes) n'est identique à une espèce actuellement vivante.

La démonstration de ce grand fait, base d'une science tout entière, la *Paleontologie*, n'a pas été facile à faire : elle résulte des efforts de beaucoup de grands esprits, parmi lesquels il faut citer à des titres divers : Léonard de Vinci, Bernard Palissy, Georges Cuvier.

Ce dernier a laissé d'immortels travaux ayant ce titre spécial à notre attention d'être essentiellement parisiens. Cuvier, en effet, s'est occupé surtout des fossiles extraits des carrières de pierre à plâtre maintenant abandonnées qu'on exploitait à la butte Montmartre et dans les points voisins; l'une de ces carrières a été transformée en square et constitue la promenade des buttes Chaumont. En outre, c'est à Paris, au Muséum d'histoire naturelle, que Cuvier a fait ses travaux.

L'attention de Cuvier se porta d'abord sur des os, tels que crânes, dents, vertèbres, côtes, os des membres, et dès qu'il les étudia il éprouva le besoin de reconnaître, bien mieux qu'on n'avait cherché jusqu'alors à le faire, la constitution des animaux d'aujourd'hui. C'est ainsi que, chemin faisant pour ainsi dire, ce grand homme créa l'*Anatomie comparée*.

Grâce aux efforts de Cuvier, on assista à une sorte de résurrection des animaux qui vivaient à l'époque où s'est déposée dans des lacs la pierre à plâtre des environs de Paris.

Parmi eux, l'un des plus remarquables, et dont le nom signifie que c'est une « bête ancienne », est le palæothérium (fig. 65). Ce pachyderme, de la grosseur d'un petit âne, avait vraisemblablement des habitudes aquatiques, le poil court et lisse et la tête prolongée en avant par une petite trompe rappelant celle des tapirs actuels. On en a trouvé à Vitry-sur-Seine un squelette tout entier qu'on peut voir au Muséum. Les palæothérium étaient très abondants : ils devaient former des sortes de troupeaux broutant les plantes sur le bord des eaux.

Avec ces animaux Cuvier en retrouva beaucoup d'autres, mammifères, oiseaux (fig. 66), reptiles, représentés par des vestiges plus ou moins complets.

Dans un terrain bien différent, en creusant les sablières le long de la Seine, à Grenelle, à la gare d'Ivry et ailleurs, il n'est pas rare de trouver des dents énormes ayant à pre-

Fig. 65. — Squelette de *Palæotherium* découvert dans la pierre à plâtre de Vitry-sur-Seine (Seine). 1/12 de la grandeur naturelle.

mière vue la forme des molaires d'éléphant (fig. 67). En les comparant à celle des éléphants actuellement vivants en Afrique et dans l'Inde, on est frappé de différences constantes et très marquées. Les ossements découverts çà et là ont permis de reconstituer des squelettes entiers, et il en est résulté la connaissance d'éléphants nettement différents de ceux d'aujourd'hui et qu'on appelle des mammouths.

Pour le dire en passant, il y a très longtemps que de semblables vestiges avaient été remarqués, mais on n'avait su faire à leur égard que des suppositions ridicules. Par exemple des os d'éléphants fossiles avaient tout simplement été considérés comme les restes du géant Teutobochus, roi des Cimbres. De même, un squelette gigantesque de sala-mandre fossile trouvé à OEninghen en Suisse fut pris pour les débris d'un homme noyé lors du déluge universel, etc.

Ce que nous venons de dire pour les animaux qui ont disparu absolument de la faune actuelle, peut se répéter mot à mot pour les végétaux : la flore d'à présent ne contient pas d'espèce semblable à celles qui sont fossilisées dans les terrains un peu anciens.

Dans les mines de charbon, on rencontre beaucoup de débris de plantes : feuilles, tiges, fruits, graines, racines; parfois arbres entiers de grande taille (fig. 68). Un certain nombre sont manifestement des fougères, des conifères, différant seulement comme espèces des formes actuelles; beaucoup d'autres sont de genres et même de familles absolument disparus.

Fig. 66. — Squelette d'oi-seau fossile découvert dans la carrière à plâtre de Montmartre à Paris. 1/2 de la grandeur naturelle.

Certaines localités présentent des calcaires ou des marnes entièrement pétries de vestiges végétaux. Près de Narbonne, la localité d'Armissan est bien célèbre à cet égard : en fendant les marnes on y trouve des feuilles, des fleurs, etc., comme dans un herbier où on les aurait pressées (fig. 69). Avec des corps végétaux se montrent çà et là des débris d'insectes, des fourmis, des mouches, et jusqu'à des papillons (fig. 70).

A Sézanne (Marne), à Brognon (Côte-d'Or), à La Celle (Seine-et-Marne), dans une infinité d'au-tres localités, c'est dans des travertins calcai-res que les découvertes analogues se répètent.

En résumé, l'existence très lointaine de for-mes animales et végétales, différant de celles qui vivent autour de nous, est parfaitement démontrée.

Fig. 67. — Molaire de *Mammouth* ou éléphant fossile, d'une grèvière du Perreux, près de Nogent-sur-Marne (Seine). 1/3 de la grandeur naturelle.

On va voir qu'il n'en résulte aucunement cependant qu'il y ait eu à un moment quel-conque destruction totale de la flore et de la faune.

Tout imprévue que soit la vérité à laquelle nous venons d'arriver — que les animaux et les plantes d'à présent ne sont pas semblables à ceux qui d'abord peuplèrent la terre, — cependant il faut reconnaître que les choses sont en réalité encore plus compliquées.

Ce n'est pas d'une flore et d'une faune antérieures aux nôtres qu'il faut parler, mais d'une

LA PLAGE DE St LUNAIRE

LES VASES DU FRÉMUR

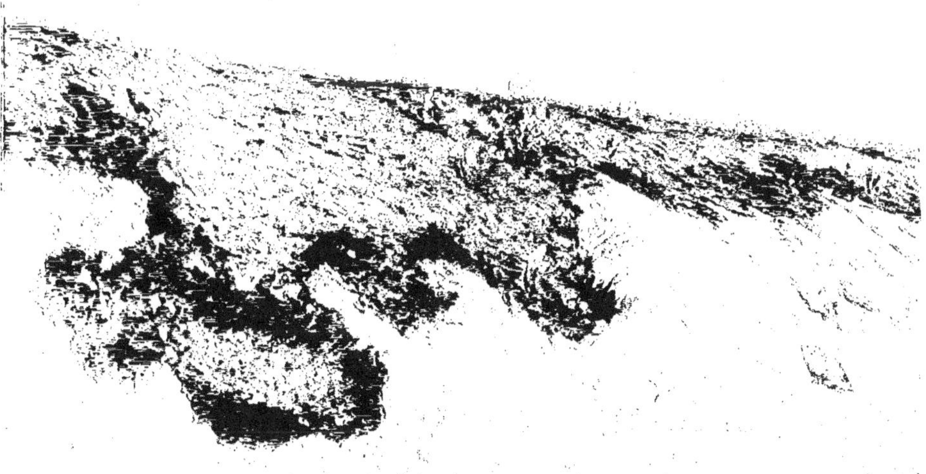

POCHE D'ARGILE A SILEX PRÈS DE HAM

LA SÉDIMENTATION

Armand Colin et Cⁱᵉ, Éditeurs

E. Espiemont imp.

multitude de flores et d'une multitude de faunes : elles se sont succédé pendant que les sédiments s'empilaient les uns sur les autres dans les bassins marins et sur le fond des lacs.

Ainsi, pour ne citer que quelques faits dont chacun peut avoir aisément la preuve, les coquilles qu'on trouve en si grand nombre dans le blanc de Meudon sont complètement

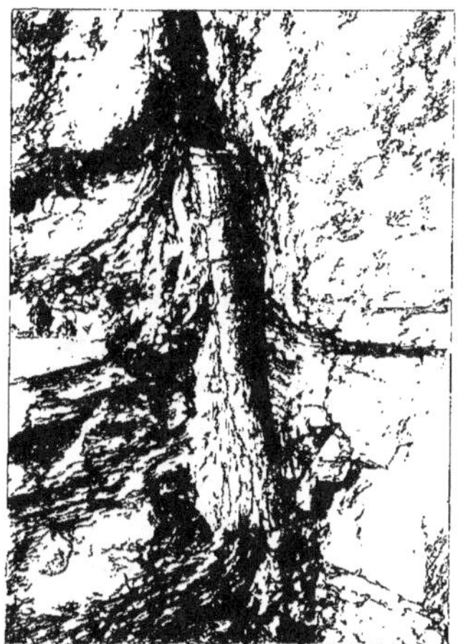

Fig. 68. — Stipe de Calamodendron dans le grès houillier des environs de Saint-Étienne (Loire). — D'après une photographie donnée par M. Grand'Eury. 1/20 de la grandeur naturelle.

différentes de celles qui pullulent dans la pierre à bâtir : il n'y a pas une seule espèce commune. De

Fig. 69. — Rameau d'*Andromeda* (*Leucothæ*), d'Armissan (Aude). 1/8 de la grandeur naturelle.

même aucune des plantes des dépôts de Sézanne dont on a parlé plus haut ne ressemble à celles des mines de charbon, etc.

Les paléontologistes qui ont étudié ces faits de très près et dans toutes les localités de la terre trouvent pour ainsi dire des fossiles spéciaux pour chaque couche.

À première vue, il semblerait que la conclusion à tirer de là c'est qu'à chaque couche correspond une apparition nouvelle d'animaux et de plantes qui ensuite ont disparu pour faire place à une nouvelle flore et à une nouvelle faune : et cette supposition, malgré son extrême complication, a été d'abord adoptée par Cuvier et par beaucoup de savants illustres.

Mais, dans le domaine des sciences, l'autorité des hommes, quels qu'ils soient, ne peut rien contre les faits, et il arrive que les plus grands peuvent émettre de profondes erreurs à côté de vérités supérieures. C'est le cas ici, et les observations faites avec plus d'attention montrent que la doctrine des *révolutions du globe* est absolument insoutenable.

Loin que la disparition d'une espèce donnée corresponde toujours à un cataclysme, c'est à-dire à l'avènement soudain de conditions incompatibles avec la vie, il se trouve d'ordinaire que lorsque l'espèce s'est éteinte, une autre remplissant les mêmes fonctions, ayant les mêmes besoins, était précisément en état de prospérité complète. On a même été tenté de voir dans la disparition de la première, le résultat d'une sorte de concurrence vitale où les plus forts et les mieux organisés l'emporteraient nécessairement sur les autres.

Ce qui paraît beaucoup plus exact et en tous cas moins hypothétique, c'est que les espèces ont chacune une histoire comparable à celle des individus qui les composent. Ce n'est pas parce que les fils tuent leur père qu'ils lui survivent, mais seulement parce que le père arrive normalement avant les fils au bout de la provision de ses forces.

Après un certain temps, variable pour chacune, les espèces montrent de même, à la suite d'un moment d'apogée, des périodes de déclin, d'épuisement qui les conduisent à la mort.

Beaucoup de personnes supposent aussi que les espèces récentes descendent des espèces anciennes par suite de modifications provoquées avant tout par les variations du milieu dans lequel elles vivent.

Fig. 70. — Papillon du genre *Vanessa*, fossile dans les schistes tertiaires d'Aix (Bouches-du-Rhône), 1/2 de la grandeur naturelle.

C'est un système philosophique extrêmement séduisant et qui a réuni beaucoup d'adhérents. Il lui manque cependant, jusqu'à présent, des preuves évidentes qui seules peuvent entraîner la conviction. D'ailleurs il importe de bien remarquer que les espèces d'aujourd'hui n'ont pas un caractère plus définitif que les formes précédentes. Nous sommes contemporains d'une époque quelconque de la vie du globe.

Il faut reconnaître que la comparaison des formes organiques aux différentes époques conduit avec certitude à la notion du perfectionnement progressif des animaux et des végétaux qui se sont succédé sur la terre; et il en résulte une dernière remarque dont tout le monde appréciera l'importance.

On admet, comme un fait évident, qu'à un certain moment du développement de notre globe, les phénomènes biologiques sont tout à coup venus compliquer les manifestations dynamiques de la nature. On ignore pourquoi et comment, et vraisemblablement on l'ignorera toujours; mais l'hypothèse la plus simple semble être que la force biologique, antérieure comme les autres forces, se réservait pour le moment où les conditions du milieu seraient favorables à la manifestation, à la conservation, et à la multiplication de ses produits.

À cet égard, et quelles que puissent être les différences essentielles entre les forces biologiques et les forces purement physico-chimiques, il y a une analogie complète. C'est d'après les conditions du milieu qu'à un certain moment se sont constitués les premiers minéraux cristallisés succédant à des combinaisons où les forces cristallogéniques n'avaient pas eu à intervenir, à cause de la fluidité générale des substances. Or, pour ces forces cristallogéniques, on constate que leurs produits, c'est-à-dire les minéraux, se succèdent dans le temps, pendant que se présentent les unes après les autres les étapes du développement terrestre. Les conditions de la surface allant constamment en s'adoucissant, les minéraux de voie purement sèche font place aux minéraux de voie mixte ou hydrothermale, et ceux-ci aux cristallisations de voie humide, caractéristiques des terrains récents. De même les manifestations des forces biologiques, c'est-à-dire les faunes et les flores, se distribuent dans le temps de façon à dater de leur côté les stases du développement géologique. Tout d'abord, la mer universelle et uniforme impose des conditions partout les mêmes qui ne subsisteront plus quand les continents auront surgi. Puis l'épaisseur constamment diminuée d'une atmosphère qui s'épure et devient transparente aux rayons solaires, en amenant la constitution des climats, détermine des conditions de milieu variables avec les points. La force biologique comme tout à l'heure la force cristallogénique, et avec un bien autre luxe de nuances, à cause de la délicatesse incomparablement plus grande de ses produits, se manifestera de façons diverses qui seront, pour une grande part, le reflet des conditions extérieures.

Les conditions variant d'une façon continue, on verra aussi les manifestations s'accentuer d'une manière suivie dans une direction déterminée. On suivra pas à pas les progrès successifs de telle ou telle fonction, de tel ou tel sens, par ceux de l'organisme qui leur est relatif. Et l'on peut prévoir qu'il en sera ainsi jusqu'à l'acquisition par le milieu terrestre du maximum de conditions favorables à l'éclosion de chaque catégorie de produits biologiques; — les périodes suivantes, de moins en moins propices, devront être marquées par des formes de moins en moins parfaites. De sorte que dans la série des temps on verra d'abord un moment d'apogée pour chaque type, et ensuite un moment d'apogée pour l'être vivant considéré d'une façon absolue.

Les fossiles caractéristiques. — Malgré la continuité à laquelle nous venons d'assister dans la succession des formes organiques depuis l'origine de la vie sur la terre, il n'en est pas moins vrai qu'à certains niveaux de la série stratigraphique correspond la prédominance de tel ou tel animal, de telle ou telle plante.

Ces êtres, ou plus exactement leurs restes, sont souvent désignés sous le nom de *fossiles caractéristiques*: ils constituent de véritables repères dans la longue suite des terrains.

Il n'y a pas à songer à indiquer ici les caractères paléontologiques des diverses couches du globe, mais on conçoit d'après ce qui précède de quel secours peut être l'étude des fossiles pour reconnaître à quel degré de la série géologique se trouve une formation donnée et par conséquent pour savoir s'il y a chance d'y rencontrer les substances minérales utiles que l'on désirerait découvrir.

Supposons par exemple qu'on cherche à trouver du charbon de terre : on creuse le sol et on examine de quoi il est fait. Si les fossiles contenus sont ceux qui caractérisent des formations plus récentes que la houille, on peut espérer en creusant davantage d'atteindre le gîte convoité; dans l'autre cas, c'est-à-dire si on reconnaît des vestiges appartenant à des couches plus anciennes, il y aurait folie évidente à chercher plus bas. Dans la première

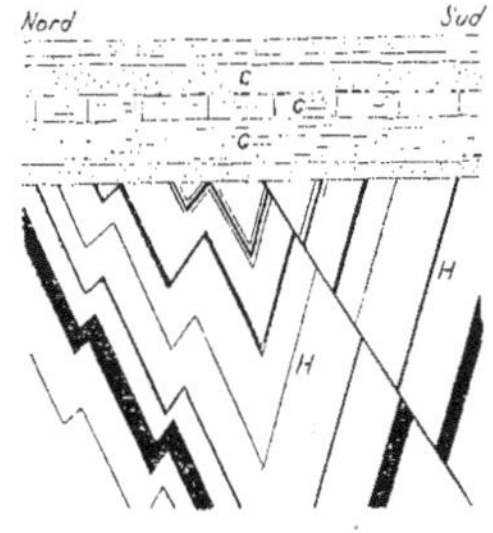

Fig. 71. — Coupe prise aux environs d'Anzin (Nord); *CC*, terrain crétacé en couches horizontales de 100 mètres d'épaisseur; *HH*, terrain houiller, très plissé et recoupé par une grande faille.

série se trouveront par exemple les coquilles qui caractérisent le blanc d'Espagne ou craie: dans le département du Nord, à Valenciennes, à Anzin (fig. 71), c'est sous une centaine de mètres de craie qu'on parvient au charbon. Dans la catégorie des fossiles plus anciens peuvent être mentionnées des bêtes, les *trilobites* (fig. 72), qui, malgré de très grandes différences, ne sont pas sans une certaine analogie avec nos homards. Nous sommes donc en mesure de diviser maintenant l'histoire du globe en périodes paléontologiques, c'est-à-dire caractérisées par la présence de certains fossiles. Il faut connaître les principales formes de ceux-ci, car il suffit de les rencontrer en place pour être assuré de l'âge relatif des roches superposées.

Ainsi, les terrains stratifiés les plus anciens contiennent ces trilobites dont nous venons de parler. On pourra en faire la grande catégorie des terrains trilobitiques, plus souvent appelés terrains primaires.

Plus récemment, se sont formées les couches où abondent des coquilles de gros mollus-

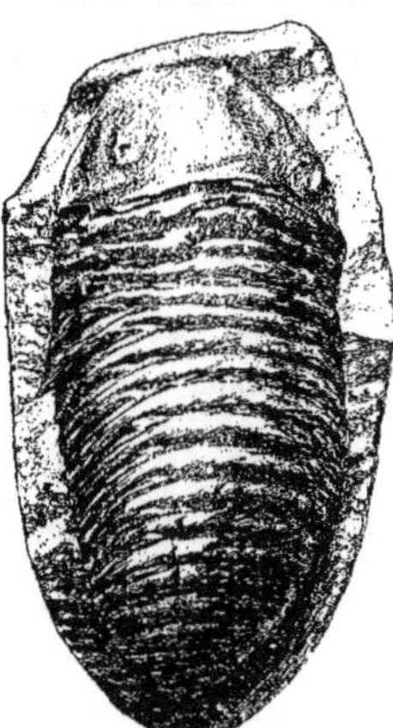

Fig. 72. — Un trilobite : *Homano-lotus Deslongchampsi* du terrain silurien de May (Calvados). 2/3 de la grandeur naturelle.

Fig. 73. — Une ammonite : *Ammonites Pollingeri* du terrain callovien de Dives (Calvados). 2/3 de la grandeur naturelle; échantillon scié et poli.

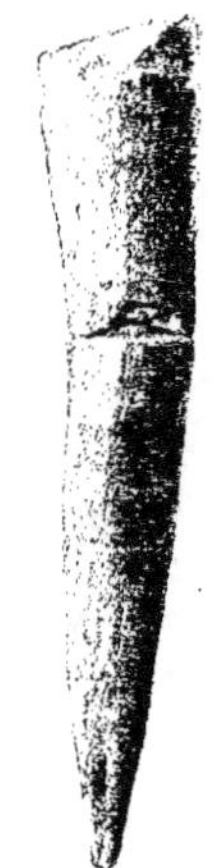

Fig. 74. — Une bélemnite. *Belemnites giganteus* du terrain bajocien de Sully (Calvados). 2/3 de la grandeur naturelle.

ques comparables jusqu'à un certain point aux nautiles et aux seiches d'à présent. On appelle les premières des ammonites (fig. 73) et les autres des bélemnites (fig. 74). Les couches qui les renferment font partie des terrains secondaires.

À une époque encore moins éloignée de nous se rapportent des terrains dont les fossiles les plus caractéristiques sont d'abord des coquilles d'animaux des plus inférieurs et qu'on appelle des nummulites (fig. 75), puis des mollusques dont la pierre à bâtir est quelquefois pétrie et qu'on nomme cérithes (fig. 76). Ces terrains sont dits tertiaires.

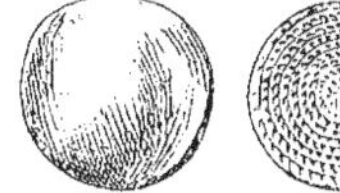

Fig. 75. — Une nummulite : *Numulites lævigata* du calcaire grossier de Ponchon (Oise). Grandeur naturelle.

Enfin on appelle terrains quaternaires des assises qui font le passage entre les précédents et les formations actuelles.

Fig. 76. — Un cerithe : *Cerithium giganteum* du calcaire grossier de Grignon (Seine-et-Oise). 1/4 de la grandeur naturelle.

Si une carrière vous fournit des ammonites, par exemple, vous pouvez être certain que les matériaux qu'on y exploite étaient déjà déposés depuis longtemps au moment où la pierre à bâtir de Paris s'accumulait sous forme de vase au fond de la mer et que, d'un autre côté, les ardoises comme celles qu'on extrait à Angers, les marbres comme on en tire dans le Boulonnais et qui sont du terrain primaire, existaient déjà.

Il faut remarquer aussi que les terrains anciens se signalent souvent par l'aspect particulier des roches qui les constituent. À la place des calcaires crayeux, des calcaires terreux ou grossiers, on n'y voit que des marbres compacts et même des marbres cristallins (Pl. XX); — à la place des sables et des grès, on n'y rencontre que des quartzites parfois si serrés et si solidement cimentés qu'ils donnent à première vue l'idée de quartz massif; — à la place des argiles on n'y trouve que des schistes, et même des schistes finement feuilletés, dont l'ardoise à écrire est le type le plus connu.

On exprime cette circonstance en disant que les terrains anciens sont *métamorphiques* ; ce qui veut dire qu'ils ont subi une métamorphose, et, en analysant les choses, on reconnaît que la transmutation a eu pour cause l'application simultanée d'une assez forte chaleur et d'une compression considérable.

Il n'y a du reste pas longtemps à chercher pour trouver la raison qui détermine ces agents à choisir les terrains anciens : par le fait même de leur grand âge, ceux-ci ont été, au cours des temps, recouverts par les sédiments successifs et éloignés par conséquent en même temps de la surface de la terre. Ainsi enfouis, ils ont éprouvé les uns après les autres les températures relatives aux profondeurs de plus en plus grandes, et le poids des masses qui les surmontaient leur infligeait une pression toujours croissante.

Fig. 77. — Trilobite du genre *Illænus* déformé par l'étirement qui a réduit les argiles siluriennes en ardoises. Environs d'Angers (Maine-et-Loire). 1/2 grandeur naturelle.

10

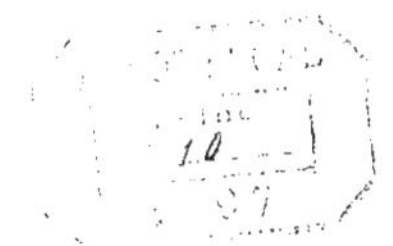

Fig. 78. — Bélemnite tronçonnée par l'étirement qui a réduit en ardoise les argiles jurassiques du mont Lachat (Haute-Savoie). 1/2 de la grandeur naturelle.

Des expériences, répétées maintes fois, ont montré que sous l'influence combinée de l'eau et de la chaleur les calcaires deviennent des marbres, les grès des quartzites et les argiles des schistes. Et d'autres expériences tout aussi probantes ont fait voir que des argiles soumises à la pression d'un laminoir se feuillettent comme de la galette.

C'est à la première de ces catégories de phénomènes qu'il faut attribuer la production de cristaux dans la masse des roches qui deviennent métamorphiques et par exemple de la chiastolithe, de la croisette, du disthène (Pl. XI, fig. 1, 2 et 4) dans les ardoises. Et c'est à la deuxième qu'on est conduit à rattacher l'étirement et le tronçonnement de certains fossiles contenus dans les schistes. Les trilobites (fig. 77) ont perdu souvent leur symétrie originelle et sont déjetés de côté dans le plan même des feuillets au sein desquels ils sont empâtés, et les belemnites (fig. 78) sont allongées, également dans le plan du feuilleté, les vides produits entre les tronçons successifs s'étant incrustés de cristal de roche.

II

LE TERRAIN FONDAMENTAL

Les roches granitiques. — Quand on remonte, comme nous le faisions tout à l'heure, la série des dépôts stratifiés, on reconnaît que les couches les plus anciennes, dépourvues de fossiles reconnaissables, reposent sur des masses minérales d'un caractère tout différent.

Ces masses, variables suivant les localités entre des limites assez larges, trouvent pourtant leur type moyen bien reconnaissable dans le granit.

Tout le monde a vu du granit. et dans les villes même éloignées des carrières qui le fournissent il est ordinaire d'en trouver des spécimens comme bordure de trottoirs, comme dalles, comme piédestaux, comme soubassements ou comme pierre de décoration et d'ornement.

Le granit et les roches qui lui sont associées (Pl. XXI, fig. 4), gneiss, micaschistes et autres, contrastent avec les roches sédimentaires par une série de caractères facilement constatables.

D'abord on reconnaît qu'elles ne sont pas disposées en strates comparables aux couches des terrains précédemment étudiés. Ce sont des masses recoupées en sens divers de fines fissures, qui parfois les débitent en dalles superposées, mais qui n'offrent nulle part la structure caractéristique des dépôts formés dans la mer ou dans les lacs.

En deuxième lieu on reconnaît d'un seul coup d'œil, surtout sur une surface polie, que la composition minéralogique des roches granitiques est fort complexe : des petits grains (d'où le nom de *granit*) y sont mélangés et il est facile d'en distinguer les différentes substances. Dans les variétés les plus fréquentes le triage de ces grains y révèle trois espèces bien différentes et qu'il est facile de caractériser en peu de mots.

Tout d'abord on remarque des paillettes très brillantes, tantôt d'un blanc d'argent, mais plus souvent d'un brun noirâtre ou plus ou moins mordoré. Elles sont constituées par un minéral auquel leur éclat a fait depuis longtemps donner le nom de *mica*, dérivé d'un mot latin qui signifie briller.

A côté, se présentent des grains opaques ressemblant assez à de petits débris de porcelaine et dont les formes irrégulières se signalent cependant par les surfaces planes qui les limitent fréquemment au moins de divers côtés, ce sont des grains de feldspath. (Pl. XIV, fig. 2.)

Enfin une troisième catégorie de grains appartiennent au *quartz*, c'est-à-dire au cristal de roche (Pl. XIV, fig. 1 et fig. 3) : ils ont souvent l'apparence de petits débris de verre, étant incolores ou à peu près, très irréguliers et terminés par ces surfaces spéciales qu'on appelle *conchoïdes* parce qu'elles présentent, comme les cassures vitreuses, des lignes courbes grossièrement parallèles entre elles et rappelant les stries d'accroissement des coquilles bivalves.

On a imaginé, pour étudier la constitution intime des roches, de les réduire, sans les désagréger, en lames extrêmement minces (de quelques centièmes de millimètre d'épaisseur), et de les examiner ensuite au microscope. La planche XX représente quelques résultats obtenus dans cette direction.

Un dernier trait des terrains granitiques concerne l'absence absolue dans leur masse de cailloux roulés ou de débris fossiles. Ce qui revient à dire qu'ils ne se sont certainement pas formés comme les terrains stratifiés par le dépôt dans l'eau de matières analogues à nos vases, à nos sables et à nos graviers.

En bien des points de la France le sol est fait de terrains granitiques; nous reviendrons plus loin sur leur distribution; pour le moment il faut ajouter qu'on a la preuve que ces terrains font un véritable soubassement sur lequel est établi tout l'édifice des assises stratifiées. Il en résulte que si par la pensée on dépouille le globe de ces dernières, il reste un sol continu formé par le granit. C'est pour cela que le terrain qui nous occupe prend le nom qu'on lui donne souvent de terrain fondamental.

Avant d'aller plus loin, et conformément à notre manière de faire pour les terrains stratifiés, il est naturel de nous demander comment s'est produit le terrain fondamental. Il ne se fait plus de granit, au moins à la surface, et dès lors le procédé si fécond d'information tiré des causes actuelles manque tout à fait.

Quant aux suppositions, comme elles ne sauraient entraîner la conviction avec elles, nous n'en dirons rien, estimant qu'il vaut mieux nous avouer que la question dépasse nos efforts.

On peut aussi se demander si le granit représente bien réellement les masses minérales les plus anciennement formées sur la terre.

Il est clair en effet qu'il doit y avoir eu un terrain qui a précédé le dépôt de tous les autres et dont l'âge remonte à une époque où la terre ne ressemblait pas du tout à ce qu'elle est devenue depuis, à ce qu'elle est aujourd'hui. Et dire qu'un terrain a précédé tous les autres, c'est admettre en même temps que la terre n'a pas toujours existé. On conçoit combien il serait intéressant de savoir quelque chose de précis sur le moment où notre globe a commencé d'exister.

Bien qu'à première vue il semble impossible de traiter un semblable sujet autrement que par l'imagination toute pure, nous allons voir qu'il admet au contraire des données positives.

En effet, la terre n'est pas un objet unique de son espèce. Tout le monde sait bien que c'est une planète, c'est-à-dire un globe qui tourne dans le ciel autour du soleil. D'autres planètes constituent avec la terre le système solaire (fig. 79) et plusieurs de ces planètes ressemblent extraordinairement à la nôtre. C'est le cas pour celle qu'on appelle Vénus et surtout pour celle qu'on appelle Mars.

Par des procédés merveilleux en apparence, mais que tout le monde peut mettre en pratique avec des appareils convenables, on est parvenu à savoir de quelles matières les astres sont composés. En examinant la lumière qu'ils émettent ou qu'ils réfléchissent, on sait reconnaître, par l'*analyse spectrale*, qu'il s'y trouve du fer, de l'hydrogène, du chlore, etc. Le résultat général de ces analyses chimiques, dont on aurait pu croire la réalisation impossible, c'est que le système solaire est formé d'un bout à l'autre des mêmes matières, malgré ses fantastiques dimensions. De là à imaginer que les diverses planètes se sont, à l'origine, séparées d'une même masse commune, il n'y a qu'un pas que des observations faites dans les profondeurs du ciel rendent encore plus facile à franchir.

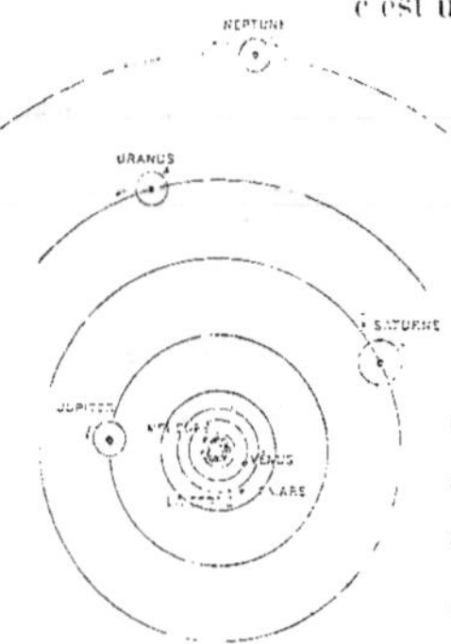

Fig. 79. — Situation relative des orbites où gravitent les astres du système solaire.

On a reconnu en effet que le soleil, autour duquel tourne le système dont la terre est un détail, n'est lui-même qu'une simple étoile tout à fait comparable à celles qui brillent dans le ciel, n'étant parmi elles ni la plus grosse ni la plus petite.

Ces étoiles, le soleil compris, n'occupent en réalité qu'un petit coin de l'espace, forment un amas, dans l'épaisseur duquel nous sommes véritablement perdus. L'amas de soleils ou d'étoiles, puisque c'est la même chose, est très aplati et suivant que nous le regardons dans une direction ou dans une autre, nous le voyons dans son épaisseur ou par sa tranche : dans le premier cas, les étoiles qui le constituent se montrent écartées

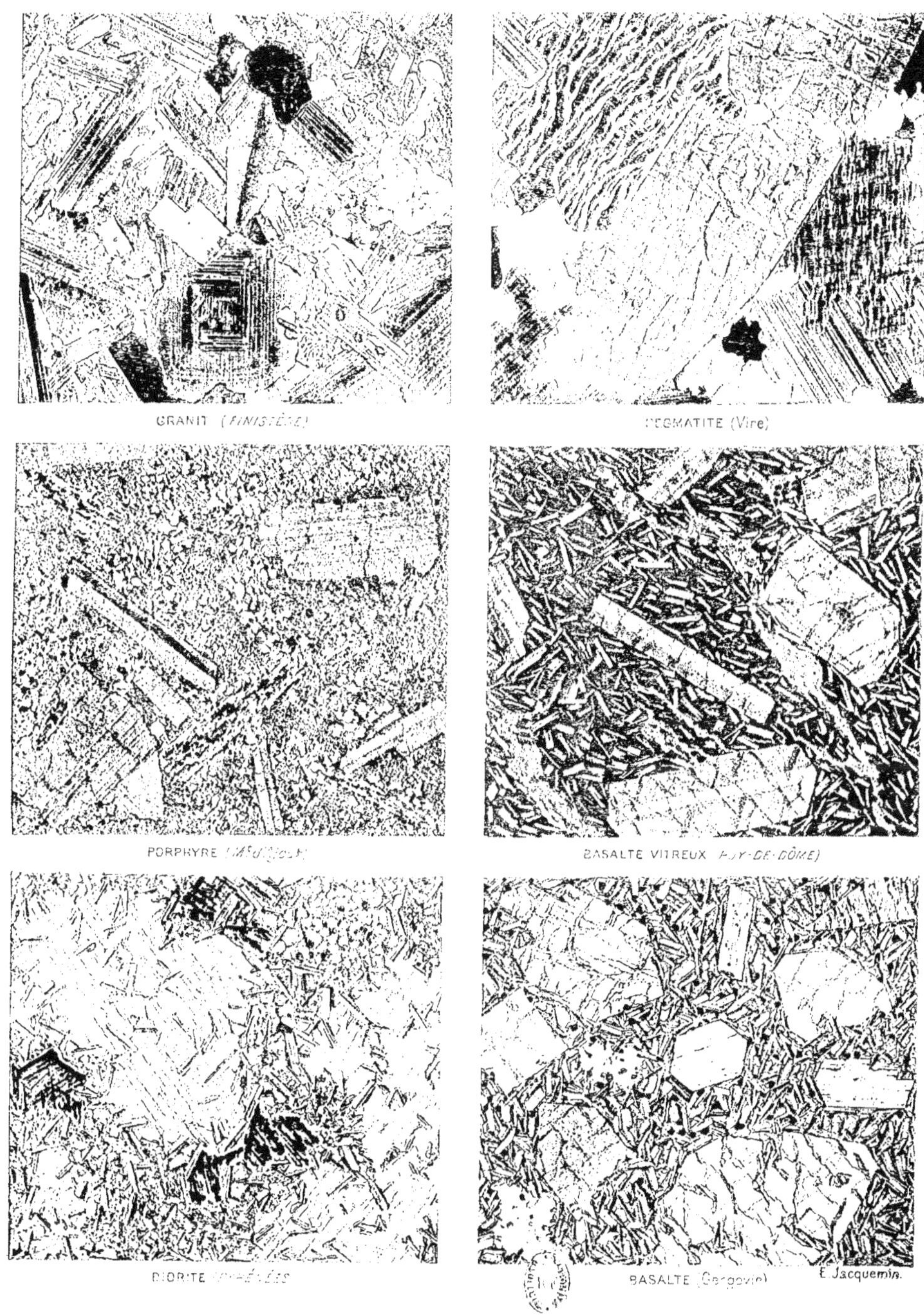

Armand Colin et C⁰, Éditeurs.

ROCHES CRISTALLINES VUES AU MICROSCOPE, EN LAMES MINCES, DANS LA LUMIÈRE POLARISÉE

les unes des autres en *constellations*, comme on dit; mais dans le second cas elles sont si nombreuses qu'elles se projettent les unes sur les autres et que nous ne pouvons saisir, surtout à l'œil nu, qu'une bande lumineuse bien connue sous le nom inventé par les anciens de *voie lactée*.

Tout cet immense ensemble, constellations et voie lactée (soleil et planètes compris comme infime détail), ne forme donc qu'un seul et même amas ou *nébuleuse* dont l'origine est certainement unique. On en est d'autant plus assuré qu'en regardant entre les constellations, jusque dans les profondeurs du ciel, on y voit à l'aide des lunettes et des télescopes des milliers et des milliers d'autres nébuleuses tout à fait distinctes de la nôtre et qui, comme elle, sont constituées par des agglomérations d'infinités d'étoiles ou soleils.

Les quelques mots qui précèdent suffisent pour nous donner une notion de l'importance réelle de la terre dans le monde et pour montrer que cette importance est bien différente de celle qu'elle semblait avoir à première vue et que les anciens, dans leur ignorance, si inévitable au début de toute étude, s'étaient plu à lui attribuer. Elle fait si mince figure que sa disparition, à part ses conséquences immédiates et personnelles pour nous, ne produirait aucune espèce de perturbation sensible dans l'ensemble.

Ainsi donc le ciel, dont les dimensions nous échappent d'ailleurs absolument, est peuplé de nébuleuses si écartées les unes des autres que leur lumière, malgré la vitesse de 300 000 kilomètres à la seconde qui l'anime, met des millions d'années pour nous en parvenir.

Les études spécialement relatives aux corps qui avec la terre composent le système planétaire ont conduit à penser, avec beaucoup de vraisemblance, que les planètes représentent comme des lambeaux de substances qui successivement se sont séparés d'un même amas dont le résidu est précisément le soleil. C'est à cette opinion qu'on donne le nom de théorie cosmogonique de Laplace.

Les planètes les plus éloignées du soleil jouissent de leur individualité depuis le plus long temps : Neptune est plus ancien qu'Uranus, Uranus que Saturne, Saturne que Jupiter, Jupiter que Mars, Mars que la Terre, la Terre que Vénus, et Vénus que Mercure. On peut dire que ces planètes sont d'une même espèce mais d'âges différents, de façon que Mercure en est encore à l'heure présente à un état que la terre a franchi depuis longtemps et que Mars, à l'inverse, nous permet d'observer un degré d'évolution auquel notre globe parviendra plus tard.

Mars est placé dans le ciel d'une façon tout spécialement favorable à l'étude télescopique; aussi les astronomes ont-ils pu pousser très loin l'examen de notre voisin planétaire. On a dressé des cartes et même des globes géographiques sur lesquels sont dessinés des continents et des îles, des mers et des détroits. Aux pôles de Mars, comme aux pôles de la Terre, sont des calottes de glace qui croissent ou diminuent suivant les saisons : les courants de la mer sont révélés par le transport des banquises ou glaces flottantes, et dans l'atmosphère, des nuages sont visiblement emportés par des vents réguliers auxquels de temps en temps s'ajoutent des tempêtes, tourmentes ou tourbillons analogues à nos cyclones.

On comprend combien de semblables découvertes élargissent le champ déjà si vaste de la géologie, puisqu'elles rattachent à une même histoire, comme les phases successives d'un même développement normal, l'état des divers corps célestes.

A leur sortie du soleil, des globes planétaires étaient fort chauds; la température extrêmement basse du ciel environnant les a soumis à un refroidissement continu; et c'est la perte progressive de leur chaleur d'origine qui a amené et amène encore l'acquisition des états successifs.

Vénus, comparée à la terre, possède une plus grande partie de sa surface recouverte par les mers et son atmosphère est plus épaisse; au contraire Mars n'est océanique que sur la moitié environ de sa surface, et son atmosphère est très mince, excellente condition d'ailleurs pour les observations.

La conséquence de ces remarques, c'est qu'en vieillissant les planètes absorbent par leur partie solide les éléments fluides, air et eau, qu'elles possédaient d'abord en abondance, ou, si on le préfère, que ces corps célestes marchent peu à peu vers un état de dessiccation.

La Lune, qui s'est refroidie plus vite que la Terre, parce qu'elle est beaucoup moins grosse, est dès maintenant privée d'eau et d'air et son dessèchement y a même ouvert en tous sens d'immenses crevasses que les astronomes connaissent sous le nom de *rainures*.

Un jour la Terre sera desséchée comme la Lune, privée d'atmosphère, recoupée de larges fentes béantes : depuis longtemps alors tout être vivant aura disparu de sa surface.

On voit dans le ciel des corps plus vieux encore que la Lune et ce sont des débris d'astres tombés en poussière par une désagrégation qui rappelle la décomposition des cadavres : plus de trois cents petits astéroïdes, souvent désignés sous le nom de petites planètes ou de planètes télescopiques, et qui tournent autour du soleil entre les orbites de Mars et de Jupiter, sont des exemples de cette sorte de gravois céleste.

Et de même que les débris des cadavres fournissent, sous forme d'engrais, la substance même des plantes et des animaux vivants, de même la poussière des mondes parvenus à la décrépitude finale, vient, sous forme de météorites ou pierres tombées du ciel, alimenter de substance nouvelle les astres qui n'ont pas fini de parcourir le cycle de la vie sidérale [1].

On a réuni au Muséum d'histoire naturelle une magnifique et très précieuse collection de pierres tombées du ciel. Un nombre notable en a été recueilli sur le sol de la France.

Ce qu'il faut retenir comme conclusion de ce qui précède, c'est que la terre, de même qu'elle a eu un commencement, aura une fin.

---

1. J'ai développé ce sujet dans un volume récemment publié par la *Bibliothèque scientifique internationale* (F. Alcan, éditeur), sous ce titre : *La Géologie comparée.*

III

LES TERRAINS INTERCALÉS

Le progrès de nos études nous met à même de nous faire du globe terrestre une idée générale. Nous voyons qu'il consiste en zones sphéroïdales superposées qui sont à partir de l'extérieur : l'atmosphère, l'océan, l'ensemble des terrains stratifiés et le terrain fondamental. Nous savons aussi que cela ne continue pas indéfiniment dans la profondeur et qu'à une soixantaine de kilomètres de la surface toute substance solide cesse d'exister pour faire place à un noyau fluide et vraisemblablement gazeux, du moins en partie.

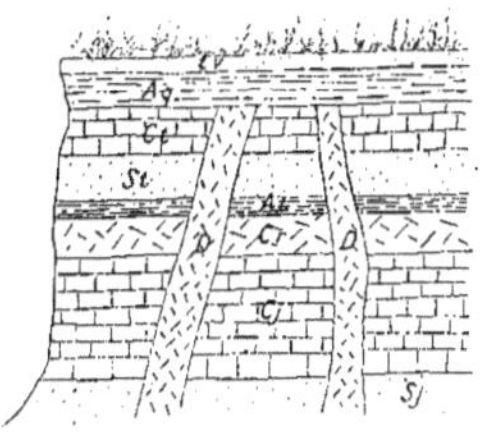

Avec un peu d'attention nous constatons qu'il est nécessaire d'ajouter à cette série de formations un nouveau terme, important à la fois par ses caractères extérieurs, par les services qu'il peut nous rendre en certains cas, par le jour que jette son histoire sur l'économie du globe.

Nous voulons parler des *terrains intercalés* : c'est-à-dire des masses rocheuses qui se sont manifestement introduites dans les terrains de tout ordre, sédimentaires ou fondamentaux,

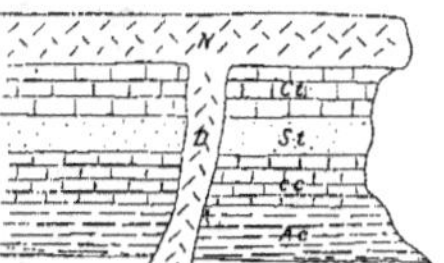

Fig. 80. — Coupe montrant l'allure des *dykes* de roches éruptives : *tv*, terre végétale; *Aq*, alluvions quaternaires; *Ct*, *St* et *At*, sédiments tertiaires; *Cr* et *Ci*, sédiments crétacés; *Sj*, sédiment jurassique.

après leur constitution. Ils ont volontiers la forme de murailles souterraines s'élevant jusqu'à une distance plus ou moins voisine de la surface du sol et la dépassant même quelquefois (fig. 80). Ils constituent aussi des nappes (fig. 81) ayant à première vue de l'analogie avec les couches proprement dites et parfois aussi des amas qui peuvent faire saillie à la manière de gros boutons plus ou moins coniques (fig. 82).

Ces terrains se répartissent en deux catégories principales : les filons de roches ou *dykes*, et les filons métallifères, et il n'est pas besoin de les étudier longtemps pour constater que les uns et les autres sont venus se constituer dans des cassures du sol du genre de celles que nous avons mentionnées plus haut sous le nom de *failles*.

Fig. 81. — Coupe montrant les rapports d'une *nappe N* de roche éruptive avec un dyke *D*. *Ct* et *St*, sédiments tertiaires ; *Cc* et *Ac*, sédiments crétacés.

Les filons de roches. — Les *dykes* sont en général sous la forme de grandes plaques plus ou moins verticales qui, suivant les pays, traversent des roches très denses avec lesquelles ils contrastent fortement et s'épanouissent souvent soit en lits intercalés dans les masses encaissantes, soit en nappes ou en boutons superposés.

Les roches qui entrent dans la composition des dykes sont très variées; leur allure a depuis longtemps frappé les observateurs par son analogie avec celle des épanchements de lave que rejettent les volcans, et c'est pour cela qu'on les désigne souvent sous le nom de *roches éruptives*.

Parmi les nombreuses espèces de cette série, il est indispensable de mentionner quelques types. Le *porphyre* (Pl. XXI, fig 3) sera cité en première ligne. Il a avec le granit une grande ressemblance de composition, étant surtout feldspathique, mais sa structure est toute différente (Pl. X, fig. 3). Le granit du Morvan est recoupé de nombreux filons de porphyre. Dans l'Esterel, de belles variétés peuvent être signalées. Le pyroméride (Pl. XXI. fig. 4) est un porphyre globulifère.

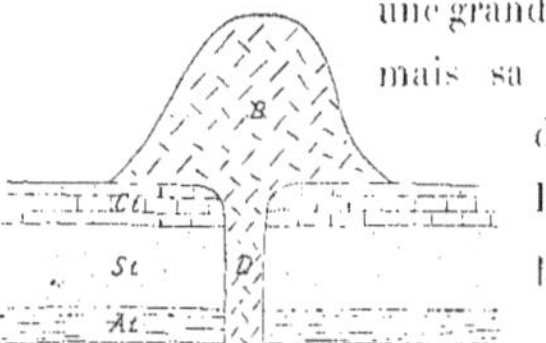

Fig. 82. — Coupe montrant les relations d'un *bouton éruptif* B, avec un dyke D. *Cl, St* et *Al*. sédiments tertiaires.

Le *trachyte* a avec le porphyre ce trait de ressemblance d'être presque exclusivement feldspathique ; mais sa structure fendillée et finement grenue suffit à montrer que les conditions d'origine ont dû être spéciales. Le puissant Puy de Dôme (Pl. XVII. fig. 3), le Pic de Sancy et plusieurs autres montagnes de la même région sont de beaux échantillons de trachyte.

Les *diorites* (Pl. XXI, fig. 2. et Pl. X, fig. 5) (dont beaucoup de variétés sont dans les Pyrénées appelées *ophites*) se signalent par leur nature magnésienne ; les *serpentines* (Pl. XXI. fig. 6) peuvent être regardées souvent comme des produits de leur altération sous l'influence des actions aqueuses.

Les *dolérites* font en plusieurs régions des massifs considérables et passent par des intermédiaires au *basalte* si magnifiquement représenté en plusieurs points de France centrale par des colonnades des plus pittoresques. La croix de la Paille, au Puy en Velay (Pl. XVII, fig. 2), la montagne de Bonne-Vie à Murat, en sont entre autres des exemples remarquables. On verra, Pl. X, fig. 4 et 6, l'aspect de basaltes en lame mince au microscope.

Fig. 83. — Argile cuite et prismatisée par la lave volcanique qui est venue s'épancher à sa surface. Volcan éteint de la Denise (Haute-Loire). 1/2 de la grandeur naturelle.

L'analogie minéralogique des basaltes avec les laves de volcans actuels et l'association de leurs dykes et de leurs nappes avec des cônes volcaniques, éteints il est vrai en Auvergne, mais bien reconnaissables, ne laissent aucun doute sur leur origine éruptive et par contrecoup sur celle de toutes les roches en filons. Des arguments directs prouvent aussi que, lors de leur intercalation dans les roches encaissantes, ces roches étaient douées d'une température relativement élevée. On trouve en effet bien souvent que sur les marges des dykes et à une distance plus ou moins grande suivant les cas, les roches stratifiées ont été modifiées. Elles ont subi, comme on dit, le *métamorphisme*. Même il peut être utile de distinguer ce *métamorphisme de contact* du *métamorphisme régional* qui nous occupait tout à l'heure.

Ainsi, au volcan de la Denise (Haute-Loire) on voit, au contact des basaltes et des laves anciennes, des argiles qui ont été véritablement cuites, transformées en une espèce de brique naturelle qui s'est débitée en petites aiguilles (fig. 83) rappelant les pains d'amidon.

Dans l'Ardèche on voit des calcaires traversés par de petits dykes de basalte (fig. 84) et

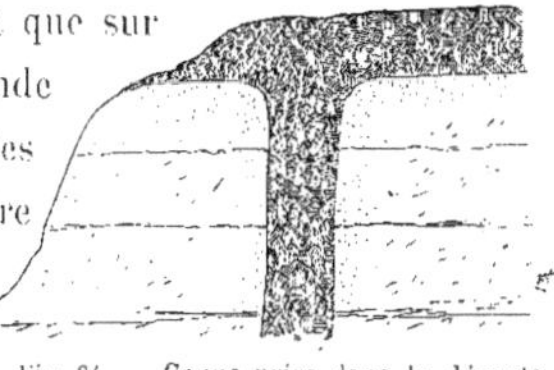

Fig. 84. — Coupe prise dans le département de l'Ardèche et montrant le métamorphisme de contact développé par une éruption de basalte B sur du calcaire C, transformé en marbre dans la zone pointillée.

transformés à leur contact en un véritable marbre. Dans le Morvan, des porphyres ont de même transformé des calcaires marneux en roches très cristallines essentiellement métamorphiques.

On peut ajouter que dans bien des pays le granit prend la forme éruptive et se répand en petits dykes ou en *veines*, comme on dit, dans des roches variées. Celles-ci sont alors très fortement métamorphisées.

A Pontivy, en Bretagne, les schistes au voisinage du granit, tout en renfermant des fossiles très reconnaissables, contiennent de gros cristaux qui rappellent ceux des terrains fonda-

Fig. 85. — Schistes ardoisiers de Sainte-Brigitte (Morbihan), avec trilobites et renfermant des cristaux de chiastolithe qui s'y sont développés par métamorphisme au voisinage des éruptions de granit. 1/6 de la grandeur naturelle.

mentaux (fig. 85). Les plus abondants, connus sous le nom de *macle* ou chiastolithe (Pl. XI, fig. 2), sont si frappants que la famille de Rohan les a dès le xiiie siècle introduits dans ses armes (fig. 86).

Un autre minéral qui résulte comme le précédent des actions métamorphiques, c'est le staurotide ou *pierre de croix* (Pl. XI, fig. 4).

Fig. 86. — Contrescel de Geoffroi, vicomte de Rohan (1222), portant sept macles ou chiastolithes.

Les filons métallifères. — La deuxième catégorie de terrains intercalés est, comme nous l'avons dit, représentée par les *filons métallifères*. Leur forme extérieure, en murailles souterraines (Pl. XVII, fig. 1), coïncide assez bien avec celle des dykes précédemment décrits, mais leur contexture, en même temps que leur composition minéralogique, accuse avec ces dykes un contraste complet.

Au lieu d'une roche massive sensiblement pareille à elle-même dans toutes ses parties, les filons métallifères nous offrent des masses hétérogènes évidemment zonaires, où des minéraux distincts sont distribués d'après la forme même de la crevasse maintenant remplie.

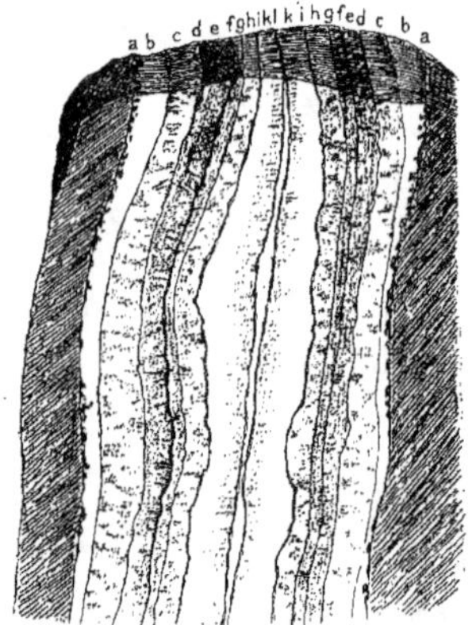

Fig. 87. — Section transversale d'un filon métallifère à structure zonaire. *a*, blende; *b*, quartz; *c*, fluorine; *d*, blende; *e*, barytine; *f*, pyrite; *g*, barytine; *h*, fluorine; *i*, pyrite; *k*, calcite; *l*, spath cristallisé. 1/4 de la grandeur naturelle.

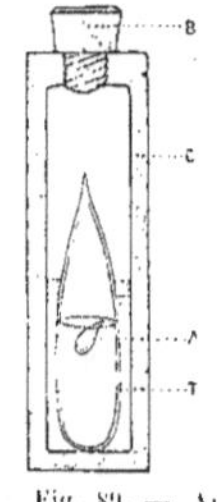

Fig. 89. — Appareil procurant la reproduction artificielle des minéraux caractéristiques des filons plombifères (méthode de Sénarmont). *c*, canon de fer très résistant fermé par un bouchon à vis *b*, et contenant un peu d'eau; *t*, tube de verre vert contenant une solution sur laquelle réagira la substance contenue dans l'ampoule *a*, qui se brisera par la chaleur.

Dans les types les plus purs il s'agit de vrais placages qui se répètent symétriquement des deux côtés du plan médian (fig. 87); celui-ci d'ailleurs pouvant fréquemment présenter des chambres dont les parois *géodiques*, comme on dit, sont tapissées de cristaux. Cette structure, qui tient sans aucun doute au mode même de formation, est analogue évidemment à celle des matières minérales dont sont plus ou moins incrustées les conduites des eaux naturelles chargées de principes salins. Des expériences ont démontré qu'on peut imiter tous les caractères des filons en déterminant, à l'aide de réactifs fluides, des précipitations cristallines dans des récipients jouant le rôle des failles. A des modifications dans la composition de ces dissolvants correspondent naturellement des différences dans la nature du produit isolé, et c'est la cause de l'hétérogénéité des filons.

D'une façon générale, les matières filoniennes ont été depuis longtemps distinguées en deux catégories : les *minerais* et les *gangues*. Les premiers fournissent les métaux, les autres sont des substances sans valeur et parfois

Fig. 88. — Appareil procurant la reproduction artificielle des minéraux caractéristiques des filons stannifères. (Méthode de Gay-Lussac.)

aussi des adjuvants utiles dans les opérations métallurgiques.

Les expériences ont également permis de faire deux catégories parmi les filons : celle des *filons stannifères* où le minérai d'étain figure en première ligne, et qui paraît s'être constituée par la réaction de substances gazeuses portées à une température élevée, par exemple du fluorure d'étain et de la vapeur d'eau circulant dans un tube chauffé au rouge (fig. 88); et celle des *filons plombifères*, qui peut être imitée au sein de l'eau liquide mais sous pression, c'est-à-dire chauffée en vase clos à une température notablement supérieure à l'ébullition (fig. 89).

Nous aurons plus loin à mentionner des filons de ces deux types à propos des substances précieuses qu'ils contiennent et des travaux d'exploitation auxquels ils donnent lieu.

TROISIÈME PARTIE

LES ÉPOQUES GÉOLOGIQUES

Quand on se propose d'étudier la série des masses rocheuses qui par leur superposition constituent la croûte terrestre, la première chose à faire est évidemment de pratiquer dans cet énorme ensemble des coupures plus ou moins naturelles. D'après ce qui a été dit, les différents terrains se sont constitués successivement et chacun d'eux date d'un *moment particulier*. Sans oublier que dans leur substance se sont opérés et continuent de se faire des changements incessants, on ne peut contester qu'ils n'aient conservé des caractères qui datent eux aussi de leur origine.

En faisant intervenir les documents tirés de l'étude du sol on arrive à distinguer dans le cours des temps une série d'*époques géologiques* dont chacune est caractérisée à la fois par les traits des masses rocheuses dont la formation leur correspond et par la distribution géographique de leurs dépôts. Pour beaucoup, les formes organiques révélées par les fossiles interviennent d'une façon tout spécialement efficace.

C'est ainsi que nous distinguerons des époques remarquables successivement :

1° Par l'absence de tout fossile et de tout produit roulé par les eaux, par l'état cristallin et non stratifié des roches constitutives : ce sera l'époque primitive correspondant sensiblement au moment de la constitution du terrain fondamental, mentionné tout à l'heure;

2° Par l'état profondément métamorphique des roches comprenant spécialement des schistes, des marbres et des quartzites où l'on reconnaît sans peine une origine sédimentaire trahie par la présence de galets roulés et surtout par celle de fossiles. Ceux-ci proviennent d'êtres végétaux et animaux qui diffèrent profondément de tous ceux qui composent la nature vivante d'aujourd'hui : ce sera l'ÉPOQUE PRIMAIRE;

3° Par un faciès lithologique beaucoup moins différent de celui des dépôts actuels des mers et analogue surtout à celui des océans tropicaux de nos jours; au point de vue des fossiles animaux, prédominance de débris provenant de mollusques tout à fait disparus, tels que les ammonites et les bélemnites : ce sera l'ÉPOQUE SECONDAIRE;

4° Par un aspect tout à fait récent dans les sédiments où l'on trouve des argiles vaseuses, des calcaires friables et des sables tout à fait meubles renfermant en bien des points des coquilles si analogues à celles qui vivent aujourd'hui, qu'il faut un examen attentif pour les en distinguer : ce sera l'ÉPOQUE TERTIAIRE;

5° Enfin par des caractères semblables à ceux des formations contemporaines, mais en même temps par la présence de vestiges d'espèces organiques disparues : ce sera l'ÉPOQUE QUATERNAIRE.

Il importe d'ailleurs d'insister de nouveau sur ce fait que les limites entre les périodes successives n'existent pas : jamais le phénomène de production des couches du sol n'a été interrompu, et les dépôts se sont superposés les uns aux autres d'une façon imperturbable. En réalité depuis l'origine des temps il n'y a qu'un terrain, ou plus exactement il y en a deux, un marin et un lacustre, dont les bassins de formation, par suite des bossellements généraux, ont subi en certains points des déplacements horizontaux qui en ont fait souvent alterner les dépôts sur la même verticale.

Les prétendues limites très visibles en certains points varient avec les localités et correspondent toujours à des lacunes de la sédimentation sur une verticale considérée.

Malgré l'absence de réalité des périodes géologiques, leur considération est de première nécessité, car elles seules nous procurent les éléments d'une classification des terrains dont le dépôt correspond à chacune d'elles et sans laquelle nos études ne donneraient aucun résultat. Il importe de ne jamais confondre ces terrains avec les époques de leur formation et cependant le même nom peut sans inconvénient leur convenir. A l'époque primaire, correspondent les terrains primaires; à l'époque tertiaire, les terrains tertiaires, etc.

Il faut donc sans hésitation admettre les époques géologiques, et même les multiplier plus que nous n'avons fait jusqu'ici. On trouve en effet que chacun des groupes primitif, primaire, secondaire, tertiaire et quaternaire est fort épais et présente depuis sa base jusqu'à son sommet de grandes différences. Nous les subdiviserons donc et avant d'en décrire les principaux termes il est intéressant de les réunir sous une forme synoptique. C'est ce que nous avons fait dans le tableau suivant.

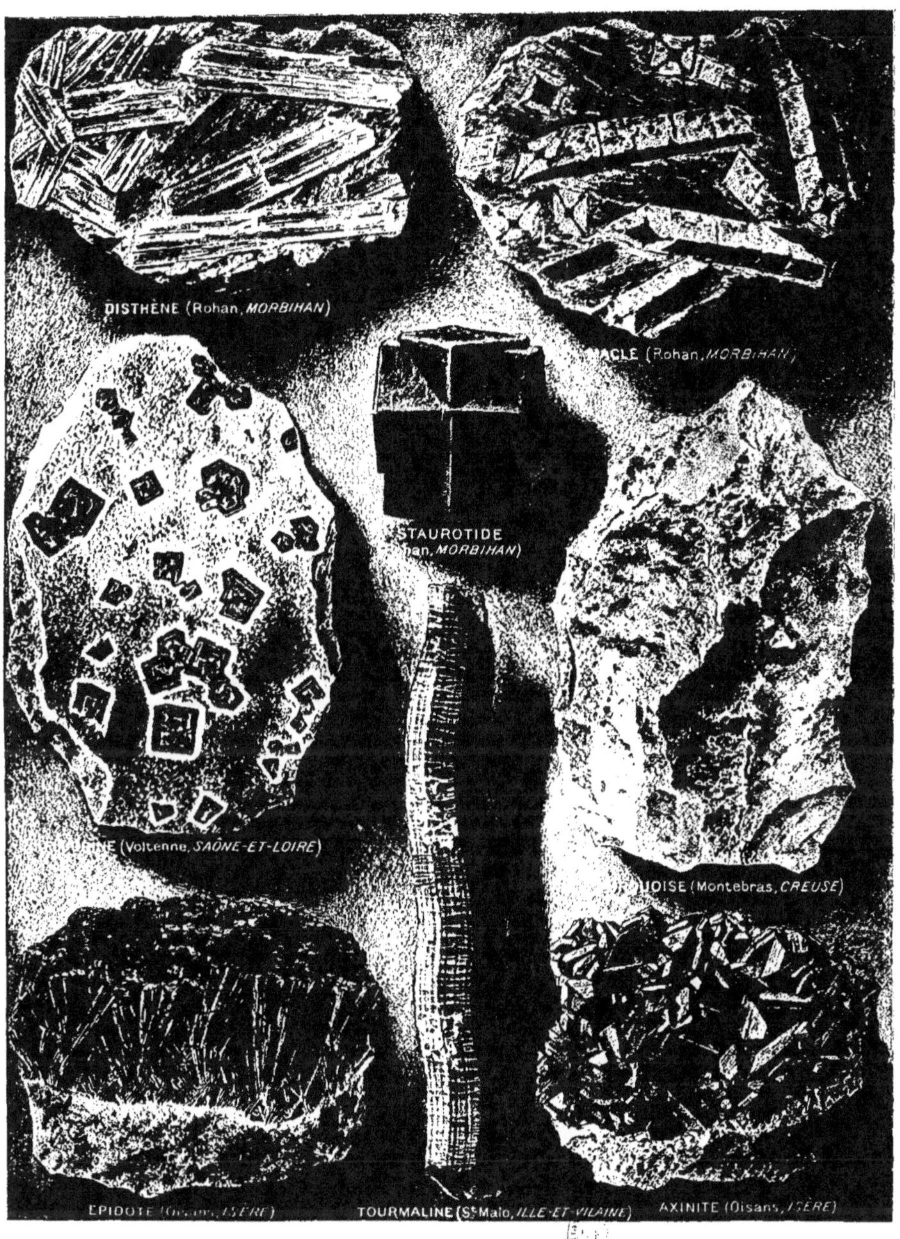

Armand COLIN et Cie. Éditeurs.

MINÉRAUX DIVERS

E. Capiomont imp.

TABLEAU DES TERRAINS

ÉTAGES (Homonymes de leurs époques de formation)	SYSTÈMES	TERRAINS PRINCIPAUX
V. QUATERNAIRE		Alluvions anciennes.
IV. TERTIAIRE	*Pliocène*	Alluvions de Saint-Priest, de la Bresse et de Durfort. Couches à potamides. Couches à congéries.
	Miocène	Faluns. Sables de l'Orléanais. Sables de Fontainebleau, dits oligocènes.
	Éocène	Gypse. Calcaire grossier. Argile plastique.
III. SECONDAIRE	*Crétacée*	Craie blanche. Craie marneuse. Craie chloritée. Gault. Marnes à plicatules. Néocomien.
	Jurassique	Portlandien. Kimméridgien. Corallien. Oxfordien. Bathonien. Bajocien. Lias. Infra-lias.
	Triasique	Marnes irisées. Muschelkalk. Grès bigarré.
II. PRIMAIRE	*Permien*	Grès rouge des Vosges. Schistes d'Autun.
	Carbonifère	Houiller. Anthracifère.
	Dévonien	Marbres du Boulonnais. Couches à calcéoles. Grès rhénans.
	Silurien	Ampélites. Grès de May. Schistes à calymènes. Grès armoricains.
	Cambrien	Poudingues pourprés. Phyllades de Saint-Lô et des Ardennes.
I. PRIMITIF	*Archéen*	Schistes cristallins.

Pour faire le recensement, même résumé, des diverses formations géologiques, il est naturel de partir de l'impression que les hommes ont reçue dès le début, de l'apparence des différentes régions naturelles. On a vu, dès les premières pages de ce livre, la notion des divers *terrains* résulter soit de l'inégalité de fertilité de points distincts, soit de la présence, ici ou là, de telle ou telle substance minérale exploitable. C'est le *terrain* qui fait vraiment la base de toute notre classification : le terrain des ardoises d'Angers, le terrain des marbres du Boulonnais, le terrain houiller, le terrain des marnes irisées, le terrain de la craie blanche, le terrain du calcaire grossier, etc., sont autant de personnalités géologiques qui ont une réalité comparable à celle des genres en zoologie et en botanique : le chien, le cheval, le mouton; le chêne, le rosier, l'avoine. Chacun de ces terrains est d'ailleurs formé de couches parfaitement définies dont quelques-unes sont distinguées sous des noms spéciaux, mais qui en général sont innombrables.

Entre des terrains différents on reconnaît souvent des liaisons plus ou moins intimes, soit par la possession en commun de certains fossiles, soit par leur coexistence avec la même allure dans les mêmes régions : de même qu'en groupant les genres de bêtes ou les genres de plantes on fait des ordres, de même en groupant les terrains, nous ferons des *systèmes* : le gypse, le calcaire grossier, l'argile plastique, nous donneront par la réunion le système éocène; les marnes irisées, le muschelkalk, le grès bigarré, nous donneront le système triasique; les phyllades de Saint-Lô et les poudingues pourprés nous donneront le système cambrien, etc.

Enfin, de même que les ordres en zoologie ou en botanique en se groupant constituent les classes, nos systèmes se coordonneront en faisceaux auxquels conviendra parfaitement le nom d'*étages* : ce sont en effet les étages superposés de cet énorme édifice que représente l'ensemble des terrains stratifiés.

Tout naturellement, ces étages correspondent aux grandes périodes géologiques et il est tout indiqué de leur attribuer les mêmes noms.

On rencontre sur le sol même de la France des exemples remarquables de terrains dont l'âge se rapporte à toutes les époques géologiques; et c'est ce que fait voir un coup d'œil sur une carte (Pl. XVI) où l'on a marqué pour chaque point, à l'aide de couleurs de convention, la nature des masses minérales qui y affleurent, abstraction faite de la terre végétale qu'on a supposée supprimée [1]. Il n'y a sans doute pas sur le globe entier de région plus favorable aux excursions du genre de celles que le Muséum organise tous les ans. Aussi un public plus nombreux est-il toujours disposé à y prendre part, non seulement autour de Paris et durant un jour, mais dans des points plus éloignés comme l'Auvergne, les Alpes, la Bretagne, les Ardennes, les Vosges, etc., et durant une semaine et davantage.

---

1. Nous ne pourrons d'ailleurs donner ici qu'un simple aperçu des caractères essentiels des époques géologiques; il faudrait plus de place pour les traiter avec le détail qu'ils méritent, et c'est la tâche qui nous occupera prochainement dans une *Géologie populaire* actuellement en préparation et dont *Nos Terrains* sera comme l'introduction.

1

L'ÉPOQUE PRIMITIVE

Le système archéen. — Le terrain schisteux cristallin forme tout d'abord une énorme protubérance vers la région moyenne de notre pays : c'est le Plateau central, où abondent le granit et les roches qui l'accompagnent d'ordinaire : le gneiss, le micaschiste, etc.

Ces roches offrent en Auvergne de très nombreuses variétés utilisées dans les constructions et parfois même dans la décoration des édifices. Certains micaschistes se fendent en dalles assez peu épaisses pour servir à la couverture des toits. Dans la Haute-Vienne, dans la Creuse, les roches granitiques ont souvent subi une altération profonde qui les a transformées en argile. Quand celle-ci est très pure, elle est parfaitement blanche, et le produit de sa cuisson est blanc aussi : c'est alors la terre à porcelaine par excellence, et souvent on lui donne son nom chinois de kaolin. A Saint-Yrieix, près de Limoges, le kaolin est exploité avec une grande activité dans de gigantesques carrières.

On retrouve en Bretagne des roches granitiques fort analogues à celles de l'Auvergne. Nous avons vu qu'elles contribuent puissamment, par les formes en aiguilles que leur donne la dénudation, à l'aspect sauvage et si pittoresque de la grande côte, si dangereuse pour la navigation. Les zoologistes recherchent les cavernes sous-marine, creusées dans les roches fondamentales, à cause de leur richesse en animaux variés.

Il y a un peu de granit dans les Vosges, aux environs de Remiremont et de Tholly; et on a vu plus haut que l'axe de nos grandes chaînes montagneuses les Alpes et les Pyrénées est également granitique.

Dans toutes ces régions s'élèvent au travers du terrain fondamental des quantités de roches intercalées. En première ligne méritent d'être cités les filons du porphyre. Le Morvan, à cet égard, est d'une richesse incomparable et fournit des variétés dont plusieurs sont tout à fait belles. Le long de filons du même genre sortent souvent des sources chaudes ; c'est le cas à Saint-Honoré dans la Nièvre.

On trouve souvent aussi, au travers du granit et des roches connexes, des filons concrétionnés (Pl. XVII, fig. 1) ; un certain nombre fournissent même à des exploitations industrielles C'est ainsi qu'à Poullaouen (Finistère), à Pontgibaud (Puy-de-Dome), à Vialas (Lozère), se rencontrent des filons de plomb, d'autant plus profitables qu'ordinairement ils renferment une notable proportion d'argent.

La Villeder (Morbihan) possède des filons d'étain qui ne sont plus exploités, mais qui présentent cet intérêt historique d'avoir certainement contribué à la fabrication du bronze alors que les hommes ignoraient encore le fer : il subsiste en effet de très antiques vestiges de travaux, non seulement en Bretagne, mais encore dans la Creuse, où le minerai est cependant si pauvre qu'il ne saurait plus tenter personne.

Les roches fondamentales encaissent dans une foule de points des filons de quartz parfois un peu aurifères et qui, dans les Alpes, sont souvent creux dans leur région moyenne et renferment alors des géodes ou *fours à cristaux* tapissés de gros prismes de cristal de roche (Pl. XIV, fig. 3). Le progrès des moyens de transport nous procure maintenant en abondance du quartz de Madagascar, du Brésil, de l'Urugnay et d'autres régions éloignées, mais pendant bien longtemps le centre de production de cette belle substance était dans le massif montagneux du mont Blanc.

Non seulement le granit renferme beaucoup de filons, mais souvent il a donné lieu dans les roches tout à fait voisines à l'accumulation des minerais. Par exemple, dans les Vosges on connaît à Framont (Pl. XII, fig. 6) d'énormes mines de fer parfaitement cristallisé qui forme comme une auréole autour du granit : le même fait se trouve bien ailleurs.

II

L'ÉPOQUE PRIMAIRE

Les terrains constitués durant l'époque primaire couvrent une partie notable de la France. C'est en Bretagne qu'ils sont le plus visibles sur la carte, mais ils abondent dans les Ardennes, dans le Boulonnais, dans la basse Loire, dans le Plateau central et dans les Pyrénées. On a vu dans le tableau synoptique des terrains que nous divisions l'ère primaire en cinq époques successives : il convient de parler de chacune d'elles.

Fig. 90. — *Oldhamia radiata* du terrain cambrien de Haybes, Ardennes. 2/3 de la grandeur naturelle.

Le système cambrien. — Le système cambrien, dont les roches, très fortement métamorphosées, ont certainement perdu la plupart de leurs caractères originels, présente cet intérêt exceptionnel de comprendre des masses dont le dépôt est contemporain de la première apparition de la vie sur la terre. Malgré leur grand âge, les fossiles cambriens ne sont pas radicalement différents des êtres actuels, et on arrive à les classer dans les grandes catégories botaniques ou zoologiques relatives à ceux-ci. C'est ainsi que, comme plantes, on a trouvé en Bretagne et près de Haybes, des empreintes d'*Oldhamia radiata* (fig. 90) qui rappelle des algues d'à présent. En fait d'animaux, nous devons citer des vers (*Nereites Cambriensis* de Revin, fig. 91), des radiolaires de très petites tailles, mais remarquables par leur très grand nombre (fig. 92). A Liernoux, dans les Ardennes, et à Sillé-le-Guillaume, on a trouvé des *Lingules* (fig. 93). Jusqu'ici les couches françaises n'ont pas fourni les trilobites cambriens qu'on a découverts en Bohême et dans quelques autres régions.

Pendant l'époque cambrienne, des éruptions de roches ont eu

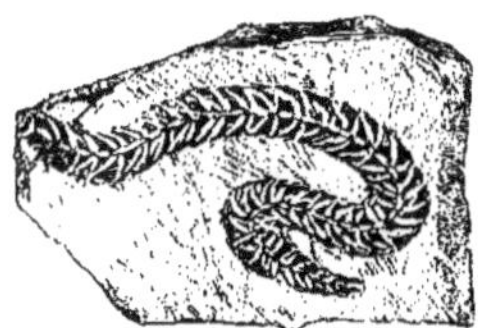

Fig 91. — *Nereites Cambriensis* du terrain cambrien de Revin, Ardennes. 1 2 de la grosseur naturelle.

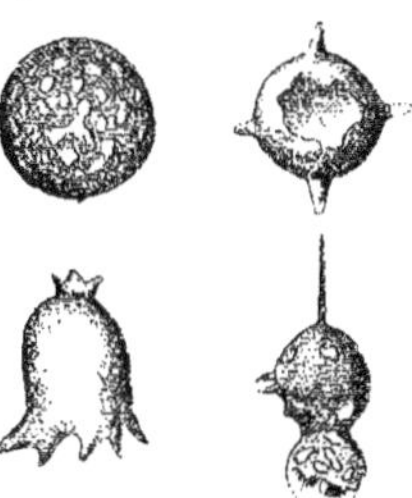

Fig. 92. — Carapace siliceuse de radiolaires du terrain cambrien de Lamballe (Côtes-du-Nord). (*Cenœsphœra, Staurosphœra, Anthocyrtis, et Dicyrtida*. 1350 fois la grandeur naturelle. (D'après M. Cayeux.)

Fig. 93. — *Lingula Lesueuri* du terrain cambrien de Sillé-le-Guillaume. 1/2 de la grandeur naturelle.

lieu dans la région bretonne et dans la région ardennaise. Ce sont surtout des porphyres; mais il y a aussi des diorites. Le terrain a subi des actions mécaniques très intenses, et souvent la schistosité se continue même dans la substance des dykes, et c'est ainsi qu'à Mairupt (Deville) des porphyres ont une structure qui se lie à celle des ardoises.

Le système silurien. — C'est surtout dans l'Ouest que le terrain silurien est bien développé. Les grès armoricains largement entaillés, par exemple à Bagnoles de l'Orne ou à Mortain, contiennent des empreintes caractéristiques entrant dans la catégorie des *Bilobites* : *Cruziana furci-*

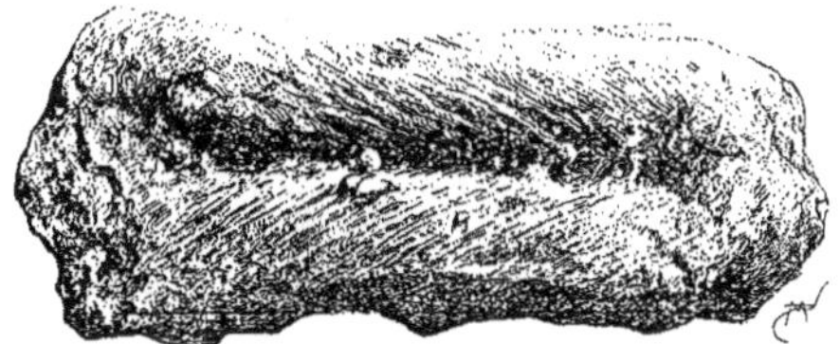

Fig. 94. — *Cruziana furcifera*, bilobite de grès armoricain de Bagnoles (Orne). 1/3 de la grandeur naturelle.

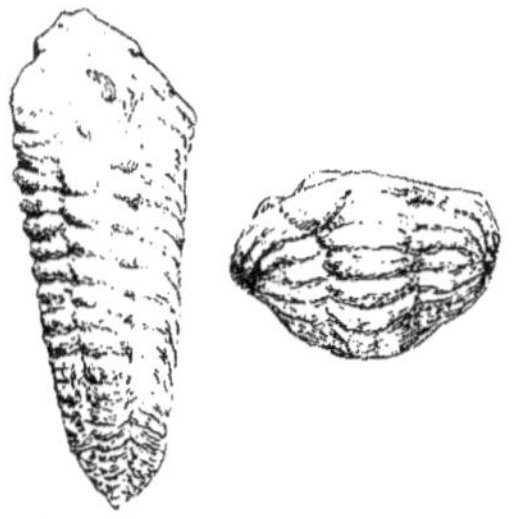

Fig. 95. — *Calymene Tristani*, trilobite des schistes siluriens de Châteaubriant (Loire-Inférieure). Le spécimen de droite s'est roulé sur lui-même au moment de sa mort. 1/2 de la grandeur naturelle.

fera (fig. 94), etc. Les schistes qui les surmontent sont remarquables par l'abondance des *Trilobites*. *Calymene Tristani* (fig. 95) est spécialement caractéristique; il faut citer aussi *Illœnus giganteus*, à cause de sa grande taille, *Asaphus*,

Trinucleus, etc. Dans les grès de May, les trilobites sont accompagnés de coquilles de ptéropodes appelées *Conularia* (fig. 96). Enfin les ampélites sont remarquables par l'abondance des bryozoaires du groupe des *Graphtolites* (fig. 97).

On retrouve du silurien dans le Boulonnais, dans le Languedoc, dans l'Aveyron, et dans la chaîne des Pyrénées aux environs de Luchon.

Beaucoup de dykes de diabases sont associées aux assises siluriennes dans la baie de Douarnenez.

Fig. 96. — *Conularia pyramidata*, mollusques ptéropodes des grès siluriens de May (Calvados). 1/2 de la grandeur naturelle.

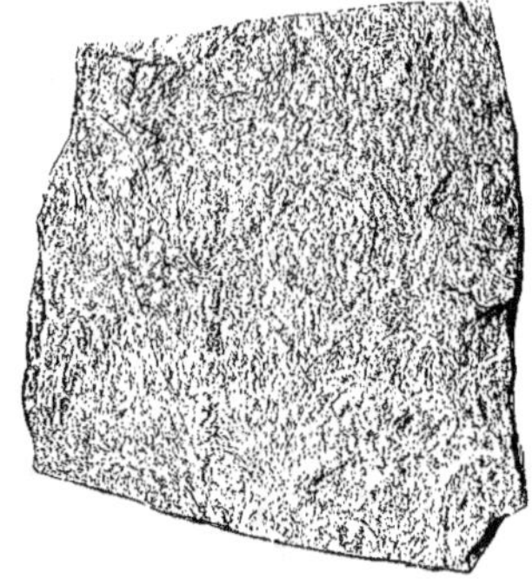

Fig. 97. — Graphtolites de schistes siluriens (ampélites) de Saint-Sauveur (Manche). 1/2 de la grandeur naturelle.

Le système dévonien. —

Le terrain dévonien accompagne souvent le silurien, et c'est le cas dans l'ouest de la France et les Pyrénées. Nous le retrouvons dans le Boulonnais et dans la Région ardennaise.

A Fépin, il débute par des poudingues et à la Roche-aux-Corpiats par une espèce de schiste grossier où les fossiles sont rares et assez mal conservés ; ce sont surtout des polypiers (*Zaphrentis*, fig. 98) et des mollusques (*Orthoceras*, fig. 99). Plus haut, se développent de grandes épaisseurs de calcaires et de schistes, dont les fossiles les plus caractéristiques sont le *Calceola Sandalina* (fig. 100)

Fig. 98. — *Zaphrentis*, polypier des schistes dévoniens de Fourmies (Nord). 1/2 de la grandeur naturelle.

Fig. 99. — *Orthoceras*, mollusque céphalopode des schistes dévoniens de la Roche-aux-Corpiats (Ardennes). 1/2 de la grandeur naturelle.

et le *Stringocephalus Burtini* (fig. 101) ; le premier est un polypier, l'autre un ver de la catégorie des brachiopodes. Les marbres du dévonien supérieur sont très riches en fossiles, et les polypiers y constituent parfois des accumulations ayant avec les îles madréporiques actuelles, les analogies les plus intimes. Dans la vallée Heureuse, près de Boulogne, du côté de Ferques, on peut en recueillir de beaux échantillons (fig. 101). Dans les

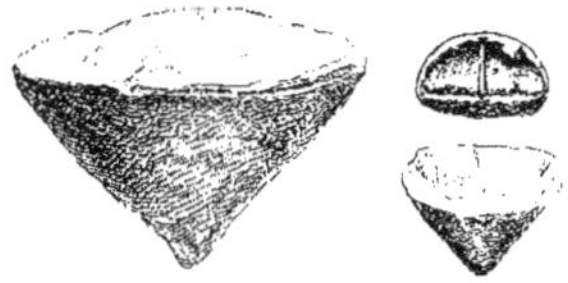

Fig. 100. -- *Calceola sandalina*, polypier bivalve des schistes dévoniens de Han-les-Malades (Ardennes). 2/3 de la grandeur naturelle.

Pyrénées, une variété de marbre griotte doit son aspect à l'abondance des goniatites (fig. 102).

Beaucoup d'éruptions de roches datent des temps dévoniens, et spécialement les granulites stanni-

Fig. 101. — *Cyathophyllum hexagonum* des calcaires dévoniens du bois de Beaulieu, près de Ferques (Pas-de-Calais). 1/2 de la grandeur naturelle.

Fig. 102. — *Goniatites retrorsus*, mollusque céphalopode des calcaires dévoniens de Bagnère-de-Bigorre (Hautes-Pyrénées). 1/2 de la grosseur naturelle.

fères du Limousin et du Plateau central; on pense que, dans le Morvan, il y eut alors de vraies explosions volcaniques dont les traces persistent encore sous la forme de tufs porphyriques.

Le système carbonifère. — Les dépôts carbonifères sont disséminés sur le sol de la France en massifs très nombreux. Dans le nord, on en trouve une bande qui se relie intimement avec les formations de la Belgique et de la Westphalie; on peut considérer comme un appendice de ce terrain, le bassin du bas Boulonnais. Le terrain carbonifère joue un rôle dans la constitution des Vosges, et dans celle des Alpes. Nous en retrouvons dans le massif armoricain et spécialement dans la basse Loire (Chalonnes, Mouzeil) en Vendée, même dans le Calvados et surtout dans la Sarthe et dans la Mayenne. Mais c'est surtout dans la région du Plateau central que les couches sont nombreuses et bien constituées. A cet égard, on distingue surtout les bassins d'Autun, du Roannais, de Saint-Étienne, du Gard, de l'Hérault, de l'Aveyron, et un chapelet de localités dont les plus connues sont Commentry, Ahun et Brassac.

Fig. 103. — *Productus Cora*, brachiopode des calcaires carbonifères de Bachant (Nord). 1/2 de la grosseur naturelle.

Dans les assises les plus inférieures, le calcaire prédomine et les combustibles sont à l'état d'anthracite; dans les plus élevées, les schistes ont la place prépondérante, et on exploite de la vraie houille.

Dans la première série, les fossiles sont surtout marins; dans l'autre, on trouve des quantités de formes lacustres ou même terrestres.

Le calcaire carbonifère a dans bien des points de très étroites analogies avec le calcaire dévonien, et souvent il est aussi riche que lui en polypiers qui pouvaient constituer des récifs frangeants de 60 kilomètres de longueur. Les brachiopodes sont innombrables. On

Fig. 104. — *Spirifer glaber*, brachiopode des calcaires carbonifères d'Avesnes (Nord). 1/2 de la grosseur naturelle.

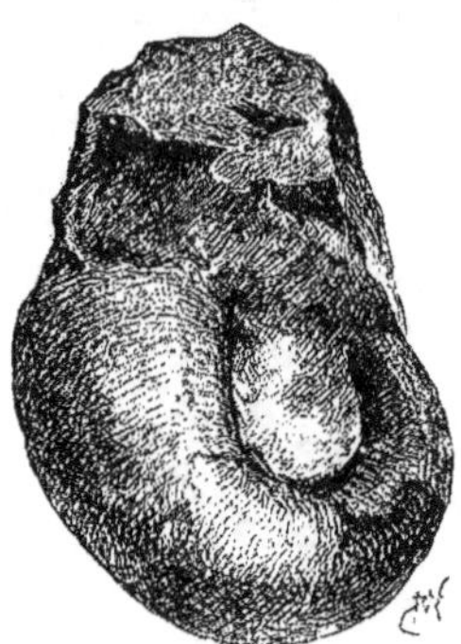

Fig. 105. — *Nautilus cyclostoma* du calcaire carbonifère d'Avesnes. 1/2 de la grandeur naturelle.

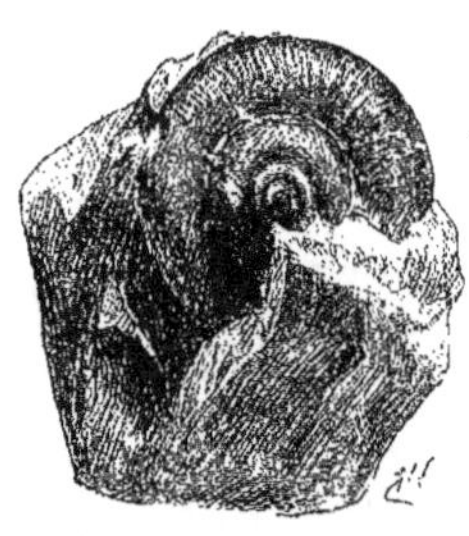

Fig. 106. — *Euomphalus heli-coides* du calcaire carbonifère de Bachant (Nord). 1/2 de la grosseur naturelle.

Fig. 107. — *Bellerophon hiulcus* du calcaire carbonifère de Bachant (Nord). 1/2 de la grosseur naturelle.

citera surtout des *Productus* (*P. Cora*, fig. 103), *Spirifer glaber* (fig. 104). Les mollusques abondent (*Nautilus*, fig. 105), *Euomphalus* (fig. 106), *Bellerophon* (fig. 107). Les trilobites continuent, mais avec moins d'abondance que précédemment. A leur place, les pois-

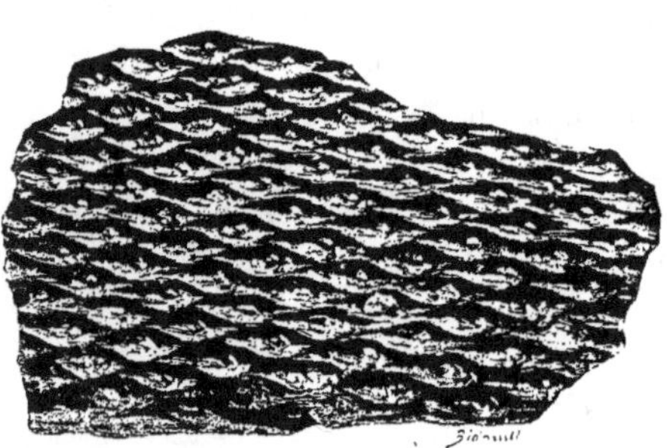

Fig. 108. — *Lepidodendron* des schistes houillers de Saint-Étienne (Loire). 1/4 de la grandeur naturelle.

Fig. 109. — *Pecopteris* des schistes houillers métamorphiques de Petit-Cœur (Hautes-Alpes). 1/4 de la grandeur naturelle.

sons, qui déjà étaient apparus dans les mers dévoniennes, mais non en France, se multiplient.

Ils sont cartilagineux et hétérocerques : les *palæoniscus* en sont un type bien caractérisé.

Le terrain houiller se signale avant tout par l'abondance des vestiges de végétaux qui

Armand Colin et C.ᵉ, Éditeurs.

MINÉRAUX DIVERS

ont donné naissance à la houille. Ce sont des empreintes de feuilles sur les schistes, des tiges, des racines, des fructifications, des graines. Les plantes sont, les unes des cryptogames et spécialement des lycopodes *Lepidodendron* (fig. 108), des fougères *Pecopteris* (fig. 109) et des prêles *Annularia* (fig. 110); les autres, des phanérogames gymnospermes et surtout des cycadées *Sphenozamites* (fig. 111), des diploxylées *Cordaïte* (fig. 112),

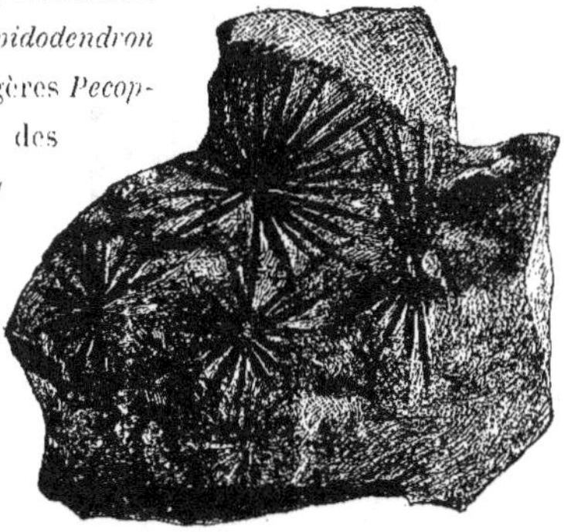

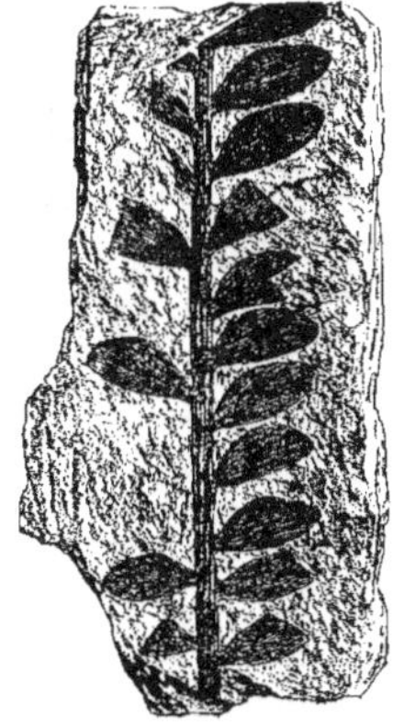

Fig. 110. — *Asterophyllite* des schistes houillers de Nœux-les-Mines (Pas-de-Calais).

Fig. 111. — *Sphenozamites* des schistes houillers de Saint-Étienne (Loire). 1/2 de la grandeur naturelle. (D'après M. B. Renault.)

et des conifères *Dicranophyllum* (fig. 113). Les *Stigmaria* (fig. 114) sont des racines. Un *Lepidostrobus* (fig. 115) représentera une fructification, et la figure suivante une graine de cycadée, le

Fig. 112. — *Cordaïtes* des schistes houillers de Commentry (Allier). 1/2 de la grandeur naturelle. (D'après M. Renault.)

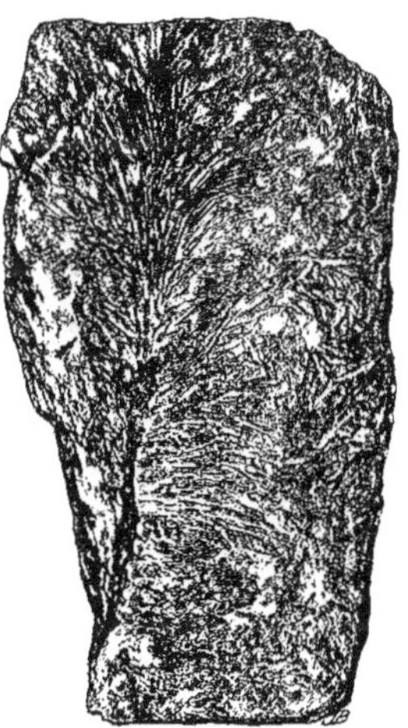

Fig. 113. — *Dicranophyllum* des schistes houillers de Saint-Étienne (Loire). 1/2 de la grandeur naturelle.

Stephanospermum (fig. 116), des environs de Saint-Étienne. A cette flore si riche, il

faudrait ajouter une longue série de végétaux microscopiques que M. Bernard Renault a découverts récemment, et dont beaucoup sont de véritables microbes, bacté-

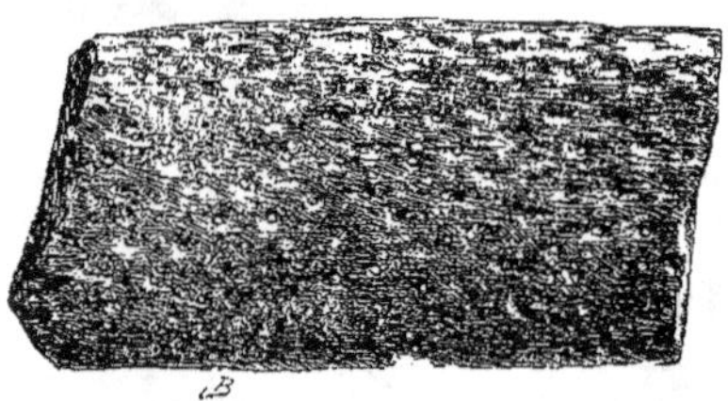

Fig. 114. — *Stigmaria ficoïdes* des schistes houillers de la Grand'Combe (Gard). 1/3 de la grandeur naturelle.

Fig. 115. — *Lepidostrobus* dans un rognon de sphérosidérite des schistes houillers de Saint-Étienne (Loire). 1/2 de la grandeur naturelle.

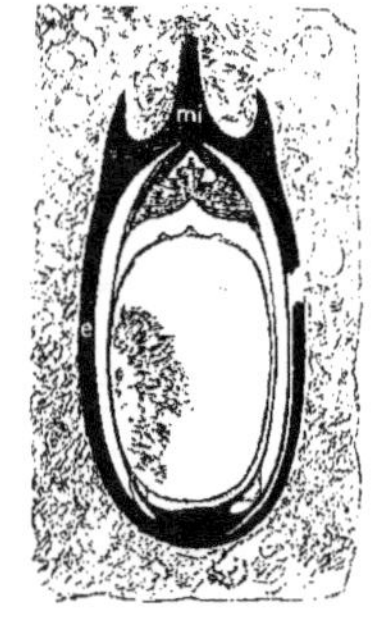

Fig. 116. — Graine silicifiée de *Stephanospermum* des meulières houillères de Saint Priest (Loire). *e* enveloppes, *mi* micropyle, *c p* chambre pollinique. 5 fois la grandeur naturelle. (D'après Ad. Brongniart.)

ries, microcoques et autres. Des animaux seraient aussi à citer en grand nombre. Nous mentionnerons surtout des insectes qui se sont montrés fréquents, surtout à Commentry. Les *Titanophasma* et les *Meganeura Monyi* (fig. 117) sont remarquables par leur taille colossale ; les *Homoïoptera* (fig. 118), par la possession de trois paires d'ailes.

Beaucoup d'éruptions de roches doivent être rapportées à l'époque carbonifère, et avant tout celles des porphyres quartzifères du Plateau central, du Morvan et de la Bretagne.

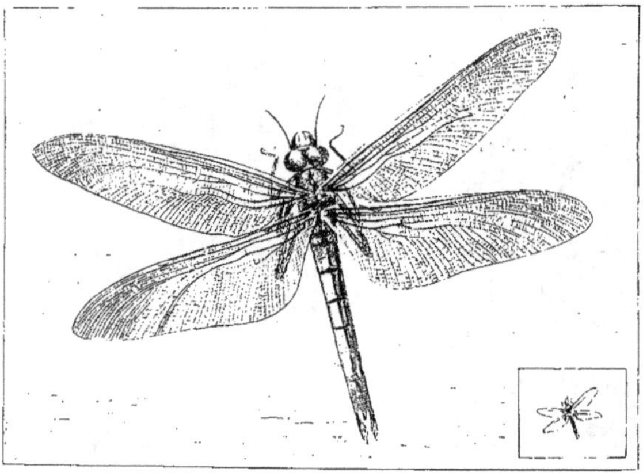

Le système permien. — Il y a en France trois localités principales pour les dépôts permiens : une partie de la chaîne des Vosges, le pays d'Autun et les environs de Lodève. Dans les Vosges, ils se présentent à l'état de grès rougeâtres, plus ou moins grossiers, auxquels sont subordonnés, comme à Faymont, des lambeaux d'argilolithes avec fossiles. A Autun, ce sont surtout des schistes inflammables avec lits de combustibles, et spécialement de boghead ; à Lodève, on

Fig. 117. — *Meganeura Monyi* des schistes houillers de Commentry (Allier). 1/10 de la grandeur naturelle. (Dans le petit cartouche de droite on a représenté à la même échelle la grande libellule (*Aeschna*) des environs de Paris.) (D'après M. Ch. Brongniart.)

retrouve des roches arénacées et argileuses. Les fossiles sont, les uns marins, et les autres d'eau douce. Parmi les animaux, il faut signaler surtout les vertébrés qui comprennent outre les poissons, déjà représentés, des batraciens, comme les *Protriton* (fig. 119), et les *Pleuronoma*, une série très curieuse de reptiles du plus haut intérêt : l'*Actinodon* (fig. 120). l'*Euchirosaurus*, le *Stereorachis*, méritent une mention. La flore com-

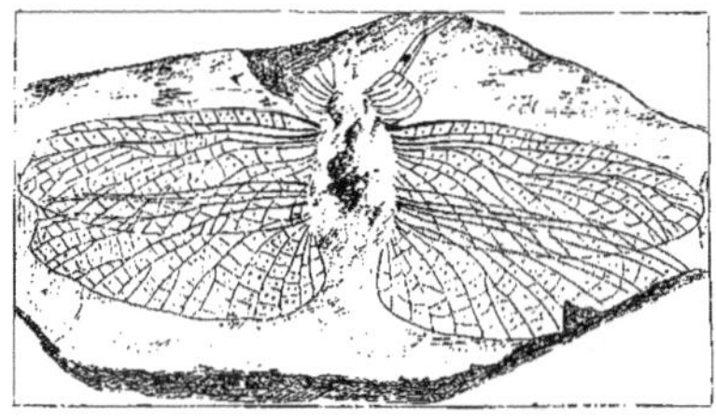

Fig. 118. — *Homoïoptera Woodwardi*, insecte à trois paires d'ailes des schistes houillers de Commentry (Allier). 1/2 de la grosseur naturelle. (D'après M. Ch. Brongniart.

prend d'abord des algues et surtout des *Pila* (fig. 121), qui, comme M. Renault l'a démontré, ont joué le rôle le plus efficace dans la production de boghead. A Lodève, les grès contiennent de belles fougères et des conifères comme les *Walchia* (fig. 122).

Parmi les roches éruptives de l'époque permienne, on peut citer les porphyres globulaires dits pyromérides.

Fig. 119. — *Protriton petrolei*, batracien des schistes permiens de Margenne (Saône-et-Loire). Grandeur naturelle.

Les substances utiles des terrains primaires. — Les substances utiles sont activement

exploitées dans les terrains primaires. L'une des plus caractéristiques est l'ardoise, réductible parfois en feuillets très minces, dont on recouvre les toits des maisons et où l'on taille des dalles pour revêtir les murs exposés à l'eau et pour faire des tableaux à écrire. L'ardoise a sensiblement la même composition que l'argile et on a vu comment elle résulte d'une transformation de celle-ci sous la triple influence de la chaleur, de l'eau et de la pression.

La couleur de cette roche varie suivant les points : elle est noirâtre autour d'Angers, rose ou verte dans les Ardennes. On y rencontre quelques minéraux cristallisés dont les plus remarquables sont le cristal de roche et la pyrite de fer. Cette dernière, d'un jaune de laiton, assez dure pour faire feu au briquet, brillante, est désignée par les carriers sous le nom de diamant.

Aux ardoises sont très ordinairement associées trois

Fig. 120. — *Actinodon Frossardi*, reptile des schistes permiens des Télots (Saône-et-Loire). 1/4 de la grandeur naturelle. (D'après M. Gaudry.)

espèces principales de roches connues sous les noms de schistes, de quartzites et de marbres.

Les schistes sont comme les ardoises de nature argileuse et se fendent naturellement en fragments dont la forme est d'ailleurs très variable d'un pays à l'autre.

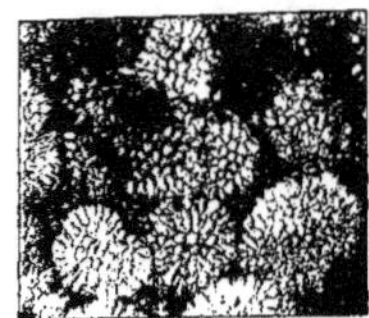

Fig. 121. — *Pila bibrac-tensis*, algue microscopique des boghead des environs d'Autun (Saône-et-Loire). Au grossissement de 50 diamètres. D'après M. Renault.

Les quartzites ne sont que des anciens grès dont les réactions souterraines ont endurci le ciment : on en exploite beaucoup pour le pavage, par exemple autour de Caen et dans une foule de localités des Ardennes.

Dans les Pyrénées, dans le Boulonnais, dans la basse Loire, des marbres sont taillés et polis comme pierres d'ornement et de décoration : les *Campans* de Bagnères-de-Bigorre constituent une variété particulièrement recherchée à cause de leurs très belles colorations. D'autres marbres, d'aspect moins agréable, sont employés comme pierres de construction ou même simplement cuits comme pierre à chaux.

Mais parmi les substances utiles des terrains primaires il faut une mention spéciale pour les couches dites houillères parce qu'on en retire la houille ou charbon de terre.

On a rappelé tout à l'heure que nous avons en France beaucoup de terrain houiller.

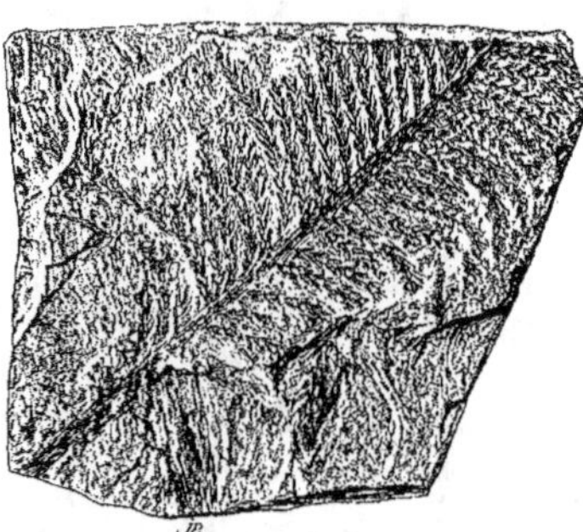

Fig. 122. — *Walchia Schlotheimii* des schistes permiens de Lodève (Hérault). 1/3 de la grandeur naturelle.

Il est souvent même très épais et très riche comme dans le Nord, à Anzin, à Valenciennes, dans le Pas-de-Calais, ou dans le Plateau central, depuis la Loire et l'Allier jusqu'au Gard et à l'Aveyron. D'ordinaire le terrain houiller remplit une dépression des masses plus anciennes, un *bassin*, comme on dit, et c'est par exemple ce qu'on voit très nettement à Saint-Étienne. Les couches de houille, d'une épaisseur variant de quelques décimètres à quelques mètres, sont intimement associées à des couches de schistes et de grès, parfois à des nappes de roches intercalées plus ou moins analogues à des porphyres. Elles sont fréquemment pliées, contournées et hachées de failles.

Les empreintes fossiles, surtout des traces végétales, se trouvent de préférence dans les schistes et dans les grès ; cependant on s'est aperçu que la houille elle-même est remplie de débris de plantes reconnaissables au microscope. En quelques localités, les vestiges organiques se sont transformés en silex sans avoir rien perdu de leur structure. On a reconnu ainsi des débris d'épiderme des fibres, des vaisseaux des cellules et jusqu'à des grains de pollen.

Par en haut, le terrain houiller passe à des couches intéressantes par l'usage qu'on peut en faire quelquefois. Une excellente localité pour en avoir une notion exacte est la partie de Saône-et-Loire qui avoisine Autun : on y voit maintes carrières ouvertes dans des schistes noirs ayant la curieuse propriété de flamber quand on les jette sur un foyer. Longtemps on les a distillés activement et on les distille encore un peu, pour en extraire de l'huile minérale, maintenant remplacée partout, même à Autun, par le pétrole qui vient des États-Unis et du Caucase.

III

L'ÉPOQUE SECONDAIRE

Les assises auxquelles nous sommes parvenus offrent dans notre pays une disposition très remarquable : elles traversent la France comme une longue écharpe de l'ouest vers le nord-est, depuis la Rochelle jusqu'à notre frontière du côté de la Belgique. Elles se prolongent à l'est dans la chaîne du Jura, puis, après

Fig. 123. — *Natica Gaillardoti* des grès bigarrés de Rehainviller (Meurthe-et-Moselle). 2/3 de la grandeur naturelle.

avoir contourné au sud tout le plateau central, les terrains secondaires remontent vers le nord jusqu'en Normandie. (V. la pl. XVI).

Le système triasique. — La région de Lorraine, le Jura, les Alpes, les Pyrénées, le Morvan, le Languedoc nous offrent des dépôts triasiques parfois épais et compliqués: les grès, les calcaires, les argiles en caractérisent successivement les principaux niveaux.

Les fossiles sont relativement rares

Fig. 124. — Contre-empreinte des pas du *Cheirotherium*, dans le grès bigarré de Lodève (Hérault). 1/10 de la grandeur naturelle.

dans le grès bigarré et comprennent des mollusques comme *Natica Gaillardoti* (fig. 123); on doit signaler tout spécialement la découverte, à Lodève par exemple, des pistes fossiles provenant du *Cheirotherium* (fig. 124), gros animal quadrupède qui devait être un batracien. Les végétaux y sont parfois nombreux et les carrières de Soultz-les-Bains et des environs de Plombières sont célèbres par les récoltes de paléobotanique qu'on y peut faire. *Equisetum arenaceum* (fig. 125) est très caractéristique.

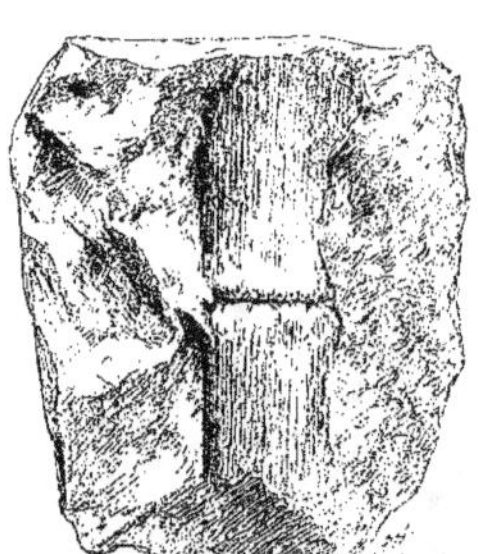

Fig. 125. — *Equisetum arenaceum* du grès bigarré de Plombières (Vosges). 1/3 de la grandeur naturelle.

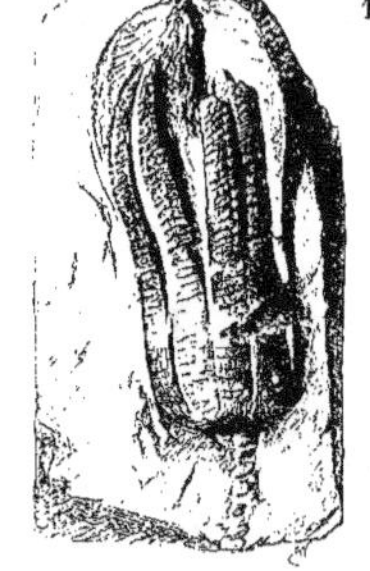

Fig. 126. — *Encrinus liliiformis* du muschelkalk de Lunéville (Meurthe). 1/2 de la grandeur naturelle.

Fig. 127. — *Avicula socialis* du muschelkalk de Mont-sur-Meurthe (Meurthe-et-Moselle). 1/3 de la grandeur naturelle.

Dans le calcaire conchylien ou muschelkalk se presse une faune innombrable. Par exemple dans les belles carrières de Lunéville comme dans celles de Mont-sur-Meurthe on

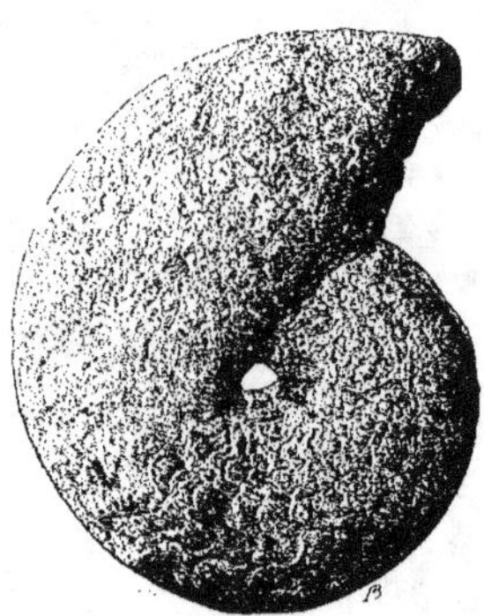

Fig. 128. — *Ceratites semipartitus* du muschelkalk de Mont-sur-Meurthe (Meurthe-et-Moselle). 1/3 de la grandeur naturelle.

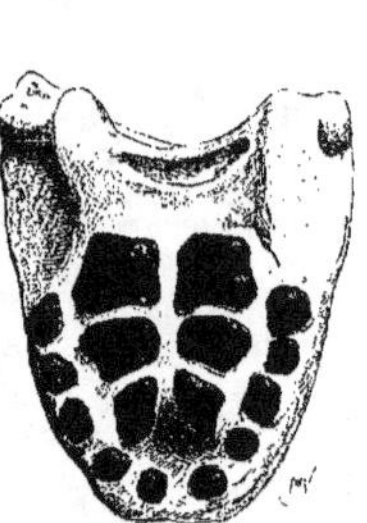

Fig. 129. — *Placodus gigas*, poisson du muschelkalk de Lunéville. 1/3 de la grandeur naturelle.

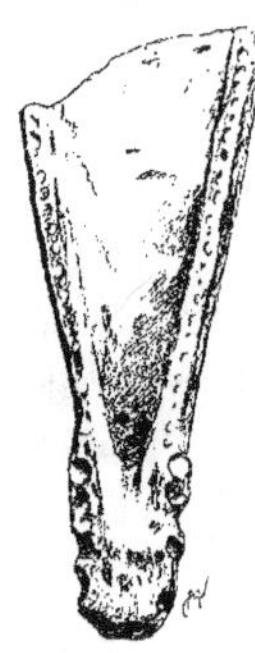

Fig. 130. — *Nothosaurus Schimperi*, reptile du muschelkalk de Lunéville. Machoire inférieure à 1/3 de la grandeur naturelle.

trouve des crinoïdes comme *Encrinus liliiformis* (fig. 126), des mollusques comme *Avicula socialis* (fig. 127), ou *Ceratites semipartitus* (fig. 128), des poissons comme *Placodus gigas* (fig. 129), des reptiles comme *Nothosaurus Schimperi* (fig. 130).

Enfin les marnes irisées (ou *Keuper*), très pauvres en fossiles, contiennent pourtant dans la Haute-Saône de petits *Posidonia* et des *Monotis* (ou *Daonella*) *salinaria* (fig. 131), dans les Alpes.

Le Trias renferme en beaucoup de localités d'importants gisements de sel de cuisine. On peut visiter par exemple en Lorraine, près de Nancy, et dans le Jura, près de Salins et de Lons-le-Saulnier, des mines de ce genre : elles ont un aspect très spécial à cause de la transparence et de la solubilité de la roche exploitée.

Le sel est en grands bancs emballés dans des couches d'argile, grâce auxquelles ils ont échappé à l'action des eaux souterraines dont les infiltrations les eussent fait disparaître. L'emballage n'est cependant pas si parfait que des suintements d'eaux

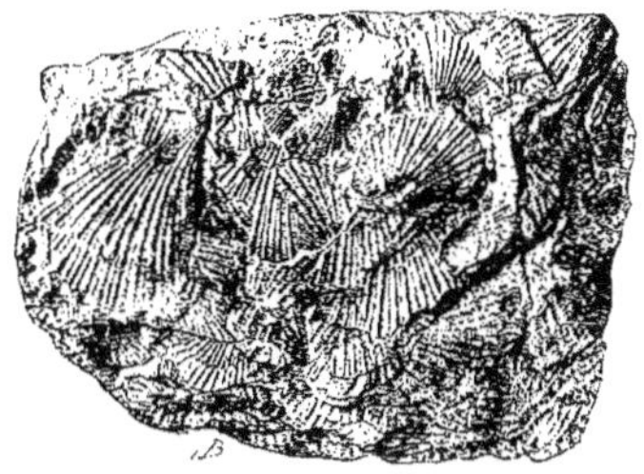

Fig. 131. — *Daonella salinaria* des marnes irisées des Alpes. 1/2 de la grandeur naturelle.

salées ne trahissent le gîte au dehors. Au début c'est autour de ces sources que les exploitations se sont établies; bien plus tard, on a eu l'idée d'aller chercher dans le sol la cause et l'origine de la salure. Le prix du sel est si grand pour les hommes que, comme nous l'avons vu, une foule de localités ont tiré leur nom même, de la proximité de l'indispensable substance.

Dans la plupart des localités le sel est accompagné de composés de potasse très recherchés par l'agriculture et de pierre à plâtre : le mode de gisement prête à penser que les mines de sel résultent de la dessiccation de très anciennes mers, comparables dans les périodes géologiques à notre mer Morte.

Le système jurassique. — On a déjà insisté sur la distribution si symétrique du terrain jurassique en France et nous n'avons pas à y revenir.

Les couches innombrables qui se sont accumulées pendant la durée de cet âge présentent dans divers points de la France un développement que jalonnent des exploitations minérales ou des cultures : en Lorraine, en Bourgogne, aux environs de Caen, dans le Dauphiné, des pierres à bâtir de première qualité sont extraites et exportées même à longue distance; des terres à briques et à poteries sont célèbres; les pâturages les plus riches de la Normandie sont sur des assises jurassiques.

Le terrain jurassique est parfois extrêmement épais; il suffit d'une promenade dans les montagnes du Jura pour en avoir une grande idée. De vastes déchirures en montrent sur des centaines de mètres de hauteur les couches pliées et contournées : comme il a été dit, on voit nettement que des refoulements horizontaux les ont froncées sur elles mêmes et ont donné ainsi naissance à toute la chaîne. Des cavernes nombreuses ont été préparées par des lignes de cassures qui ont dirigé la corrosion des eaux.

Les roches jurassiques sont surtout calcaires et présentent un grand nombre de variétés. Nous pouvons mentionner tout d'abord les pierres lithographiques, remarquables par la finesse et la régularité de leur grain si favorable à l'exécution des dessins et au tirage à la presse. Grâce à cette structure exceptionnelle la roche a pu dans bien des cas conserver la trace de fossiles extrêmement délicats. Du nombre sont des mollusques sans coquille extérieure, analogues à nos poulpes d'aujourd'hui et qui renferment encore la poche à sépia avec la substance noire intacte propre encore aujourd'hui, malgré son grand âge, à faire d'excellente encre de Chine.

A côté de la pierre lithographique il faut mentionner, parmi les calcaires jurassiques, des couches de roches entièrement constituées par l'agglutination de petites boules : celles-ci, comparées pour la forme aux œufs des poissons, ont valu aux masses qu'elles forment la qualification d'*oolithiques*, très souvent employée. Non seulement des calcaires sont ainsi faits, mais beaucoup de minerais de fer exploités par exemple près de Nancy, en Champagne, en Bourgogne, dans l'Aveyron, etc., ont exactement la même structure dont l'origine nous a précédemment occupés.

Nombre de calcaires jurassiques sont remarquables par l'extraordinaire abondance des enchevêtrements de polypiers qu'ils contiennent.

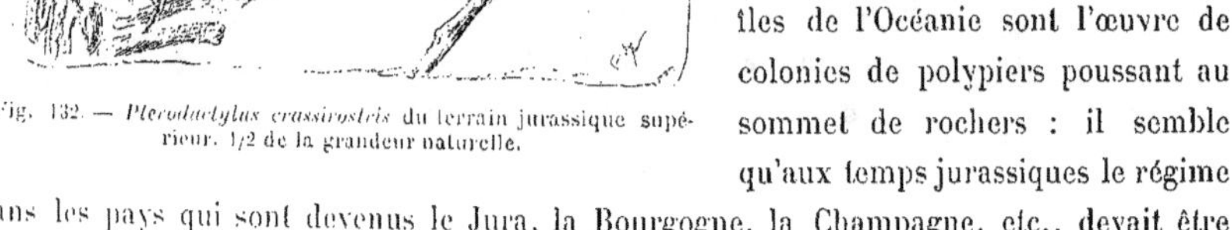

Fig. 132. — *Pterodactylus crassirostris* du terrain jurassique supérieur. 1/2 de la grandeur naturelle.

En les étudiant avec soin on reconnaît que ces roches constituent, dans l'épaisseur du sol, des massifs ayant les formes, les situations relatives et la manière d'être des îles de coraux et des récifs madréporiques de nos mers les plus chaudes.

On sait qu'un grand nombre des îles de l'Océanie sont l'œuvre de colonies de polypiers poussant au sommet de rochers : il semble qu'aux temps jurassiques le régime dans les pays qui sont devenus le Jura, la Bourgogne, la Champagne, etc., devait être sensiblement le même.

Les différents calcaires jurassiques sont avidement recherchés pour la construction des édifices : en ce genre la pierre de Caen, la pierre de Bourgogne, la pierre de Lorraine et beaucoup d'autres ont une grande notoriété. Les belles variétés sont exportées parfois très loin : les cathédrales du sud de l'Angleterre sont construites avec des matériaux fournis par le sol de la Normandie.

A divers niveaux, ces calcaires admettent une proportion d'argile telle que le produit de leur cuisson, au lieu de donner purement et simplement de la chaux, fournit des ciments et

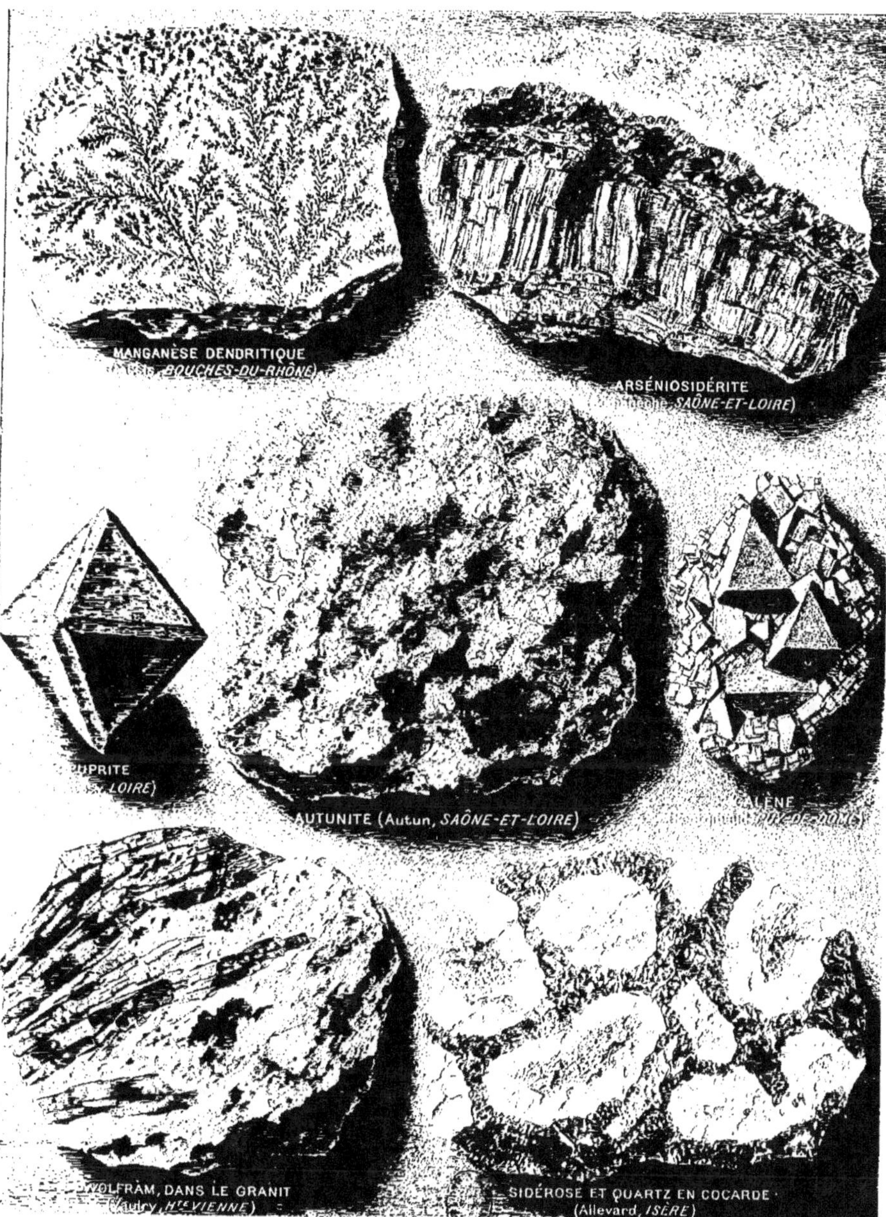

Armand Colin et Cⁱᵉ, Éditeurs.

MINÉRAUX DIVERS

des chaux hydrauliques d'une qualité exceptionnelle : tout le monde connaît le ciment de Portland ; c'est le type de ces produits.

Parmi les roches des mêmes terrains, il faut mentionner des argiles très pures recherchées pour fabriquer des poteries et des briques réfractaires ; une variété connue sous le nom de *terre à foulon* s'emploie au nettoyage de la laine et du drap ; on la taille en petits pains qui, sous le nom pittoresque de *savon de soldat*, servent à enlever les taches de graisse sur les habits. La gaise, qui s'exploite d'ailleurs à plusieurs niveaux, est une poudre siliceuse qui entre dans la composition de la dynamite et dont on fait aussi des briques réfractaires.

En beaucoup de régions des accumulations de débris végétaux ont produit de véritables gîtes de combustibles fossiles ayant avec la houille une certaine ressemblance. Cependant leur moins grand âge et, en conséquence, le moindre degré de leur transformation rendent leur valeur industrielle très inférieure à celle de la vraie houille, et pour les distinguer on les désigne couramment sous le nom de lignites.

Dans les massifs montagneux et sur tout le pourtour de la protubérance granitique de l'Auvergne, les couches jurassiques ont été plus ou moins modifiées : les argiles sont parfois devenues schisteuses et des émanations métallifères sont venues incruster les grès et spécialement les arkoses.

Le terrain jurassique offre dans nos régions une structure très compliquée et des études récentes ont conduit à y admettre un grand nombre de subdivisions stratigraphiques. Celles-ci, énumérées dans notre tableau synoptique, p. 65, se répartissent en deux grands groupes : le Lias et l'Oolithe, que nous examinerons successivement.

Le lias. — Le lias, dont le nom n'est autre chose que l'appellation populaire par les carriers anglais d'un calcaire marneux, bleuâtre, bien caractéristique, d'abord regardé comme un terrain peu important, s'est compliqué beaucoup à la suite des travaux des géologues, et maintenant on a même reconnu l'existence, au-dessous du lias proprement dit, d'un épais système de couches auquel on donne tout naturellement le nom d'*infralias*. On y trouve beaucoup de motifs d'intérêt. Disons d'abord que sa partie inférieure, appelée souvent terrain *rhétien* à cause de son rôle dans les Alpes des Grisons (dites Alpes rhétiques), est caractérisé par le petit fossile de la figure 133, nommé *Avicula contorta*, et que sa partie supérieure, appelée terrain *hettangien*, du nom d'une localité voisine de Metz, est caractérisée par des coquilles du genre de celle de la figure 134, qui est le *Cardinia hybrida*.

Fig. 133. — *Avicula contorta* des calcaires rhétiens de la Côte-d'Or. Grandeur naturelle.

D'une façon générale, le rhétien débute par des grès et les calcaires qui lui sont associés sont souvent sableux. En bien des points de la Bourgogne, les grès sont de la catégorie des arkoses, c'est-à-dire résultent de la cimentation de débris granitiques par de la silice interposée. Ces arkoses, par exemple dans la région de la Côte d'Or et tout spécialement du côté d'Avallon, sont toutes injectées de substances pareilles à celles qui se sont donné rendez-vous dans les filons métallifères. Non seulement on y trouve du quartz, de la calcite, de la barytine, qui sont des *gangues* et qui se présentent souvent avec un état cristallisé tout à fait remarquable, mais encore on y recueille des *minerais*, comme la galène, la pyrite de cuivre, et même le fer oligiste dont la présence suppose des réactions chimiques très énergiques.

L'intensité des phénomènes qui lui ont donné naissance s'est cependant conciliée avec la conservation dans les masses rocheuses de caractères de structure extrêmement remarquables, et la figure 134, déjà citée, suffit pour le démontrer. A la vue du dessin on doit s'imaginer qu'il s'agit d'une coquille quelconque en carbonate de chaux ou plus ou moins silicifiée ; elle a conservé toutes ses stries d'accroissement, ses ponctuations, et les autres caractères qui peuvent servir à une détermination paléontologique complète. Mais, quand on la prend à la main, on est tout surpris de sa forte densité, et quand on la brise on s'aperçoit qu'elle est entièrement formée d'une substance métallique très brillante, entièrement cristallisée et facilement clivable en petits débris dont chacun est un

Fig. 134. — *Cardinia hybrida* dont le test est transformé en oligiste, de l'hettangien des environs de Semur (Côte-d'Or). 2/3 de la grandeur naturelle.

rhomboèdre parfait. Nous ne savons, dans les laboratoires, obtenir du fer oligiste que par l'expérience de Gay-Lussac, qui consiste à faire réagir au rouge la vapeur d'eau sur la vapeur de sesquichlorure de fer. Cette réaction s'est-elle produite de la même manière dans les couches infraliasiques de Thoste et de Beauregard, où les coquilles sont en oligiste? C'est ce qui paraît évident; en tout cas elle a dû se faire très lentement pour permettre une substitution moléculaire qui a respecté les détails les plus délicats de la structure des vestiges organiques.

Ces particularités suffiraient pour appeler sur les couches qui les présentent une attention soutenue. Le terrain infraliasique se signale encore par la possession de plusieurs substances utiles. Non seulement les assises métallisées, comme celles à cardinies en oligiste, se sont prêtées longtemps à une exploitation suivie, mais à plusieurs niveaux on rencontre des *bone-beds* avidement recherchés par les agriculteurs.

Déjà nous avons parlé des bone-beds et l'on a vu, p. 35, que nous rattachons leur origine au mécanisme de la sédimentation souterraine. Il s'agit, en effet, de lits minces presque entièrement constitués par l'accumulation de débris organiques où dominent des dents, des ossements, des écailles de poissons. On peut croire que si ces objets sont ainsi réunis à l'exclusion de substances étrangères, c'est qu'ils représentent le résidu du triage subi par une couche originellement plus épaisse et plus compliquée et dont les parties solubles, comme le calcaire, ou délayables, ont été soustraites par la longue circulation des eaux dans ses pores. En Lorraine, en Franche-Comté, dans le Berry et bien ailleurs on rencontre des bone-beds tout comme en Bourgogne.

Les couches infraliasiques et spécialement la zone à *Avicula contorta*, se poursuit avec des caractères très nets jusque dans le Midi de la France et spécialement en Languedoc et en Provence.

Au-dessus de ces assises, si remarquables, comme on vient de le voir, se développe en un très grand nombre de localités le *lias proprement dit*, qui mérite aussi une mention spéciale. C'est un terrain où les calcaires, les marnes et les argiles sont très abondants et qui se signale souvent par l'imperméabilité du sol arable qui le recouvre.

Les géologues, à l'exemple d'Alcide d'Orbigny, le divisent en 3 niveaux superposés que l'on désigne sous les noms spécialement bien applicables à la géologie de la France, de *sinémurien* pour le plus ancien, de *liasien* pour le second et de *toarcien* pour le plus récent.

Le sinémurien, dont le nom vient de l'appellation latine de Semur, dans la Côte-d'Or, peut être caractérisé d'un mot en disant qu'il représente la zone de la *Gryphœa arcuata* (fig. 135). C'est une petite huître qui est souvent d'une abondance extraordinaire. Au sommet du mont Olympe, près de Charleville (Ardennes), comme en bien d'autres points, la terre végé-

Fig. 135. — *Gryphœa arcuata* des calcaires du lias (sinémurien) du mont Olympe, près de Charleville (Ardennes). 1/4 de la grosseur naturelle.

Fig. 136. — *Lima edula* du terrain sinémurien de Guyonvelle (Haute-Marne). 1/2 de la grandeur naturelle.

Fig. 137. — *Ammonites (arietites) Bucklandi* (ou *bisulcatus*) du lias inférieur (sinémurien) de Romery (Ardennes). 1/4 de la grandeur naturelle.

Fig. 138. — *Belemnites brevis* du sinémurien de Semur (Côte-d'Or). 1/2 de la grandeur naturelle.

tale en est remplie et il suffit de se promener dans les champs après les labours pour en ramasser autant qu'on en veut. Avec elle, de nombreux fossiles se rencontrent et nous citerons ici parmi ceux qui sont le plus caractéristiques : le *Lima edula* (fig. 136) et des céphalopodes de la catégorie des ammonites comme *Arietites Bucklandi* (fig. 137), ou bien de la catégorie des bélemnites comme *Belemnites brevis* (fig. 138). Si nous avions la place de décrire les raretés, nous pourrions mentionner, dans l'épaisseur des assises sinémuriennes, bien des fossiles curieux. On a représenté, fig. 139, une jolie étoile de mer, *Ophioderma Verneuilli*, qui vient des environs de Sedan, dans les Ardennes.

Dans les couches du sinémurien sont ouvertes beaucoup d'exploitations de calcaires marneux très propres à la fabrication de la chaux hydraulique. Auprès de Mézières, on y recueille de jolis cristaux bleus de sulfate de strontiane ou célestine.

Le terrain liasien proprement dit ou terrain du lias moyen pourrait en beaucoup de pays être rattaché à la zone à *Gryphœa cymbium* (fig. 140). C'est une coquille qui ne manque pas d'analogie avec la *G. arcuata*, mais on la distingue cependant très aisément à sa forme nettement caractérisée. Au point de vue paléontologique, l'époque liasienne est tout à fait intéressante par la présence de beaucoup de vestiges provenant de reptiles très différents de ceux qui vivent aujourd'hui. Dans le nombre sont les ichtyosaures, dont la figure 141 représente très réduite une tête extraite des calcaires

Fig. 140. — *Gryphœa cymbium* du terrain liasien du département de la Vendée. 1/2 de la grandeur naturelle.

Fig. 139. — *Ophioderma Verneuilli* du sinémurien des environs de Sedan (Ardennes). 2/3 de la grandeur naturelle.

Fig. 141. — *Ichtyosaurus communis*, reptile du lias de Pouilly (Côte-d'Or). Fragment de crâne au 1/3 de la grosseur naturelle.

marneux de Pouilly (Côte-d'Or). Les ichtyosaures étaient des bêtes qui devaient avoir dans la mer une allure assez analogue à celle des cétacés de notre temps.

La liste serait très longue des coquilles fossiles renfermées dans les couches du lias moyen. En tête il faut citer *Ammonites fimbriatus* (fig. 142) et, parmi les lamellibranches, le *Pecten æquivalvis* (fig. 143), qui est très caractéristique. Beaucoup de brachiopodes sont intéressants : *Terebratula quadrifida* (fig. 144) est singulière de forme et très reconnaissable ; elle est très commune dans plusieurs localités du Calvados. La *Spiriferina Hartmanni* (fig. 145) accompagne souvent la *Gryphœa cymbium*.

Quand d'Orbigny a qualifié le lias supérieur de *toarcien*, il a voulu rappeler que ce terrain est très développé aux environs de Thouars, dans les Deux-Sèvres. Dans d'autres points, cependant, il se rattache si intimement au terrain liasien qu'il y a des géologues qui l'y réunissent, l'ensemble constituant alors un *supralias*, sorte de symétrique de l'*infralias*, par rapport au sinémurien, qui serait le lias par excellence. Ces discussions qui se renouvellent suivant les pays pour tous les étages et auxquelles certains auteurs attachent une importance extrême, n'ont cependant aucune portée réelle, les différents étages étant, comme on l'a vu précédemment, intimement rattachés les uns aux autres par la continuité jamais interrompue du processus sédimentaire.

Aussi nous ne voyons aucun inconvénient à

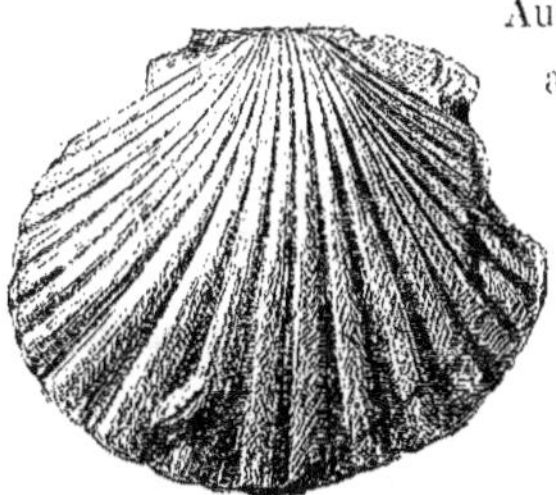

Fig. 142. — *Ammonites fimbriatus* du terrain liasien de Villebois (Ain). 2/3 de la grandeur naturelle.

Fig. 143. — *Pecten æquivalvis* du terrain liasien de la Côte-d'Or. 1/2 de la grandeur naturelle.

Fig. 144. — *Terebratula quadrifida* du terrain liasien de Caen. (Calvados). 2/3 de la grandeur naturelle.

conserver le terrain toarcien dont on aura indiqué la caractéristique la plus visible en disant qu'il est le plus souvent marneux et formé de couches qui se délitent très facilement. Nous avons choisi pour le représenter paléontologiquement deux beaux fossiles, *Belemnites tripartitus* (fig. 146)

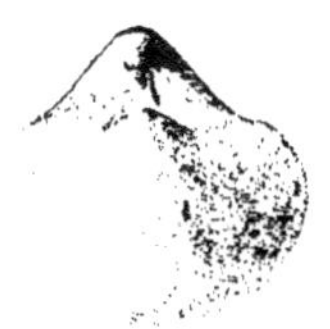

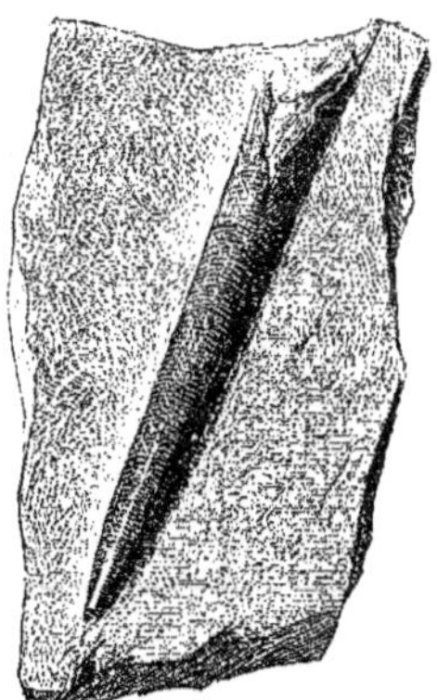

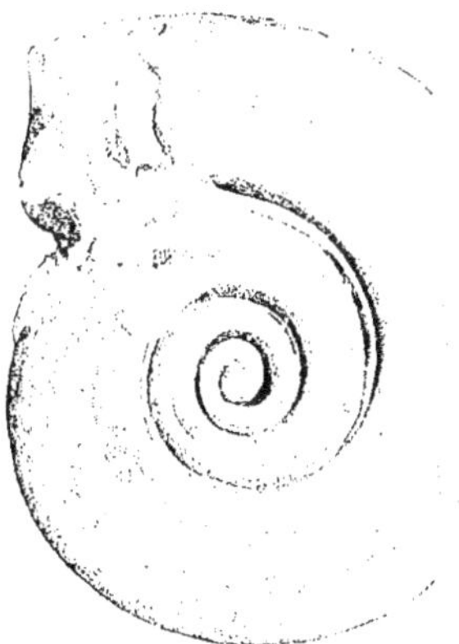

Fig. 145. — *Spiriferina Hartmanni* du terrain liasien de Vire (Calvados). 3/4 de la grandeur naturelle.

Fig. 146. — *Belemnites tripartitus* du terrain toarcien de Vassy, près d'Avallon (Yonne). 1/2 de la grandeur naturelle.

Fig. 147. — *Ammonites (Hildoceras) bifrons* du terrain toarcien de Millau (Aveyron). 3/4 de la grandeur naturelle.

et *Ammonites (Hildoceras) bifrons* (fig. 147), qui sont tous les deux des céphalopodes; mais malgré son apparence bien plus modeste, le petit bivalve appelé *Posidonomya Bronni* (fig. 148) est, à cause de son extrême abondance, d'une utilité pratique incomparablement plus grande. Les schistes qui pétrissent ces petits mollusques sont très souvent pénétrés de matière organique, incorrectement qualifiée de bitume, et qui leur permet de brûler avec flamme quand on les dépose sur un brasier. Ces *schistes à posidonies* sont très développés dans une grande partie du Jura, dans l'Auxois, dans l'Avallonais; on y trouve parfois des amas de phosphate de chaux.

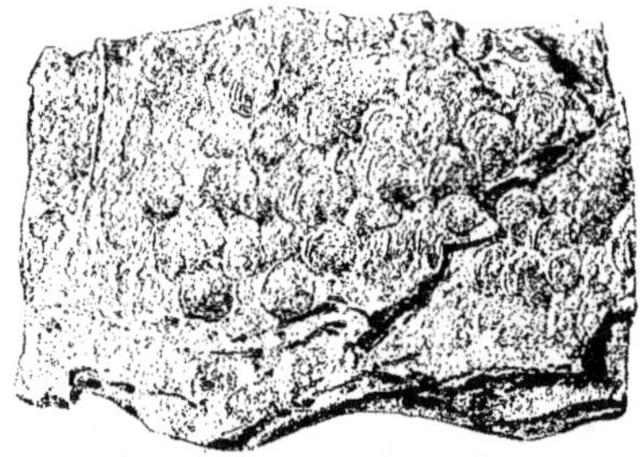

Fig. 148. — *Posidonomya Bronni* du terrain toarcien de Rivière (Aveyron). 1/2 de la grandeur naturelle.

L'oolithe. — Toute la partie du système jurassique qui recouvre le lias comprend, dans notre tableau synoptique, une série de terrains assez compliqués. Chacun d'eux se signale par des particularités dignes de mention et renferme des substances utiles et des fossiles curieux. Il importe de les passer rapidement en revue. Ces terrains ont reçu leurs noms d'Alcide d'Orbigny, qui a surtout régularisé la terminologie adoptée avant lui en Angleterre. Il va sans dire qu'aucun d'entre eux n'est réellement distinct des assises voisines, et c'est pour cela que la comparaison des diverses régions géographiques a provoqué ici, comme dans toutes les parties de la stratigraphie, de vives discussions. Beaucoup de géologues ont remplacé les noms de d'Orbigny, mais le bénéfice le plus clair a été de compliquer la nomenclature d'une interminable synonymie. Les nouveaux noms, pas plus que les anciens, ne peuvent donner avec précision les limites d'étages qui n'existent pas en réalité et qui se fondent insensiblement les uns dans les autres pour peu qu'on trouve des localités convenables. Si nous conservons les noms de d'Orbigny, ce n'est donc pas parce que nous les trouvons meilleurs que d'autres, c'est simplement parce qu'étant plus anciens, ils n'en sont pas plus mauvais; c'est, si l'on veut, par indifférence absolue pour une délimitation précise des terrains, qui est aussi contraire à l'esprit même de la Nature qu'elle serait commode pour l'étude et agréable aux intelligences systématiques.

Le terrain *bajocien* tire son nom de l'antique appellation de Bayeux, dans le Calvados, et présente surtout des calcaires dont beaucoup sont exploités pour les constructions. On peut l'étudier avec fruit le long des falaises de Port-en-Bessin. Il est extrêmement oolithique depuis sa base, qui est ferrugineuse sur 2 mètres de puissance, jusqu'à son sommet où la roche est toute blanche et qui peut mesurer 15 mètres d'épaisseur. On le retrouve en Bourgogne, dans le Poitou, en Champagne, dans les Ardennes, dans le Boulonnais, dans la chaîne du Jura et dans quelques autres régions. Ses fossiles sont très nombreux et, tout d'abord, il faut mentionner des reptiles ayant avec ceux du lias plus d'une analogie intime. La figure 149 représente un groupe de vertèbres biconcaves provenant du Plésiosaure et qui ont été recueillies à Croisilles, dans le Calvados. Les coquilles sont innombrables et, parmi les plus caractéristiques, il convient de mentionner tout d'abord *Ammonites Mur-*

chisonæ (fig. 150) et *Ammonites Humphriesianus* (fig. 151). Comme gastropode, nous citerons *Chemnitzia coarctata* (fig. 152), et parmi les lamellibranches, le volumineux *Hippopodium bajociense* (fig. 153), l'*Astarte modiolaris* (fig. 154) et le *Lima proboscidea* (fig. 155). Enfin, parmi de très nombreux bra-

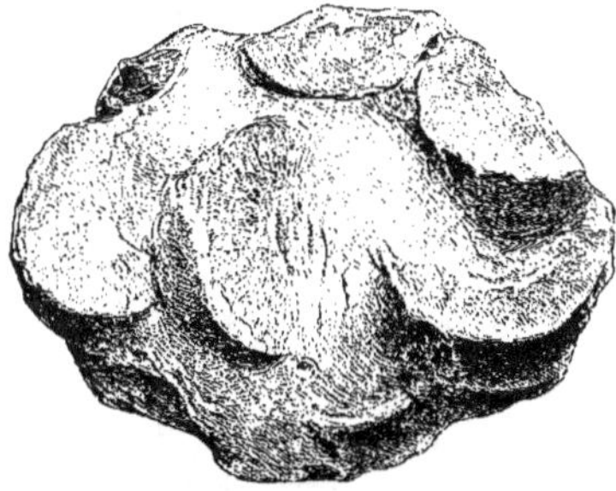

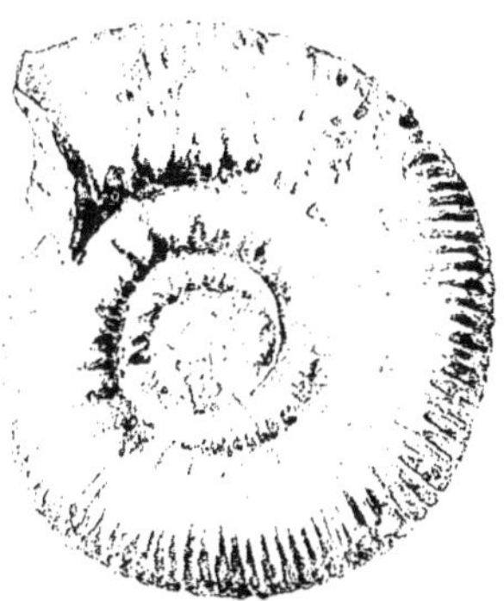

Fig. 149. — *Plesiosaurus dolichodeirus*, reptile du terrain bajocien des environs de Croizilles (Calvados). Vertèbres au 1/3 de la grandeur naturelle.

Fig. 150. — *Ammonites (Ludwigia) Murchisonæ* du bajocien des environs de Niort (Deux-Sèvres). 1/3 de la grandeur naturelle.

Fig. 151. — *Ammonites Humphriesianus* du terrain bajocien de Sully (Calvados). 2/3 de la grandeur naturelle.

chiopodes, il est juste de signaler *Rhynchonella decorata* (fig. 156), parfois extrêmement abondante, et *Terebratula perovalis* (fig. 157), essentiellement propre à faire reconnaître les couches bajociennes.

En Lorraine, le terrain bajocien commence par du minerai de fer de qualité médiocre que recouvrent 80 mètres de calcaire divisible en niveaux successifs d'après la prédominance de plusieurs ammonites (*Ammonites Murchisonæ*, *A. Sowerbyi*, *A. Humphriesianus*). C'est près de Nancy, de Briey, de Lonwy

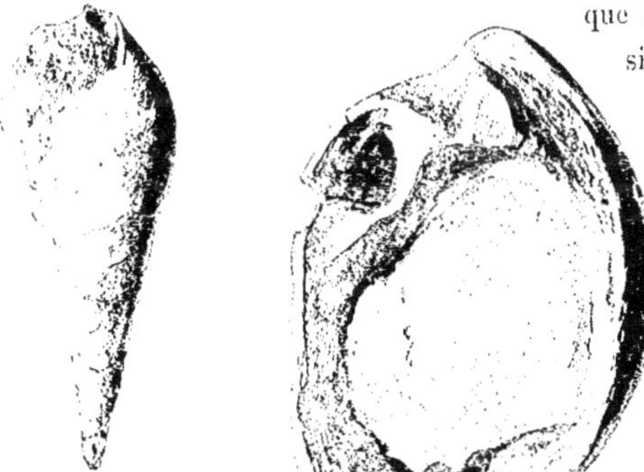

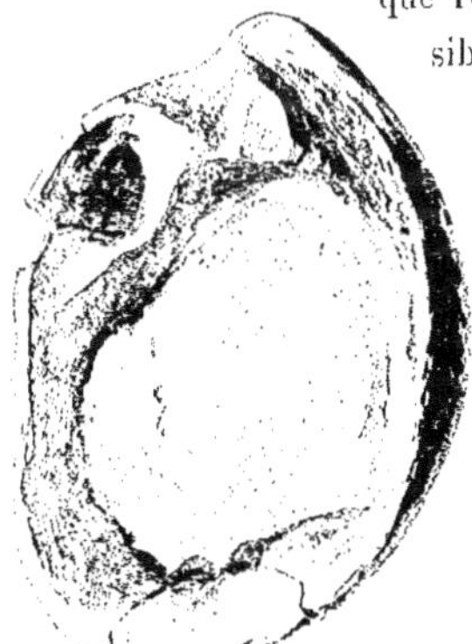

Fig. 152. — *Chemnitzia coarctata* du terrain bajocien de Croizilles, près de Caen (Calvados). 2/3 de la grandeur naturelle.

Fig. 153. — *Hippopodium bajociense* du terrain bajocien de Croisilles (Calvados). 1/2 de la grandeur naturelle.

Fig. 154. — *Astarte modiolaris* du terrain bajocien de Bayeux (Calvados). 2/3 de la grandeur naturelle.

qu'il faut l'étudier et, vers le milieu, aux Baraques, à la porte de Nancy, MM. Fliche et Bleicher y ont signalé un intéressant niveau de végétaux. Les fougères du genre *Tæniopteris* y sont mélangées à des conifères, à beaucoup de Cycadées (*Otozamites*, etc.) et à des

Monocotylédonées de la famille des Naïadées. A Belfort, les mêmes couches ont une soixantaine de mètres de puissance. Dans le Boulonnais, à Hydrequent, le bajocien vient étaler jusqu'à vingt mètres de ses couches sur les assises redressées du calcaire paléozoïque. Le calcaire bajocien constitue la crête de partage des eaux entre le bassin de la Seine et le bassin

Fig. 155. — *Lima proboscidea* du terrain bajocien de Croisilles (Calvados), 1/2 de la grandeur naturelle.

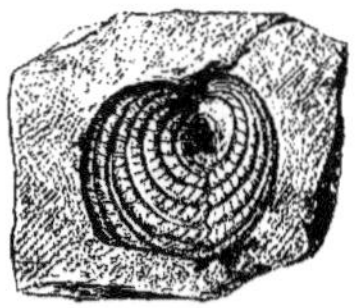

Fig. 156. — *Rhynchonella decorata* du terrain bajocien des environs de Caen (Calvados). 2/3 de la grandeur naturelle.

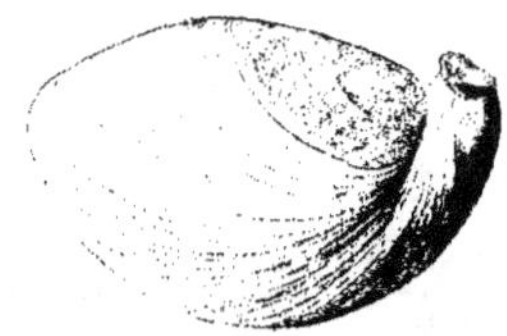

Fig. 157. — *Terebratula perovalis* du terrain bajocien des Moustiers, près Caen (Calvados), 2/3 de la grandeur naturelle.

de la Saône. Cet étage est remarquablement fossilifère dans la région des Charentes.

Le terrain *bathonien* est bien plus varié que le précédent au point de vue des roches superposées : les géologues anglais y avaient fait quatre coupures distinctes qui correspondent à quatre facies lithologiques : c'était : 1° le *Fuller's earth*, ou terre à foulon, qui est argileux; 2° la *Great oolith*, qui est essentiellement calcaire; 3° le *Bradford Clay* avec le *Forest Marble*, où les argiles et les marnes dominent; et 4° le *Corn brash*, ou terre à blé. En France on retrouve ces diverses catégories.

Les fossiles caractéristiques de cet étage sont très nombreux, et on peut citer comme

Fig. 158. — *Terebratula (Waldheimia) digona* du terrain bathonien de Ranville (Calvados). Grandeur naturelle.

spécialement abondant et de détermination facile, le *Waldheimia digona* (fig. 158), dont certaines couches, par exemple aux environs de Caen, sont littéralement pétries. Comme lamellibranche nous figurerons le *Pholadomya Vezelayi* (fig. 159) et, comme échinoderme, un oursin, le *Clypeus Ploti* (fig. 160), et un crinoïde facilement déterminable, l'*Apiocrinus Parkinsoni* (fig. 161).

Dans le Calvados, où il est très épais et très bien étudié, le bathonien présente comme terme principal le calcaire connu sous le nom de *Pierre de Caen* et qui est remarquable par ses qualités comme pierre de construction. On en exporte jusqu'en Angleterre : la Tour de Londres et la cathédrale de Cantorbéry en sont faites.

Au-dessus de la pierre de Caen, qui peut atteindre 50 mètres d'épaisseur avec une puissance très variable, se présente le calcaire de Ranville, chargé de lits de silex, et qui présente à certain niveau des quantités extraordinaires de bryozoaires. C'est dans ces couches que se montrent les Apiocrinus précédemment mentionnés. C'est le terrain batho-

MINÉRAUX DIVERS

nien qui forme, au milieu des formations plus récentes, le bombement bien connu sous le nom d'axe du Merlerault.

On trouve à Marquise, dans le Pas-de-Calais, du calcaire bathonien parfaitement caractérisé avec une épaisseur de 10 mètres. Cette belle roche blanche, très oolithique, riche en fossiles et activement exploitée, supporte des marnes qui correspondent au *Corn brash* des Anglais.

En Bourgogne, les marnes et les calcaires dits à pholadomyes, et qui

Fig. 159. — *Pholadomya Vezelayi* du terrain bathonien de Vezelay (Yonne). 1/2 de la grandeur naturelle.

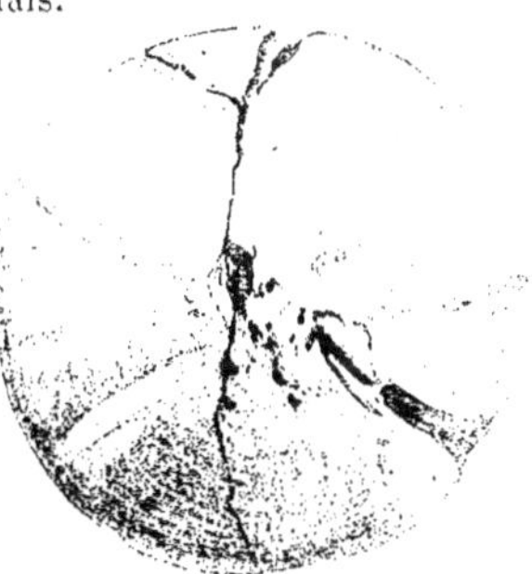

Fig. 160. — *Clypeus Ploti* du terrain bathonien de Marquise (Pas-de-Calais). 3/4 de la grandeur naturelle.

Fig. 161. — *Apiocrinus Parkinsoni* du terrain bathonien de Ranville (Calvados). 4/5 de la grandeur naturelle.

correspondent à la base du bathonien, forment en général des pentes douces au-dessus de celles beaucoup plus rapides du calcaire bajocien (dit à *entroques*). Plus haut, viennent des calcaires oolithiques plus ou moins grossiers et dont les *Terebratula digona* indiquent le synchronisme avec les couches de Ranville. On les utilise pour les constructions. Dans la Haute-Marne, le bathonien a 80 mètres d'épaisseur.

Il faut mentionner l'importance du bathonien dans la région du Jura. Au-dessus des couches du terrain bajocien, on observe des lits alternatifs de marne et de calcaire compacts correspondant au *Fuller's earth*. Une petite huître, l'*Ostrea acuminata*, y abonde; puis il se développe des couches répondant respectivement au *Forest Marble*, à la *Great oolith* et au *Corn brash* dont l'épaisseur atteint 110 mètres sous la citadelle de Besançon.

On retrouve jusque dans le département du Var la zone à *Ammonites Sowerbyi*. Presque tout le pays des Causses est constitué par des calcaires oolithiques. Dans la région des Charentes et du Poitou le bathonien est fort développé et constitue les berges de la Vienne, de la Gartempe, du Valeroy et de la Benaise.

Le terrain *oxfordien*, dont d'Orbigny a placé le type aux environs d'Oxford, en Angleterre, joue un rôle intéressant dans la géologie de la France. Avec son piédestal naturel, souvent qualifié de terrain callovien, il se présente, par exemple dans la falaise argileuse de Dives (Calvados), et collabore à la constitution des rochers connus dans le voisinage sous le nom expressif de *Vaches-Noires*. On y trouve des séries de fossiles parmi lesquels nous avons représenté comme des plus fréquents l'*Ammonites (Cardioceras) cordatus* (fig. 162) et la

Trigonia clavellata (fig. 163). Aussi cet étage, dont la puissance peut atteindre 100 mètres, est-il quelquefois désigné sous le nom d'*argiles de Dives*. On retrouve l'oxfordien à Lion-sur-Mer, aux environs d'Argentan, à Séez et entre Mamers et Mortagne. Bien d'autres régions en possèdent aussi : Montaubert, dans le Pas-de-Calais, présente des couches pétries d'*Ostrea gregarea* toute pareille à celle de l'Orne et du Calvados. Dans les

Fig. 162. — *Ammonites (Cardioceras) cordatus* de l'oxfordien des Vaches-Noires, près de Dives (Calvados). 1/2 de la grandeur naturelle.

Fig. 163. — *Trigonia clavellata* du terrain oxfordien des Vaches-Noires (Calvados). 2/3 de la grandeur naturelle.

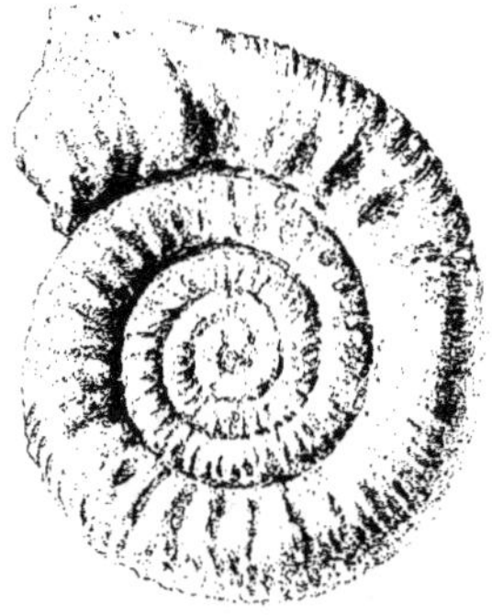

Fig. 164. — *Ammonites (Morphoceras) anceps* du terrain oxfordien de Mamers (Sarthe). 2/3 de la grandeur naturelle.

Ardennes, plusieurs localités sont célèbres pour l'abondance de leurs fossiles, et on peut citer Viel-Saint-Remy à cause de la transformation en minerai de fer des tests d'ammonites et de beaucoup d'autres fossiles. La roche empâtante, qui est calcaire ou argileuse, est toute pétrie de petites oolithes ferrugineuses de la grosseur d'une tête d'épingle, et qui parfois sont presque sans mélange de matière étrangère. Dans ces couches se montrent de la gaise ou silice hydratée.

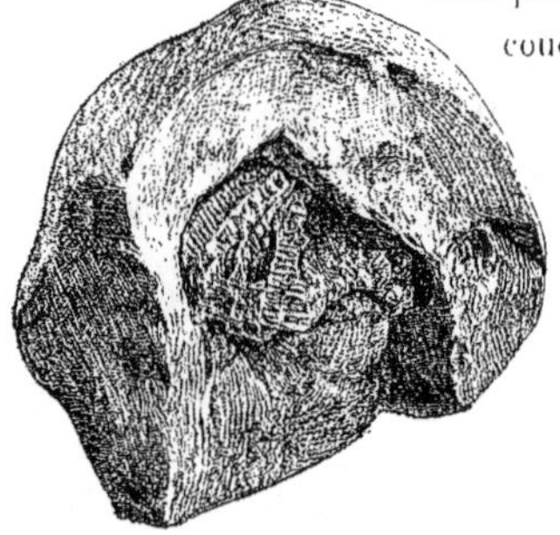

Fig. 165. — Chaille renfermant un dysaster en quartz cristallisé du terrain oxfordien de la Haute-Saône. 2/3 de la grandeur naturelle.

Dans la Meuse, les mêmes couches à oolithes ferrugineuses se continuent avec les mêmes caractères. On y trouve, parmi d'innombrables mollusques, l'*Ammonites (Morphoceras) anceps*, que représente notre figure 164. Une épaisseur de plus de 200 mètres d'argile rappelle le terrain de Dives par les trigonies qui y sont contenues.

A travers la Meuse, la Lorraine, les Vosges, la Haute-Marne, la Nièvre, l'Yonne, la Côte-d'Or et jusqu'en Franche-Comté, le terrain oxfordien admet un niveau connu sous le nom de *calcaire à chailles*, et qui est très caractéristique. C'est un ensemble de couches plus ou moins marneuses dans lesquelles abondent des concrétions sphéroïdales ou ellipsoïdales dites *chailles*, formées de marnolite plus ou moins dure. Quand on casse ces chailles on trouve généralement dans leur intérieur un fossile qui a évidemment servi de centre à la concrétion. La figure 165 présente au lecteur une chaille renfermant ainsi un test d'oursin du genre *Dysaster*, qui a été entièrement remplacé par une cristallisation de quartz de l'effet le plus élégant. Parfois on trouve dans le même gisement du soufre pur à l'état de poussière, résultant évidemment de la réduction de sulfates amenés en dissolution. On retrouve de l'oxfordien dans l'Isère, dans l'Ardèche, dans la Drôme où, à Crussol, se rencontrent les couches à minerais de fer que nous décrivions tout à l'heure; le même terrain contribue à la constitution du mont Ventoux.

Le terrain *corallien* tire son nom d'un caractère vraiment dominant. C'est la prodigieuse abondance, à certains niveaux, de madré- pores tout à fait comparables, malgré des différences purement zoologiques,

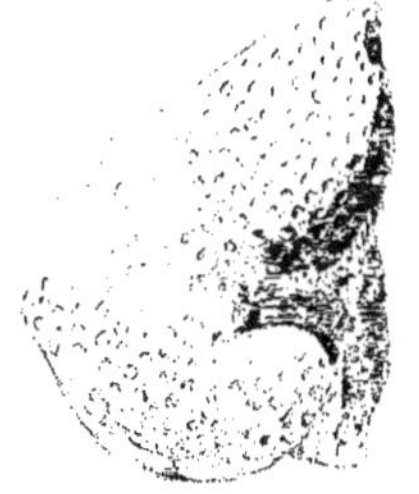

Fig. 166. — *Astrea versatilis* du terrain corallien de Doulaincourt (Haute-Marne). 1/2 de la grandeur naturelle.

Fig. 167. — *Nerinea speciosa* du terrain corallien de Sampigny (Meuse). 3/4 de la grandeur naturelle.

Fig. 168. — *Diceras arietinum* du terrain corallien de Trouville (Calvados). 1/2 de la grandeur naturelle.

avec les coraux, qui, à l'heure actuelle, édifient dans nos mers chaudes des atolls et des récifs variés. Nous n'avons pas à revenir sur l'origine et le mode de formation de ces accumulations de polypiers, car les détails donnés précédemment sont très suffisants pour comprendre la description des couches jurassiques. C'est peut-être dans la partie méridionale de la chaîne du Jura, aux environs de Saint-Claude et de Nantua, que l'étude en peut être faite avec le plus de profit. On y trouve, par exemple à Valfin et à Oyonax, une cinquantaine de mètres de couches calcaires toutes pleines de coraux et de polypiers variés, *Astrea* (fig. 166), *Dendrogyra*, *Thecosmilia*, *Stylina*, *Pachygyra* et beaucoup d'autres. Ces débris sont empâtés dans un calcaire blanc plus ou moins oolithique dans lequel abondent des mollusques du genre *Nerinea* (fig. 167) et le

Fig. 169. — *Hemicidaris crenularis* du terrain corallien de Trouville (Calvados). 3/4 de la grandeur naturelle.

Diceras arietinum (fig. 168), qui est caractéristique du corallien dans un très grand nombre de régions. Des oursins pullulent en certains points, comme au voisinage des atolls modernes, et l'*Hemicidaris crenularis* de la figure 169 est donné ici comme exemple.

Les couches dont il s'agit se continuent vers le sud le long de la chaîne des Alpes et on peut y rattacher l'intéressant massif des environs de Grenoble, où l'on voit un vrai terme de passage entre le terrain oxfordien et le terrain corallien. A la Porte de France, de gigantesques carrières de calcaires plus ou moins bitumineux sont exploitées pour la fabrication de la chaux hydraulique. A l'Échaillon, la roche est très blanche et exportée même à longue distance pour les constructions. C'est au même niveau que se rapportent les calcaires à spongiaires silicifiés du Poitou, de même que ceux de la Bourgogne, où le corallien est très recherché comme pierre à bâtir. Dans la Meuse, les *Diceras* sont dans une roche très largement oolithique. De grandes carrières très actives sont ouvertes au même niveau dans la Haute-Marne et dans les Ardennes, où le corallien est exceptionnellement puissant. Outre les calcaires à polypiers il y a lieu

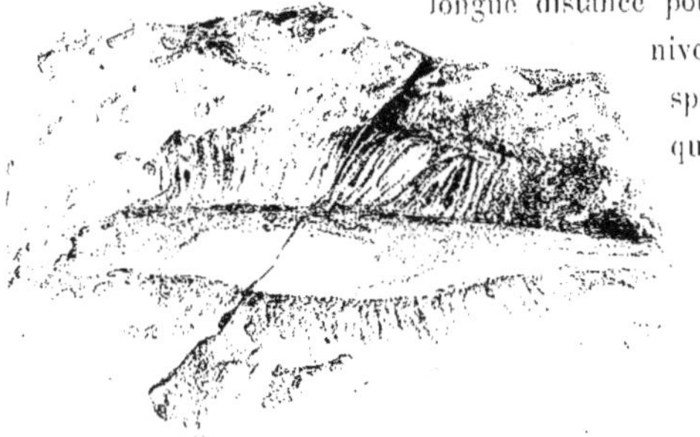

Fig. 170. — *Vaillantoonia Virei* du terrain corallien de Verdun (Meuse). 2/3 de la grandeur naturelle.

de citer les bancs remplis de débris de crinoïdes et qui constituent des calcaires à entroques : ils sont exploités très activement à Lérouville et à Euville. Dans les carrières de Verdun, on a trouvé le fossile représenté fig. 170, auquel j'ai donné le nom de *Vaillantoonia Virei*. C'est l'œuf d'un poisson cartilagineux plus ou moins analogue à nos Raies actuelles ou à nos Requins et se rapprochant davantage encore des Chimères et des Callorhynques.

Le terrain *kimméridgien*, dont le nom vient de celui d'une localité anglaise bien connue, se rencontre dans plusieurs régions de la France. Les fossiles les plus abondants sont l'*Ostrea virgula*, qui pétrit à elle seule des bancs entiers, l'*Ostrea deltoïdea*

Fig. 171. — *Ostrea deltoïdea* du terrain kimméridgien des environs de Boulogne (Pas-de-Calais). 1/2 de la grandeur naturelle.

Fig. 172. — *Pterocera Ponti* du terrain kimméridgien du cap la Hève (Seine-Inférieure). 1/2 de la grandeur naturelle.

Fig. 173. — *Trigonia papillata* du terrain kimméridgien du Havre (Seine-Inférieure). 2/3 de la grandeur naturelle.

(fig. 171), dont la forme triangulaire le rend très reconnaissable, les *Pterocera Ponti* (fig. 172) et *P. Oceani*, les *Trigonia papillata* (fig. 173) et *T. gibbosa*, le *Pholadomya Protei* (fig. 174) et beaucoup d'autres dont la liste serait longue.

On peut facilement étudier le kimméridgien sur nos côtes de la Manche, de Villerville à

Honfleur (Calvados) et à Boulogne-sur-Mer, et de l'Océan dans la Charente-Inférieure. Dans les falaises au nord de Boulogne, jusqu'à la pointe de la Crèche, les couches présentent des ondulations très favorables à leur étude. Les argiles et les calcaires argileux bleuâtres dominent particulièrement dans la partie de la falaise qui avoisine la ville, tandis que des assises puissantes de sables et de grès jaunâtres forment le cap de la Crèche, et l'on peut remarquer que non seulement les dépôts arénacés alternent plusieurs fois avec les sédiments argilo-calcaires, mais encore que les uns et les autres acquièrent une puissance inverse sur un même point. La partie supérieure du terrain kimméridgien est surtout développée dans les falaises du sud de Boulogne et spécialement à Châtillon, au Portel et à Équihen. A plusieurs niveaux de cette série j'ai signalé d'innombrables empreintes de ces corps problématiques désignés sous le

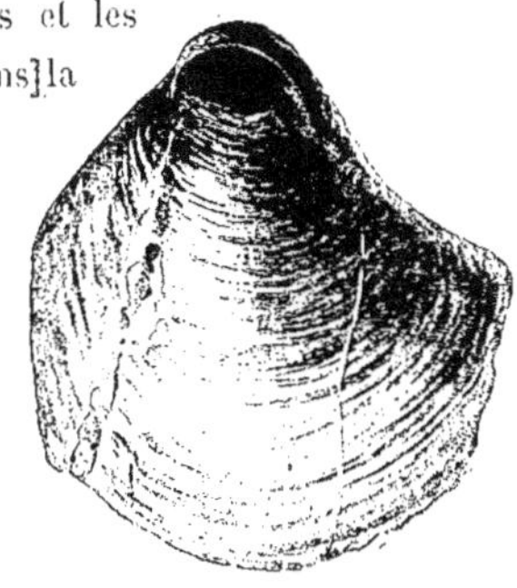

Fig. 174. — *Pholadomya protei* du terrain kimméridgien du cap de La Hève près Le Havre (Seine-Inférieure). 3/4 de la grandeur naturelle.

nom de *Bilobites*. Les formes principales que j'ai déterminées sont *Crossochorda Boursaulti* (fig. 175), *C. Bureauana, Bolonia lata, Equihenia rugosa, Tigillites Derennesi, Eophyton Danguyanum, Radiophyton Sixii*, etc.

Dans les Charentes, les mêmes niveaux sont représentés par des calcaires plus ou moins marneux exploités par exemple à Saint-Jean-d'Angely, où les couches à *Ostrea virgula* dépassent 60 mètres d'épaisseur. Ils

Fig. 175. — *Crossochorda Boursaulti* du terrain kimméridgien d'Équihen (Pas-de-Calais). 1/2 de la grandeur naturelle.

Fig. 176. — *Ammonites gigas* du terrain portlandien de Joinville (Haute-Marne). 1/3 de la grandeur naturelle.

Fig. 177. — *Nerinœa Gosœ* du terrain portlandien d'Audincourt (Doubs). 1/2 de la grandeur naturelle.

sont d'ailleurs soudés par leur base avec le terrain corallien d'une façon très intime et conséquemment intéressants au point de vue de la continuité des phénomènes sédimentaires. Le kimméridgien atteint près de 200 mètres de puissance dans le pays de Bray.

15

Le terrain *portlandien*, également pourvu d'un nom emprunté à la géographie anglaise, se rencontre en Franche-Comté et en Champagne, où abondent parfois les *Ammonites gigas* (fig. 176) et les *Nerinæa Gosæ* (fig. 177), dans le Bugey, en Savoie, en Dauphiné où se trouve le *Terebratula diphya*, en Bourgogne, en Lorraine, dans les Ardennes, en Normandie, dans le Boulonnais.

A Boulogne pourtant, les caractères sont assez spéciaux pour qu'on y ait distingué un horizon particulier sous le nom de terrain *bolonien*.

La partie supérieure du terrain jurassique est dans la France du Nord, et précisément dans le Boulonnais, représentée par des couches d'eau douce constituant le terrain *purbeckien* de d'Orbigny et présentant cette intéressante circonstance de se souder intimement avec les premières assises du terrain crétacé dans les mêmes régions, assises également d'eau douce et dont nous dirons un mot dans un instant sous le nom de terrain wealdien. Il y a plus d'une localité où la limite entre le jurassique et le crétacé est assez incertaine.

Le système crétacé. — C'est de la craie que tirent leur nom les terrains crétacés ; mais il faut noter tout de suite que cette roche est bien loin d'exister dans toute leur épaisseur. On sait bien ce que c'est que la craie : un calcaire blanc, terreux et friable, laissant une trace sur les corps qu'il frotte. Près de Paris, Meudon présente de grandes

Fig. 178.— *Toxaster complanatus* du terrain néocomien de Castellane (Vaucluse). 2/3 de la grandeur naturelle.

Fig. 179. — *Caprotina ammonia* du terrain néocomien d'Anglès (Basses-Alpes). 1/2 de la grandeur naturelle.

Fig. 180. — *Ostrea aquila* du terrain néocomien de Couseau (Jura). 1/2 de la grandeur naturelle.

carrières de craie maintenant presque épuisées (V. la planche XVIII, fig. 2) ; les falaises de Dieppe, d'Étretat, du Tréport sont en craie, et il en est de même de tout le sol de la Champagne dite *pouilleuse*.

C'est justement d'après l'absence ou la présence de la craie que l'épaisseur des terrains qui nous occupent maintenant a été décomposée en deux parties : la plus ancienne se rapporte à l'*âge infracrétacé*, et l'autre, à l'*âge crayeux*. Nous en ferons deux sous-systèmes.

A la base des masses infracrétacées, se présentent des couches dites *néocomiennes* que caractérisent le *Toxaster complanatus* (fig. 178), la *Caprotina ammonia* (fig. 179), où abondent les calcaires souvent compacts et plus ou moins argileux, et qui jouent avec les assises jurassiques un rôle très important dans la constitution de la chaîne du Jura. Avec les calcaires sont des argiles, des marnes, des sables et des grès, sans compter un certain nombre d'autres substances moins abondantes, dont quelques-unes sont fort utiles. Ainsi, dans l'Ain, des couches entières sont tellement pénétrées de bitume qu'on extrait avantageusement ce corps pour faire des chaussées et des trottoirs.

Nous avons du terrain néocomien dans diverses régions de la France. En Bourgogne, il est assez argileux pour servir à la fabrication des tuiles et renferme des nids de lignite utilisable. Dans le Var, on l'exploite pour pierre de taille et les assises calcaires se continuent jusque dans le Jura avec une grande abondance de l'*Ostrea aquila* (fig. 180), qui est tout spécialement caractéristique de l'étage.

C'est dans les Alpes du Dauphiné, dans les Alpes Maritimes, en Provence et dans les Corbières que le néocomien se présente avec ses caractères les plus compliqués et avec la plus grande abondance de fossiles. Dans les environs d'Annecy, la roche dominante est un calcaire noir avec le *Toxaster*; près de Grenoble, c'est

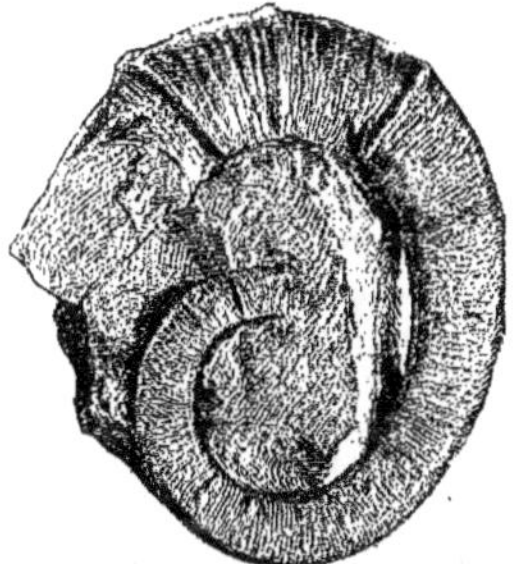

Fig. 181. — *Belemnites dilatatus* du terrain néocomien de Serrez (Basses-Alpes). 1/2 de la grandeur naturelle.

Fig. 182. — *Ammonites Astierianus* du terrain néocomien d'Escragnolles (Var). 2/3 de la grandeur naturelle.

Fig. 183. — *Crioceras Duvallii* du terrain néocomien d'Anglès (Basses-Alpes). 1/2 de la grandeur naturelle.

une roche blanche exploitée pour les constructions et souvent susceptible d'un beau poli; la pierre dite de Sassenage en est un excellent type. On retrouve les mêmes assises tout le long de la chaîne et jusque dans les Alpes Maritimes et dans le Var, où elles sont surmontées par des couches remplies de *Belemnites dilatatus* (fig. 181), d'*Ammonites Astierianus* (fig. 182) et d'autres céphalopodes remarquables par la diversité de leur enroulement, comme *Crioceras Duvallii* (fig. 183) et *Ancyloceras Tabarelli* (fig. 184). Parmi d'autres formes très caractérisées nous mentionnerons *Ostrea macroptera* (fig. 185) et *Rhynchonella peregrina* (fig. 186), *Caprotina ammonia* (fig. 179).

Le terrain *aptien* tire son nom de son développement à Gargas dans les environs de la ville d'Apt (Vaucluse). Il est remarquablement développé à la Bédoule et aux environs du Beausset. Il comprend des marnes pétries de *Plicatula placunea* (fig. 187), qu'on peut regarder comme un fossile éminemment caractéristique. En Provence et le long des Alpes, les mêmes formations se continuent et présentent en plusieurs lieux de riches gisements fossilifères. Escragnolles (Var) et Hyèges (Basses-Alpes) sont remarquables à cet égard ; on y recueille des becs de céphalopodes *Rhyncotheutis Astieriana* (fig. 188).

Le dernier terme de la série infracrétacée est connu sous le non de terrain *albien* à cause du rôle qu'il joue dans la constitution du sol du département de l'Aube. Il consiste en une association de couches argileuses et de couches

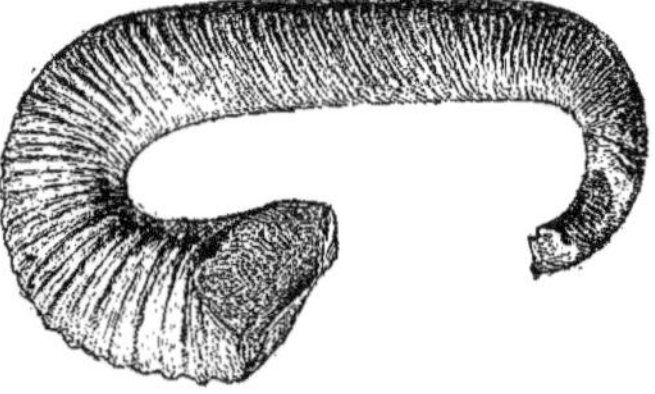

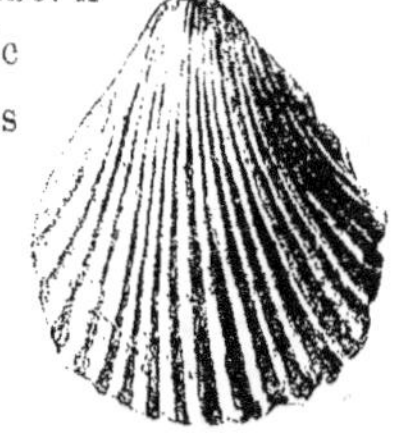

Fig. 184. — *Ancyloceras Tabarelli* du terrain néocomien d'Anglès (Basses-Alpes). 2/3 de la grandeur naturelle.

Fig. 185. — *Ostrea macroptera* du terrain néocomien d'Escragnoles (Var). 1/2 de la grandeur naturelle.

Fig. 186. — *Rhynchonella peregrina* du terrain néocomien de Chatillon (Drôme). 2/3 de la grandeur naturelle.

sableuses parfois agglutinées en grès et renfermant des grains d'un minéral vert foncé et souvent noirâtre appelé glauconie. De nombreuses substances utiles s'y sont donné rendez-vous et il faut mentionner en première ligne les rognons pierreux noirs qu'on trouve dans les Ardennes et bien ailleurs, et dont l'aspect rappelle des silex, bien qu'ils soient formés de phosphate de chaux. On les considère parfois comme des coprolithes, mais cette opinion est tout à fait erronée ; ce sont des con-crétions, formées comme les silex eux-mêmes, tantôt

Fig. 187. — *Plicatula placunea* du terrain aptien de Saint-Dizier (Haute-Marne). 4/5 de la grandeur naturelle.

Fig. 188. — *Rhyncotheutis Astieriana* du terrain aptien d'Hyèges (Basses-Alpes). Grandeur naturelle.

Fig. 189. — *Ammonites (Hoplites) Delucii* du terrain albien de Saint-Pol (Pas-de-Calais). 1/2 de la grandeur naturelle.

Fig. 190. — *Natica gaultina* du terrain albien de Grand-Pré (Ardennes). 2/3 de la grandeur naturelle.

Fig. 191. — *Abietites oblonga* du terrain albien de Grand-Pré (Ardennes). 1/2 de la grandeur naturelle.

autour d'un centre d'attraction inorganique, tantôt autour d'un vestige animal ou végétal. Fréquemment, en effet, ces nodules consistent en un fossile phosphatisé et nous représentons, à ce point de vue, parmi les animaux, *Ammonites Delucii* (fig. 189) et *Natica gaultina* (fig. 190), et, parmi les végétaux, *Abietites oblonga* (fig. 191), qui est un cône ressemblant singulièrement à nos pommes de sapins actuelles. A divers niveaux, le terrain albien, qu'on désigne souvent sous le nom anglais devenu cosmopolite de *Gault*, constitue un

MINÉRAUX DIVERS

Armand COLIN et Cie. Éditeurs.

E. Capiomont imp.

précieux réservoir de nappes d'eau parmi lesquelles il convient de signaler les réserves qu'on utilise à Paris au moyen des célèbres puits artésiens de Grenelle, de Passy, de la Butte-aux-Cailles, de la place Hébert, etc. Enfin il faut mentionner, dans les Ardennes, outre quelques lits de minerais de fer, des couches formées de silice hydratée, appelée vulgairement *gaise* et qui est très propre à la fabrication des briques réfractaires.

La faune du terrain albien est très nombreuse; elle comprend beaucoup d'ammo-nites et quelques autres céphalopodes; des gastropodes et des pélécypodes comme *Pecten Darius* (fig. 192); des oursins et des polypiers. Les grands reptiles, si abon-dants durant les temps jurassiques, continuent d'ailleurs à prospérer, et la collection qu'on en a faite pendant toute l'épaisseur des terrains infracrétacés, est remar-quablement nombreuse. Parmi les plus singuliers, il faut citer la découverte, faite sur la frontière belge de notre département du Nord, d'une vingtaine de sque-lettes d'un gros reptile de 17 mètres de longueur et qui devait avoir, pendant sa vie, l'allure de ces curieux mammifères qui sautent actuellement dans les plaines de l'Australie et qu'on appelle Kanguroos. Ce reptile de

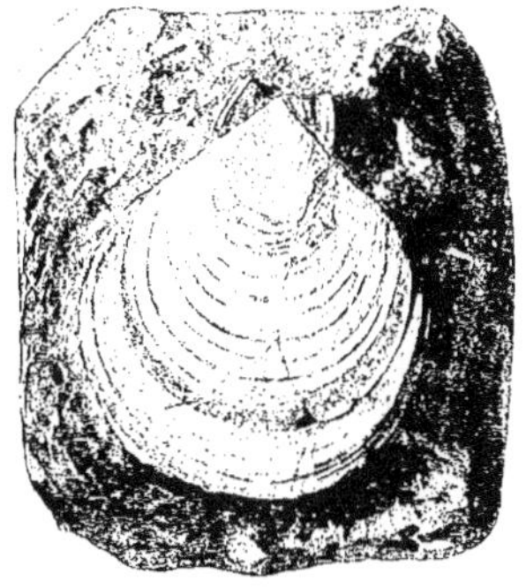

Fig. 192. — *Pecten Darius* du terrain al-bien de Cauville (Seine-Inférieure). 3/4 de la grandeur naturelle.

l'infracrétacé est connu sous le nom d'*Iguanodonte*; il témoigne, comme faisaient déjà les reptiles du terrain jurassique, de la haute perfection atteinte jadis par ce type animal, qui est maintenant en pleine voie de dégénérescence.

Le *sous-système crayeux* est, comme son nom l'indique, caractérisé par la présence d'une roche particulière dite *craie*. On peut la définir en disant que c'est un calcaire terreux fort peu cohérent et en conséquence traçant et tachant les doigts. A son état de pureté, la craie est tout à fait blanche et est susceptible de divers usages; outre qu'on en fait des crayons pour écrire au tableau, elle est la base de beau-coup de couleurs blanches : quand on blanchit à la chaux, c'est de la craie que l'on étale; le blanc d'Espagne sert à nettoyer les vitres et le fer-blanc et on l'emploie aussi à polir le bois.

La craie est répandue comme marne dans les champs où manque la chaux; on la cuit quelquefois, et surtout après l'avoir mélangée à une proportion convenable d'argile qui fait du produit un véritable ciment.

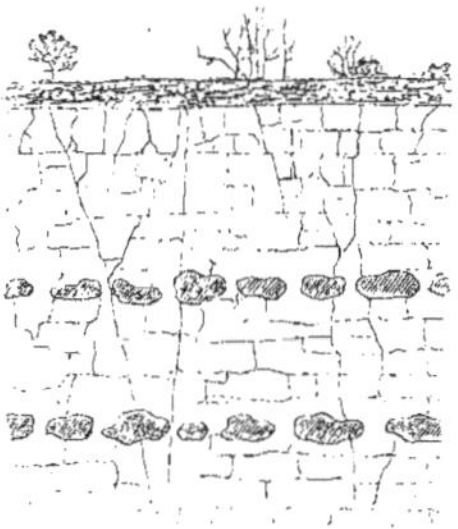

Fig. 193. — Disposition des ro-gnons de silex dans la craie blan-che (sénonien) de Meudon (Seine-et-Oise).

Nous avons déjà dit que dans la craie se montrent des rognons de silex, ordinairement disposés en lits horizontaux (fig. 193) et qui fournissent les galets si abondants au pied des falaises normandes. On en faisait jadis des pierres à fusil et des briquets, et nos premiers ancêtres y trouvaient la substance de leurs outils et de leurs armes ; aujourd'hui le silex est utilisé pour les constructions, pour le macadam et, quand il a été finement broyé, pour la fabrication de certaines poteries très dures appelées grès cérames.

Fig. 194. — Disposition d'un rognon de pyrite radié dans la craie blanche (sénonien) de Margny, près de Compiègne (Oise).

Avec les silex sont fréquemment des boules, d'un minéral beaucoup plus lourd, d'éclat métallique, consistant en sulfure de fer et connu sous le nom de pyrite. Ces boules (fig. 194), à structure radiée, sont si différentes par leur aspect et par leur composition de la roche qui les empâte qu'une idée naturelle est de croire tout d'abord qu'elles proviennent d'une origine très différente. C'est pour cela qu'en Picardie, en Normandie, en Champagne, et jusqu'au bout du monde, en Nouvelle-Calédonie, on les traite de *pierres de foudre* et qu'on les juge tombées du ciel.

En réalité elles dérivent d'une cristallisation faite très lentement dans l'épaisseur même de la craie.

Mais la craie n'est pas toujours blanche et pure ; elle est parfois chargée d'argile et passe à l'état de marne. On la distingue aisément à sa très grande imperméabilité qui détermine

Fig. 195. — *Habitations troglodytiques* creusées dans la craie turonienne de Château-de-Loir (Sarthe). D'après une photographie de M. Boursault.

des niveaux d'eau dont nous avons déjà parlé (V. p. ix de l'Introduction où, pour le dire en passant, on a mis par erreur le nom de Cap Gris-Nez à la place de celui de Cap Blanc-Nez). La figure 195 témoigne sous une autre forme de l'imperméabilité de la craie marneuse, en montrant que des populations s'y creusent des habitations présentant des conditions hygiéniques très acceptables.

Enfin un autre aspect de la craie peut lui être communiqué par le mélange de grains déjà mentionné sous le nom de *glauconie* et qu'on appelle souvent aussi de la chlorite, ce qui est d'ailleurs un terme inexact. La craie glauconienne ou chloritée est remarquable par l'inégalité de son grain, qui est souvent très grossier, et par les concrétions ferrugineuses qui s'y sont parfois constituées en si grande quantité qu'on les traite pour la fabrication du fer.

Ces trois variétés de craie : craie chloritée, craie marneuse, craie blanche, correspondent à trois terrains mentionnés dans notre tableau général et auxquels d'Orbigny donne les noms de terrains *cénomanien, turonien* et *sénonien*, sous lesquels nous les décrirons très rapidement.

Le terrain *cénomanien* est ainsi appelé du nom latin de la ville du Mans, autour de laquelle il est considérablement développé. Il comprend surtout des sables plus ou moins calcaires et des marnes, dans lesquels sont bien des fossiles très caractéristiques, comme *Pecten asper* (fig. 196), *Ostrea columba* (fig. 197) et *Orbitolina concava* (fig. 198).

Dans la vallée de la Seine, le terrain cénomanien est fort épais, les falaises du

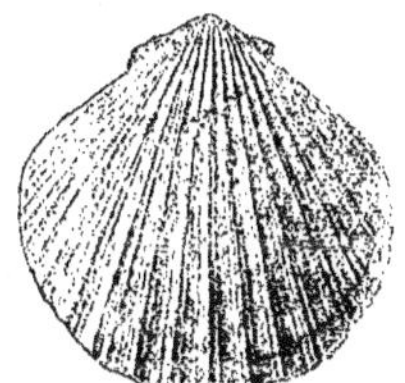

Fig. 196. — *Pecten asper* du terrain cénomanien du cap de la Hève au Havre (Seine-Inférieure). 2/3 de la grandeur naturelle.

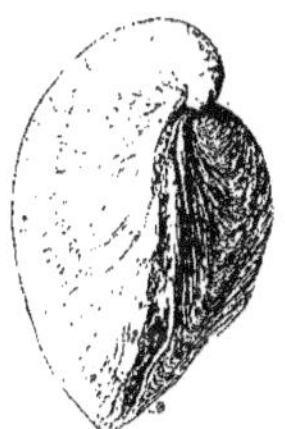

Fig. 197. — *Ostrea columba* du terrain cénomanien des environs du Mans (Sarthe). 1/2 de la grandeur naturelle.

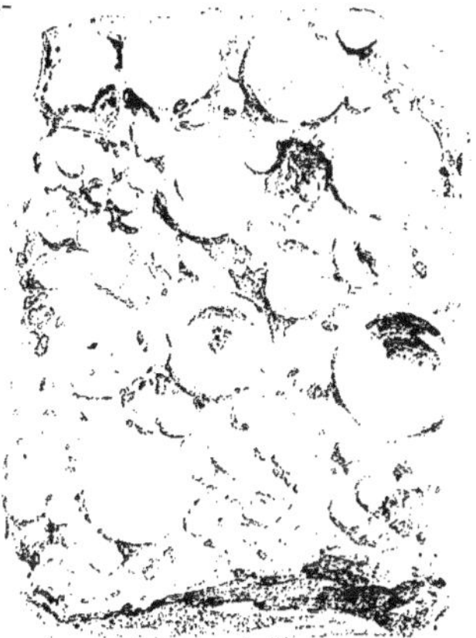

Fig. 198. — *Orbitolina concava* du terrain cénomanien du département de l'Orne. 2/3 de la grandeur naturelle.

Havre (cap de la Hève) sont sur une bonne partie de leur épaisseur formées par les couches à *Pecten asper*. L'*Ammonites rothomagensis* (fig. 199) et le *Turrilites costatus* (fig. 200) sont des céphalopodes très répandus.

On remarque dans le Berry de nombreuses éponges silicifiées dont le *Jerea Desnoyersii* de la figure 201 peut représenter le type, mais qui affectent des formes très diverses. Dans la Charente, le cénomanien contient des pélécypodes plus ou moins comparables aux chames et faisant partie de la grande division des rudistes. Le *Spherulites foliaceus* (fig. 202) peut être cité comme exemple. Dans la plupart des localités cénomaniennes, on rencontre *Inoceramus striatus* (fig. 203).

Une particularité paléontologique du terrain cénomanien qu'on ne saurait passer sous silence, c'est l'apparition des végétaux supérieurs qualifiés du nom général d'angiospermes. Cette apparition constitue vraiment un grand événement biologique et il est, en même temps, de nature à montrer le peu de réalité des coupures admises dans la série stratigraphique. Il se trouve, en effet, qu'il y a entre le terrain albien et le terrain cénomanien une transformation de la flore qui est d'importance certainement aussi grande que celle qu'on observe pour la faune entre le crétacé supérieur et la base du terrain tertiaire. De sorte que c'est par suite de ce hasard qui a fait étudier les bêtes fossiles avant les plantes fossiles, que la

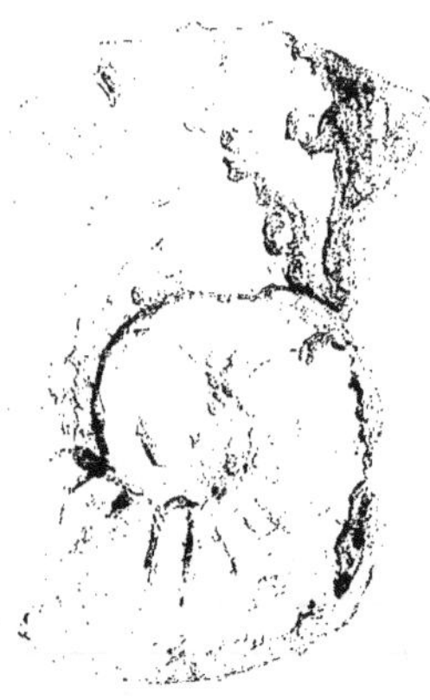

Fig. 199. — *Ammonites rothomagensis* du terrain cénomanien de Rouen (Seine-Inférieure). 2/3 de la grandeur naturelle.

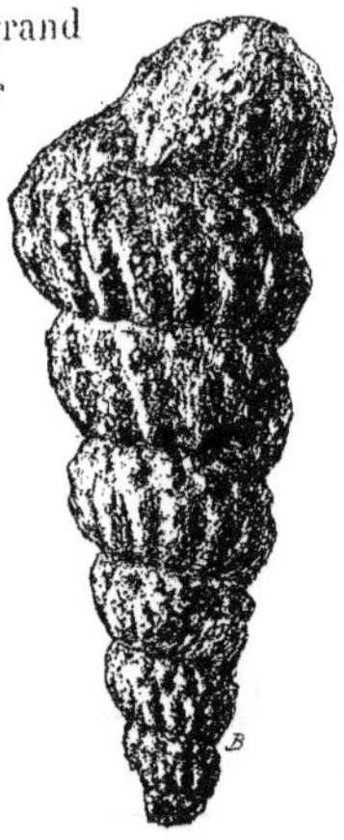

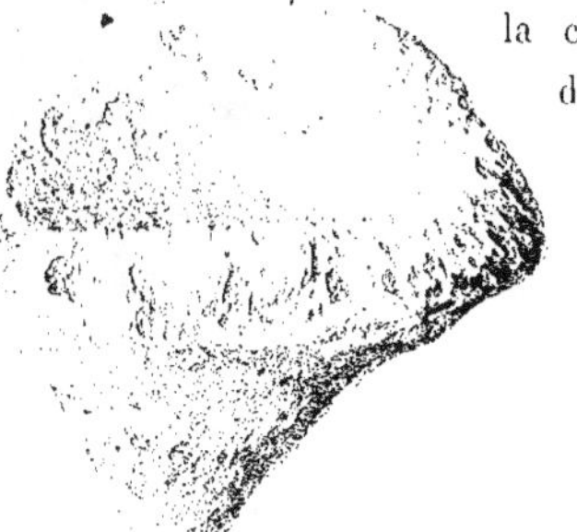

Fig. 200. — *Turrilites costatus* du terrain cénomanien, du cap de la Hève au Havre (Seine-Inférieure). 1/2 de la grandeur naturelle.

grande division tertiaire commence où elle le fait. Il n'y a pas lieu d'insister sur cette circonstance qui s'explique tout naturellement par l'évolution des caractères dans chacun des deux règnes organiques indépendamment de ce qui peut se passer dans l'autre.

Le terrain *turonien* tire son nom du rôle qu'il joue dans la constitution géologique de la Touraine, où on désigne la craie marneuse sous le nom local de

Fig. 201. — *Jerea Desnoyersii* du terrain cénomanien de Montrichard (Loir-et-Cher). 1/2 de la grandeur naturelle.

Fig. 202. — *Spherulites folioceus* du terrain cénomanien des Charentes. 2/3 de la grandeur naturelle.

Tufeau. On y recueille beaucoup de fossiles et nous avons représenté le *Nautilus Sowerbyi* (fig. 204) comme bien caractéristique.

En Provence, le turonien a un aspect assez différent, beaucoup de grès plus ou moins

calcarifiés et des sables s'y intercalent à diverses reprises. A Uchaux se rencontre un gisement fossilifère très riche. On retrouve des couches du même âge dans les Corbières et dans les Pyrénées où l'on recueille le curieux polypier désigné sous le nom de *Cyclolites elliptica* (fig. 205).

C'est du nom de la ville de Sens que d'Orbigny a tiré l'appellation du terrain *sénonien*. Il fait le sol non seulement de la basse Bourgogne, mais de la

Fig. 203. — *Inoceramus striatus* du terrain cénomanien de Honfleur (Calvados). 2/3 de la grandeur naturelle.

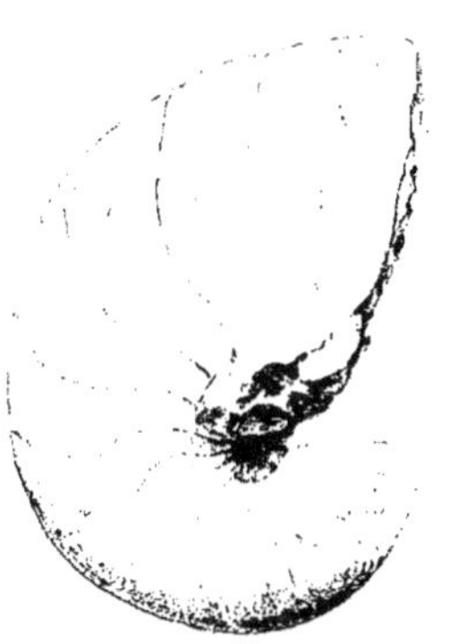

Fig. 204. — *Nautilus Sowerbyi* du terrain cénomanien de Montrichard (Loir-et-Cher). 1/2 de la grandeur naturelle.

Champagne Pouilleuse, de la Picardie, de la basse Normandie et vient affleurer jusqu'à la porte de Paris, par exemple à Meudon. On y trouve des fossiles très variés. Nous mentionnerons ici comme spécialement caractéristiques : le *Belemnitella mucronata* (fig. 206), l'*Ostrea vesicularis* (fig. 207), parfois extrêmement abondante, le *Spondylus spinosus*, dont on voit, fig. 208, un bel échantillon empâté partiellement dans un rognon de silex et que la collection du Muséum a reçu en 1842 de Boucher de Perthes, le savant illustre

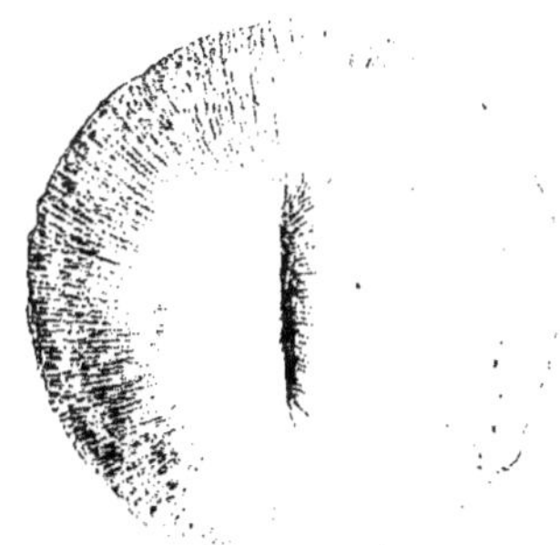

Fig. 205. — *Cyclolites elliptica* du terrain turonien de Benais (Ariège). 2/3 de la grandeur naturelle.

Fig. 206. — *Belemnitella mucronata* du sénonien de Meudon (Seine-et-Oise). 1/2 de la grandeur naturelle.

Fig. 207. — *Ostrea vesicularis* du terrain sénonien de Wizernes (Pas-de-Calais). 3/4 de la grandeur naturelle.

à qui l'on doit, comme on sait, la certitude que les haches de pierre sont l'œuvre d'un homme fossile; le *Janira quadricostata* (fig. 209), le *Terebratula gracilis* (fig. 210), le *Micraster coranginum*, l'*Ananchytes gibba* (fig. 211), etc.

A Meudon (Seine-et-Oise), on a rencontré des dents et des mâchoires d'un énorme reptile auquel on a donné le nom de *Leïodon anceps* (fig. 212). Près de Doullens, dans la Somme, on trouve des éponges silicifiées dont nous donnons un exemple remarquable dans la figure 213.

C'est avec des caractères très différents que la craie blanche se présente dans la Charente, en Provence et dans les Pyrénées; on y voit continuer

Fig. 208. — *Spondylus spinosus* empâté dans un rognon de silex du terrain sénonien d'Abbeville (Somme). 1/2 de la grandeur naturelle.

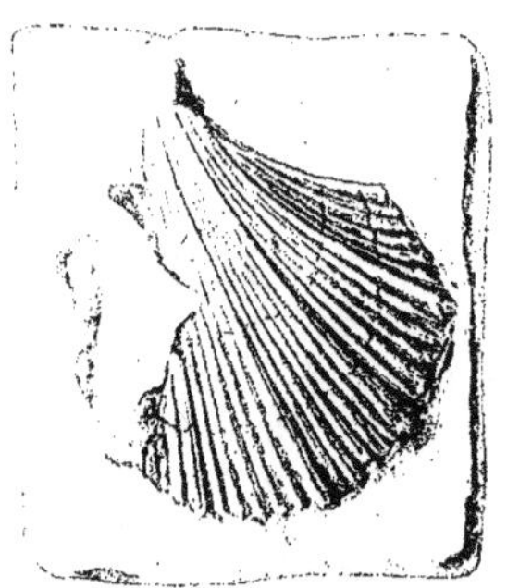

Fig. 209. — *Janira quadricostata* du terrain sénonien de Meudon (Seine-et-Oise). Grandeur naturelle.

cette singulière légion des rudistes que nous avons déjà mentionnée. La figure 214 reproduit comme exemple la *Radiolites cornu pastoris*.

Tous les calcaires du terrain crétacé sont bien loin d'être de la craie : beaucoup consistent en pierre à bâtir difficile à distinguer de celle du terrain jurassique; il en est qui constituent de véritables marbres, dont une très belle variété noire et blanche est exploitée pour l'ornement près de Bagnères-de-Bigorre.

Le phosphate de chaux, avec un aspect et un état très particulier, existe encore dans certaines couches de craie

Fig. 210. — *Terebratula gracilis* du terrain sénonien du cap Blanc-Nez (Pas-de-Calais). 2/3 de la grandeur naturelle.

Fig. 211. — *Ananchytes gibba* de la craie blanche (sénonien) des environs de Beauvais (Oise). 2/3 de la grandeur naturelle.

Fig. 212. — *Leïodon anceps* (fragment de mâchoire) du terrain sénonien de Meudon (Seine-et-Oise). 1/3 de la grandeur naturelle.

blanche, par exemple près d'Hardivillers, dans l'Oise, et près de Doullens, dans la Somme. Il s'agit de tout petits rognons blanchâtres et parfois de petits grains à peine visibles sans le microscope. Dans les pays où ils abondent, par exemple à Beauval, ils ont donné tout à coup aux terres qui les renferment un prix extraordinairement élevé.

Souvent avant de répandre les phosphates sur les champs, on les soumet à l'opération de la superphosphatisation qui, leur enlevant de la chaux, les enrichit en principes fertilisants. La partie supérieure du terrain crétacé est dans les environs de Paris désignée sous le nom de *Calcaire pisolithique*. Alcide d'Or-

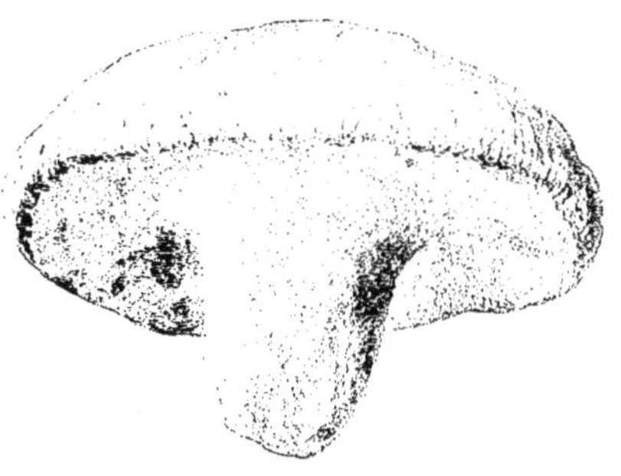

Fig. 213. — *Cœlostychium agaricioïdes* du terrain sénonien de Doullens (Somme). 1/2 de la grandeur naturelle.

Fig. 214. — *Radiolites cornu pastoris* du terrain sénonien de la Charente. 1/2 de la grandeur naturelle.

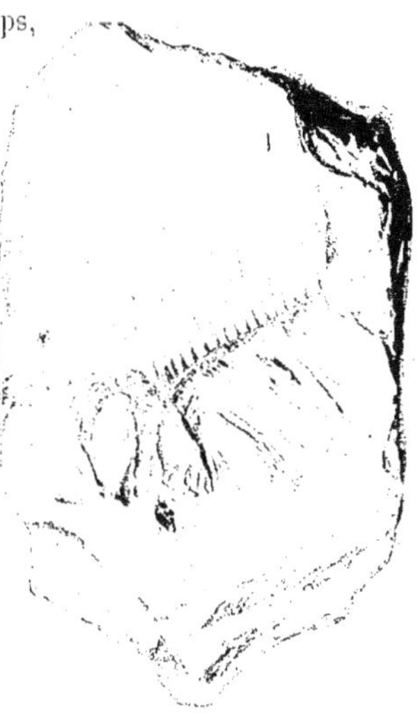

Fig. 215. — Squelette de poisson téléostéen dans un calcaire du terrain danien de Mont-Aimé (Marne). 1/2 de la grandeur naturelle.

bigny a reconnu que ce calcaire fait partie d'un étage distinct développé en certains pays tels que le Danemark et que, pour cette raison, il a appelé le *terrain danien*. Dans diverses régions de la France il fait des massifs assez étendus et spécialement dans la Haute-Garonne, où on l'appelle quelquefois le *garumnien*. Il est souvent à l'état de calcaire compact propre à la fabrication de la chaux, comme au Mont-Aimé (Marne), ou même à la construction des maisons; souvent il est oolithique, comme à Vigny (Oise), et parfois crayeux, comme dans le Cotentin, aux environs de Valognes. Comme exemples

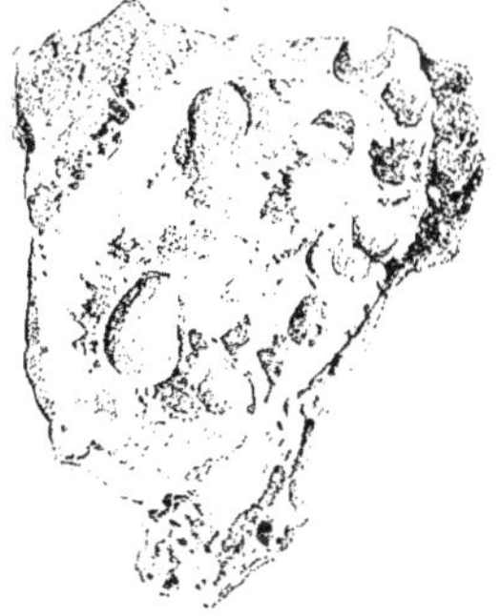

Fig. 216. — *Lima carolina* du terrain danien de Montainville (Seine-et-Oise).

Fig. 217. — *Astrœa* du terrain danien de Vigny (Oise).

des fossiles qu'on y rencontre, nous avons représenté un squelette de poisson venant de Champagne (fig. 215), une petite coquille des plus caractéristiques et des plus abondantes, le *Lima Carolina* (fig. 216), et un polypier du genre *Astrœa* (fig. 217).

IV

L'ÉPOQUE TERTIAIRE

Les terrains tertiaires forment essentiellement le sol de Paris et de la Touraine; on les retrouve avec une grande extension, comme le fait voir notre carte géologique (Pl. XVII), dans la Bresse, dans la Limagne d'Auvergne, célèbre par son inépuisable fertilité, dans le Languedoc et dans les Landes. Suivant les localités, ils offrent des roches très variées, et déjà nous en avons décrit quelques-unes. C'est là en effet que se rencontrent l'argile plastique ou terre à brique (Pl. XVIII, fig. 3), le calcaire grossier (Pl. XXII, fig. 1), la pierre à plâtre (Pl. XXIII, fig. 3), le sable (Pl. XXIV, fig. 3) et la meulière (Pl. XIV, fig. 5) qui nous ont fourni beaucoup d'exemples déjà invoqués. Il faut ajouter que nulle part dans la série géologique on ne voit, avec une semblable fréquence, les alternances de terrains marins et de terrains d'eau douce.

L'époque tertiaire est prodigieusement riche en fossiles et beaucoup de localités françaises sont célèbres dans le monde entier comme gisements de coquilles qui s'y rattachent : Grignon, Beauchamp, Damery, Bracheux, Cuise, en sont des exemples avec bien d'autres.

Déjà on a vu que c'est en étudiant des fossiles dépendant des terrains qui nous occupent que Cuvier a fondé la paléontologie. En divers lieux, les débris d'animaux ou de plantes sont accumulés en quantité prodigieuse. On peut citer à cet égard dans le département du Gers la localité de Sansan. Les calcaires de cette localité, dont le Muséum a acquis la propriété dans l'intérêt de la science, renferment en abondance les ossements de soixante-dix espèces de mammifères (singes, rhinocéros, éléphants, bœufs, cerfs, etc.), de vingt oiseaux, de trente reptiles, de quelques poissons, sans compter des quantités innombrables de coquilles fluviatiles et terrestres.

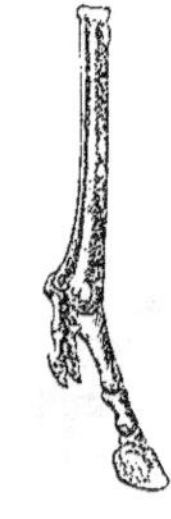

Fig. 218. — *Hipparion gracile* du mont Leberon (Vaucluse). 1/4 de la grandeur naturelle.

Dans le Vaucluse, au mont Leberon, se présente dans des couches calcaires et marneuses un véritable ossuaire d'où on retire avant tout les restes d'une espèce de cheval ayant trois doigts à chaque pied, qu'on appelle Hipparion (fig. 218) et qui constituait évidemment d'énormes troupeaux. Avec lui sont des hyènes, des rhinocéros, des sangliers, des gazelles, des cerfs, des tortues gigantesques et des coquilles très nombreuses.

Comme points remarquables par l'abondance des végétaux tertiaires on peut citer Sézanne, dans la Marne, où des tufs ont incrusté les restes de toute une forêt, c'est-à-dire plus de quatre-vingts espèces différentes de plantes (fig. 219) : du nombre une vigne qui porte même parfois des traces du phylloxera (fig. 220). A Paris, le calcaire grossier renferme

Nos Terrains, par M. Stanislas Meunier.
Pl. XVI.

COUPE DE PARIS AUX VOSGES
Echelle des longueurs = 1:4.500000
Echelle des hauteurs = 1:100000
Paris
Seine f.
Plateau de la Brie
CHAMPAGNE POUILLEUSE
Marne R.
CHAMPAGNE HUMIDE
BARROIS
Meuse F.
LORRAINE
Côtes de Meuse
Moselle R.
Meurthe R.
Vosges
Donon
Champ du Feu
ALSACE
Rhin F.

Plateau Central
Collines de l'Est
St David's
Collines des Cotswolds
Swansea
Oxford
Tamise F.
Collines de Chiltern
Bath
Bassin de Londres
Exmoor
North Downs
DEVON
HAMPSHIRE
WEALD
Collines du Dorset
South Downs
Hastings
Lyme Regis
CORNOUAILLE
Dartmoor
Portland Bill
I. de Wight (A)
Dunge Ness
pas de Calais
Dunkerque
Bassin de Bruxelles
CAMPINE
PAYS DE JULIERS
RUHR
SAUERLAND
Cologne
FLANDRE
BRABANT
Maestricht
Aix-la-Chapelle
Lille
Tournai
HESBAYE
Liège
Hohe Venn
Sieben Gebirge
ARTOIS
Massif schisteux Rhénan
Eifel
Coblentz
Taunus
MARQUENTERRE
Dinant
FAMENNE
PONTHIEU
FAGNES
Ardenne
Htes FAGNES
MANCHE
Amiens
PICARDIE
VERMANDOIS
Hunsrück
Mayence
I. d'Aurigny (A)
Cap de la Hague
Barfleur
PAYS DE BRAY
la Fère
LUXEMBOURG
I. Guernesey (A)
Cherbourg
le Havre
PAYS DE CAUX
Beauvais
NOTONNAIS
Laon
Rethel
Iles Normandes (A)
COTENTIN
Dives
Rouen
Renien
VEXIN
SOISSONNAIS
Vosges
gréseuses
I. Jersey (A)
St Lô
CAMPAGNE DE CAEN
ROUMOIS
VEXIN NORMAND
Compiègne
Aisne R.
Reims
Argonne
Mourmelon
WOËVRE
Sarrebruck
les Minquiers
BOCAGE NORMAND
LIEUVIN
PAYS D'AUGE
VEXIN FRANÇAIS
VALOIS
TARDENOIS
Châlons-s-M.
Côtes de Meuse
Plateau de Lorraine
Ia Chausey (F)
Granville
OUCHE
ILE DE FRANCE
Epernay
CHAMPAGNE POUILLEUSE
Nancy
Plaine du Rhin
d'Ouessant
LÉON
BRETAGNE
Plaine de St André
Paris
BRIE
CHAMPAGNE HUMIDE
BARROIS
Champ du Feu
Brest
CAMPAGNE D'ALENÇON
Bassin de Paris
Aube R.
ALSACE
I. de Sein
Bassin de Châteaulin
HOULME
THIMERAIS
HUREPOIX
BARROIS
Vosges cristallines
CORNOUAILLE
Bassin de Rennes
GÂTINE
Chartres
Fontainebleau
SÉNONAIS
BASSIGNY
Ballons
Rennes
MAINE
PERCHE
BEAUCE
Sens
PAYS D'OTHE
Massif Armoricain
Mayenne
Laval
Châteaudun
GÂTINAIS
Langres
Forêt Noire
Landes de Lanvaux
le Mans
Orléans
Plateau de Langres
SUNDGAU
I. de Groix
Val du Loir
VENDÔMOIS
ORLÉANAIS
SOLOGNE
Tonnerre
Châtillon
Belfort
Belle-Ile
Campbon
Angers
GÂTINE DE TOURAINE
POISAYE
AVALONNAIS
Jura
d'Anjou
Val
SANCERROIS
DONZIOIS
AUXOIS
Mme de la Serre
Jura argovien
I. de Noirmoutier
RETZ
Nantes
Saumur
CHAMPETONE
MAUGES
Plateau de Montbelard
Ste Maure
MORVAN
Côte d'Or
Dijon
Bassin
MARAIS BRETON
BOCAGE BRETON
CHAMPAGNE BERRICHONNE
AUTUNOIS
Neuchâtel
I. d'Yeu
VENDÉE

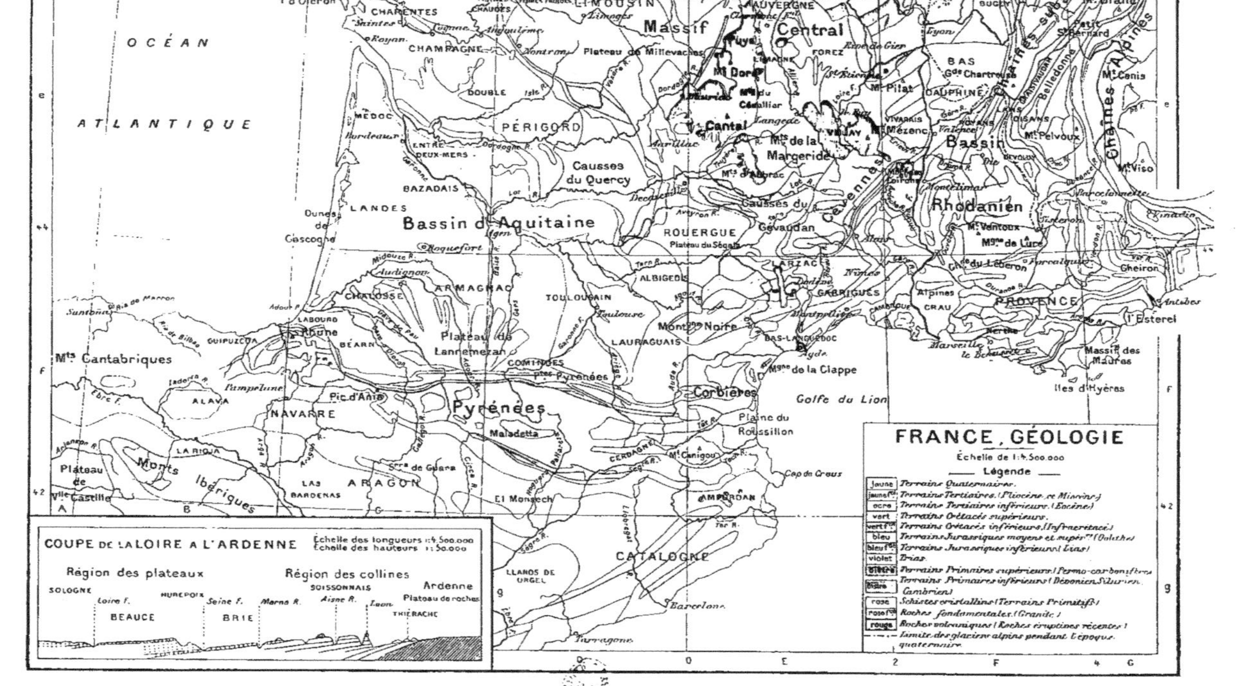

FRANCE, GÉOLOGIE

Échelle de 1:4.500.000

Légende

jaune	Terrains Quaternaires.
jaune	Terrains Tertiaires. (Pliocène et Miocène.)
ocre	Terrains Tertiaires inférieurs. (Éocène.)
vert	Terrains Crétacés supérieurs.
vert f.	Terrains Crétacés inférieurs. (Infracrétacé.)
bleu	Terrains Jurassiques moyens et supérs. (Oolithes.)
bleu f.	Terrains Jurassiques inférieurs. (Lias.)
violet	Trias.
bleu	Terrains Primaires supérieurs. (Permo-carbonifères.)
	Terrains Primaires inférieurs. (Dévonien-Silurien.)
blanc	Cambrien.
rose	Schistes cristallins. (Terrains Primitifs.)
rose f.	Roches fondamentales. (Granite.)
rouge	Roches volcaniques. (Roches éruptives récentes.)
	Limite des glaciers alpins pendant l'époque quaternaire.

COUPE DE LA LOIRE A L'ARDENNE

Échelle des longueurs 1:4.500.000
Échelle des hauteurs 1:50.000

Région des plateaux

SOLOGNE
Loire F.
HUREPOIX
BEAUCE

Région des collines

Seine F.
Marne R.
SOISSONNAIS
Aisne R.
Laon
BRIE

Ardenne
Plateau de roches
THIÉRACHE

Carte extraite de l'Atlas général Vidal-Lablache, historique et géographique.   Armand Colin et Cie, Éditeurs.

CARTE DE LA FRANCE. — GÉOLOGIE

E. Espiemont imp.

des palmiers (fig. 221) ; à Aix-en-Provence, des couches, qui ont conservé des animaux très variés et spécialement des insectes, ont fourni aux botanistes près de 200 formes végétales. Il en est à peu près de même à Armissan dans l'Aude (fig. 69) ; à Meximieux (Ain) (fig. 222), où sont des bambous, des grenadiers, des lauriers des Canaries ; au Pas de la Maugudo, près de Vic-sur-Cère (Cantal) (fig. 223), où des cinérites donnent des feuilles de hêtre, de tilleul, de chêne rappelant les formes

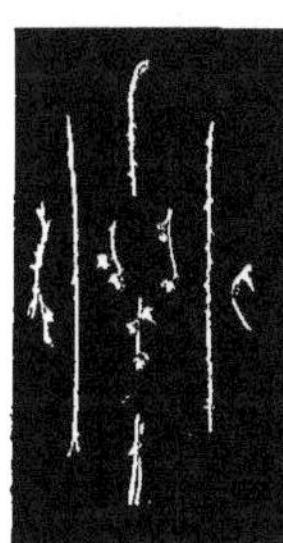

Fig. 219. — Fleurs obtenues par surmoulage à la cire, dans le travertin éocène de Sézanne (Marne). 1/2 de la grandeur naturelle.

Fig. 220. — *Vitis Sezannensis*, vigne fossile des travertins éocènes de Sézanne (Marne). On remarque sur la feuille une nodosité tout à fait comparable à celle que détermine le phylloxera sur les vignes de l'époque actuelle. 1/3 de la grandeur naturelle.

Fig. 221. — Palmier (*Flabellaria parisiensis*) du calcaire grossier moyen, sous-sol du Jardin des Plantes de Paris. 1/4 de la grandeur naturelle.

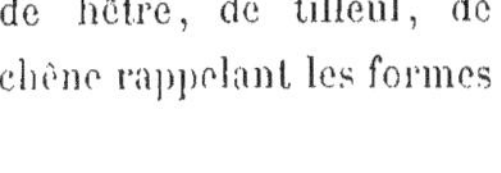
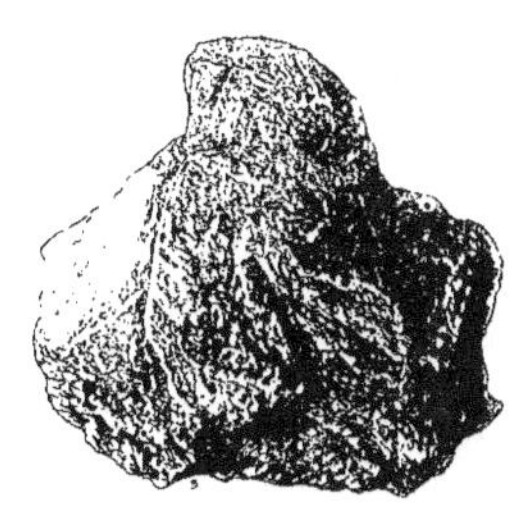

Fig. 222. — Tuf pliocène de Meximieux (Ain), avec empreintes végétales. 1,3 de la grandeur naturelle.

actuelles, et dans bien d'autres régions : la conclusion à laquelle conduit l'étude de ces flores, c'est qu'il faisait plus chaud en France à l'époque tertiaire qu'aujourd'hui.

Vers le bas des terrains tertiaires on exploite avec activité des lignites qui, dans l'Isère et ailleurs, servent de combustibles. Dans les départements de l'Aisne et de l'Oise, des lignites qui, sous l'influence de l'air et grâce à leur composition, produisent du sulfate de fer et de l'alun, sont appelés *cendres noires* et sont très recherchés des teinturiers et des fabricants d'encre à écrire.

Plus haut, dans le Berry, en Franche-Comté et dans bien d'autres lieux, le terrain tertiaire admet des argiles toutes remplies de boules d'oxyde de fer constituant un minerai riche et estimé : on l'appelle mine en grains, et il alimente à lui seul un bon nombre de hauts fourneaux. (Voyez, p. 36, la figure 53.)

On rencontre dans le Lot et dans le Tarn-et-Garonne, des amas de même forme, mais constitués par du phosphate de chaux (Pl. XV, fig. 4). Celui-ci, malgré sa composition, qui est la même, diffère profondément des

Fig. 223. — Empreintes de *Fagus pliocenica* dans les Cinérites du Pas de la Mangudo (Cantal). 1/2 de la grandeur naturelle.

rognons phosphatés du terrain crétacé. On doit admettre qu'il a été déposé dans les fentes du sol par des sources incrustantes ; son aspect est celui de beaucoup de calcaires ; aussi sa vraie nature a-t-elle été bien longtemps méconnue. L'exploitation en a été pendant plusieurs années extrêmement profitable.

C'est durant les temps tertiaires que se sont allumés sur notre Plateau central les volcans dont on voit de si beaux vestiges auprès de Clermont (fig. 62), au Mont-Dore, dans le Cantal, dans le Velay et dans le Vivarais. Au même moment la Limagne était un grand lac et par conséquent la région avait un caractère bien différent de celui qu'elle offre aujourd'hui. En étudiant l'allure des volcans d'Auvergne on a reconnu que leur activité a dû comprendre une fort longue période. Chacun des cinquante petits cratères des environs de Clermont n'a fait éruption qu'une seule fois, mais leurs explosions sont bien loin d'avoir été simultanées, ce qui se reconnaît à l'usure inégale que leurs coulées ont éprouvée de la part des agents de dénudation. Les mêmes considérations montrent qu'avant eux d'autres volcans, au lieu de donner de la lave proprement dite, avaient poussé du basalte au dehors. Le Cantal est un immense volcan qui a dû avoir des caractères généraux fort analogues à ceux que l'Etna présente aujourd'hui. Les coulées de basalte sont souvent débitées en splendides colonnades (ou orgues), comme à Murat, au Puy (Pl. XVII, fig. 2) et à Aizac.

C'est d'ailleurs, paraît-il, avant toute manifestation volcanique que sont sortis du sol de la France centrale les gros boutons de la roche dont le Puy de Dôme (Pl. XVII, fig. 3) est le spécimen le plus connu et qui, aussi blanche que le basalte est noir, porte le nom de trachyte.

Comme on l'a vu dans notre tableau synoptique de la page 65, nous divisons l'étage tertiaire en trois systèmes, dits *éocène, miocène* et *pliocène*. Ces noms introduits dans la science par le célèbre géologue anglais Lyell ont une étymologie défectueuse et qu'il vaut mieux oublier. Les systèmes qu'ils désignent occupent ensemble une partie notable de la surface de la France et c'est ce que montre la carte géologique de la planche XVI.

Le système éocène. — L'*éocène* peut être très fructueusement étudié aux portes mêmes de Paris, et c'est dans cette région qu'il se divise tout naturellement en trois terrains, qui sont ceux de l'argile plastique, du calcaire grossier et du gypse ou pierre à plâtre. Déjà nous avons remarqué que la réunion de ces trois catégories de matériaux de construction dans le sol de Paris a favorisé dans de larges mesures le développement de la cité qui est devenue la capitale de la France.

Le terrain d'*argile plastique* avec gypse cristallisé (Pl. XV, fig. 6) est d'ailleurs très éloigné de ne contenir que des couches argileuses, et déjà, à Vaugirard, on y constate des lits subordonnés de sables plus ou moins cimentés en grès et des débris végétaux plus ou moins convertis en lignites; mais si on va l'étudier dans le nord de la France, dans l'Oise, dans l'Aisne et dans les régions voisines, on le voit se compliquer beaucoup. A la base, des sables marins se signalent par l'abondance de leurs coquilles, parmi lesquelles *Cucullæa crassatina* (fig. 224) a été choisie pour exemple. Ces sables, qualifiés souvent de sables des Bracheux, ont cédé la place parfois à des dépôts d'eau douce, comme les sables de Rilly et les marnes à Physes, parfois à des dépôts continentaux, comme les travertins calcaires de Sézanne, dont nous avons déjà parlé. Au-dessus d'eux se développent des argiles ligniteuses dans lesquelles sont ouvertes de nombreuses « cendrières », puis viennent de nouveaux des sables marins, dits cette fois de Cuise-la-Motte, qui renferment une faune très abondante, pour laquelle *Cyrena Gravesi* (fig. 225) peut servir de type.

À l'époque éocène la plus inférieure, se rattachent en divers points de la France des dépôts peu étendus et très remarquables par certains fossiles qu'on y a découverts. Ainsi au Bas-Meudon, près de Paris, un certain conglomérat, maintenant

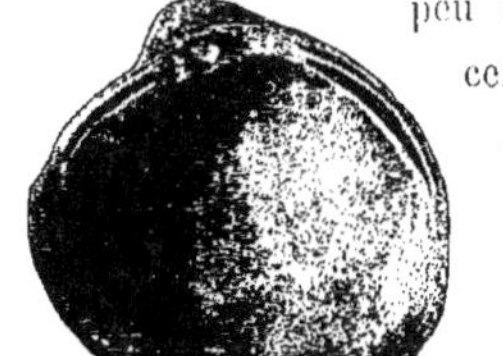

Fig. 224. — *Cucullœa crassatina* des sables éocènes inférieurs de Bracheux, près de Beauvais (Oise). 1/2 de la grosseur naturelle.

Fig. 225. — *Cyrena Gravesi* des sables éocènes de Cuise-la-Motte, près de Compiègne (Oise). Grandeur naturelle.

Fig. 226. — *Crocodilus depressifrons*, de l'argile plastique des environs de Soissons. 1/5 de la grandeur naturelle.

tout à fait supprimé par les travaux d'exploitation des masses voisines, a fourni des débris de vertébrés tels que des tortues, des crocodiles, comme le *Crocodilus depressifrons* de la figure 226, des mammifères du genre *Coryphodon* et des oiseaux extraordinaires par leur gigantesque dimension. On les a nommés *Gastornis*, du prénom de Gaston Planté, le célèbre électricien qui, géologue dans sa jeunesse, en a fait la découverte. A ce *Gastornis parisiensis*, M. le Dr Victor Lemoine a ajouté plus récemment le *Gastornis Edwardsii*, découvert à Cernay, près de Reims, dans un gisement tout pareil à celui de Meudon, et il a complété la description de ces singuliers animaux. Comme on le voit par la figure 227, les Gastornis avaient une taille énorme, sans doute égale à 3 mètres, et nos autruches actuelles auraient fait bien maigre figure à côté d'eux. Leur maxillaire présente des protubérances qui montrent que leur bec était pourvu de véritables dents.

Le terrain du *calcaire grossier* vient se développer sur le précédent. Il contient avant tout des couches de pierres propres aux constructions, et qui parfois sont pétries de coquilles fossiles, ainsi que le montre la figure 64 (p. 46). Mais on y rencontre aussi des marnes, des argiles et des sables plus ou moins agglutinés en grès qui est exploité alors pour le pavage. Le calcaire grossier proprement dit comprend trois niveaux principaux caractérisés chacun par la prédominance d'une faune fossile. Le plus ancien peut être qualifié de calcaire à *nummulites*, à cause de l'abondance des forami-

Fig. 227. — *Gastornis Edwardsi* du terrain éocène de Cernay, près de Reims (Marne).

nifères à test discoïde, dont le type a été représenté p. 53, dans la figure 75. Ce fossile est si abondant qu'on a souvent qualifié de *terrain nummulitique* une partie de l'éocène. Ce terrain joue un rôle considérable dans la constitution de plusieurs régions de la France, et, dans les Pyrénées, le mont Perdu en est fait sur une notable partie de sa hauteur. C'est dans le calcaire à nummulites que se rencontre le plus gros mollusque fossile des environs de Paris, le *Cerithium giganteum* représenté fig. 76 (p. 53). On trouve dans les mêmes couches les polypiers de la figure 228, *Turbinolia clavus*.

La partie moyenne du calcaire grossier est souvent appelée le *calcaire à milliolites*, parce que les tests du petit foraminifère appelé milliole à cause de sa taille et de sa forme,

Fig. 228 — *Turbinolia clavus* de la glauconie supérieure de Chaumont-en-Vexin (Oise). 2/3 de la grandeur naturelle.

Fig. 229. — *Lophiodon parisiensis*, fragment de mâchoire inférieure, du calcaire grossier de Gentilly (Seine). 1/2 de la grandeur naturelle.

Fig. 230. — *Cerithium denticulatum* du calcaire grossier d'Arcueil (Seine). Grandeur naturelle.

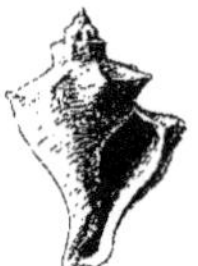

Fig. 231. — *Fusus subcarinatus* des sables moyens de Saint-Sulpice, près d'Ermenonville. 1/2 de la grandeur naturelle.

Fig. 232. — *Lymnea longiscata* du travertin de Saint-Ouen (Seine). 1/2 de la grandeur naturelle.

comparables à celles des grains de mil, en font une fraction très considérable. C'est là qu'on trouve les pierres de liais, parfois employées à filtrer l'eau. Des ossements de mammifères du genre *Lophiodon* (fig. 229) y ont été trouvés ainsi que ces palmiers (fig. 221) dont nous avons déjà parlé.

Enfin la partie supérieure du calcaire grossier est dite *calcaire à cérithes*, bien que le cérithe géant y fasse défaut, mais parce que d'autres mollusques du même genre y pullulent véritablement. Nous donnons comme exemple le *Cerithium denticulatum* (fig. 230), qui est très caractéristique.

C'est comme couronnement du calcaire grossier que se présentent les *sables moyens* appelés souvent *sables de Beauchamp*, et dont une exploitation, située à Fleurines est représentée Pl. XXIV, fig. 3. On y trouve parfois une quantité prodigieuse de fossiles admirablement conservés ; nous donnons entre autres le portrait de *Fusus subcarinatus* (fig. 231).

Le *terrain de gypse* présente une importance considérable à la fois pour l'industrie par le plâtre qu'il fournit et, pour la science, par la fondation de la paléontologie et de l'anatomie comparée à laquelle son étude a donné lieu. Il débute auprès de Paris par des couches d'eau douce, marneuses et calcaires, auxquelles on donne le nom de travertin de Saint-Ouen, et qui sont caractérisées par *Lymnæa longiscata* (fig. 232). Ces couches ne représentent qu'un incident local interrompant par places le dépôt marin représenté par les sables à *Fusus subcarinatus*, et les marnes plus ou moins gréseuses où se rencontrent *Pholadomya ludensis* (fig. 233), et qui font le vrai soubassement de la pierre à plâtre.

Celle-ci se compose de couches de sulfate de chaux hydraté ou gypse, presque pur, alternant avec des lits plus ou moins minces de marnes, tantôt très calcaires, tantôt très argileuses. Des bancs plus épais de ces marnes ont conduit les ouvriers à distinguer dans l'épaisseur du gypse quatre « masses », dont la plus élevée (dite première masse) atteint 17 mètres de puissance. On y a ouvert des carrières dont l'aspect est souvent très remarquable, et dont un type a été reproduit Pl. XXIII, fig. 2. Les marnes que sépare cette « haute masse » de la seconde masse, renferment de grosses lentilles de gypse qui se clivent aisément et donnent alors les *fers de lance* (Pl. XV, fig. 1). C'est dans le gypse de la haute masse et dans les couches qui lui sont immédiatement superposées qu'on trouve le plus de débris fossiles provenant de mammifères, tels que le *Palæotherium* (fig. 65, p. 47), l'*Anoplotherium*, le *Xyphodon* et des oiseaux (fig. 66, p. 48). En Provence,

Fig. 233.— *Pholadomya ludensis* des marnes inférieures au gypse de la gare du chemin de fer du Nord, à Paris. 1/2 grandeur naturelle.

Fig. 234. — *Lebias cephalotes* des marnes gypseuses d'Aix (Bouches-du-Rhône). 1/4 de la grandeur naturelle.

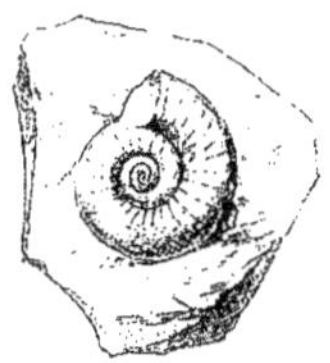

Fig. 235. -- *Planorbis cornu* du travertin de la Brie, de Lagny (Seine-et-Marne). 2/3 de la grandeur naturelle.

des marnes du même âge ont donné des plantes, des poissons comme *Lebias cephalotes* (fig. 234), des insectes comme celui de la figure 70, etc. Dans les Pyrénées, le gypse est représenté par le *poudingue de Palasson*, et dans les Alpes par le *flysch*.

Le terrain du gypse est couronné par des marnes blanches à *Lymnæa strigosa*, jaunes à *Cyrena convexa*, vertes sans fossiles, puis bariolées et renfermant les meulières de Brie, dans lesquelles sont divers fossiles d'eau douce comme *Planorbis cornu* (fig. 235).

Le système miocène. — Le *terrain miocène*, dont la base est souvent désignée sous le nom de *terrain oligocène*, débute par des sables qui, autour de Paris, sont qualifiés de sables de Fontainebleau. Les grès y forment des bancs exploités pour le pavage, et parfois, dans leur voisinage, on recueille des rhomboïdes de calcite renfermant jusqu'à 60 0/0 de sable incorporé; c'est ce qu'on nomme improprement le *grès cristallisé* (Pl. XV, fig. 1). D'ordinaire les sables ne renferment pas de fossiles, mais on y connaît pourtant des gisements très riches, spécialement aux environs d'Étampes. Nous représentons comme exemple le *Cerithium plicatum* (fig. 236). Ces sables reposent sur des marnes remplies d'huîtres.

C'est au-dessus de ces formations qu'onrencontre les *faluns*, sables quartzeux et calcaires remplis de débris fossiles et qui sont spécialement développés en Touraine et dans le Bordelais. De grandes huîtres, *Ostrea crassissima* (fig. 237), se signalent par l'énorme épaisseur de

Fig. 236. — *Cerithium plicatum* des sables d'Étampes (Seine-et-Oise). 2/3 de la grandeur naturelle.

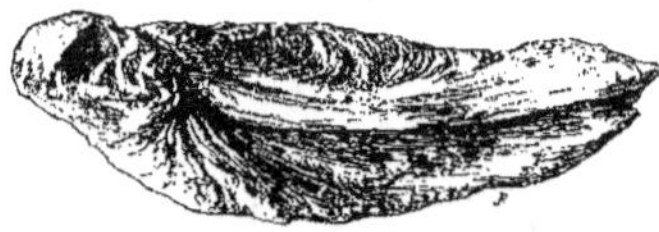

Fig. 237. — *Ostrea crassissima* du terrain miocène des environs d'Uchaux (Vaucluse). 1/5 de la grandeur naturelle.

Fig. 238. — *Lima squammosa* des faluns des environs de Tours (Indre-et-Loire). 2/3 de la grandeur naturelle.

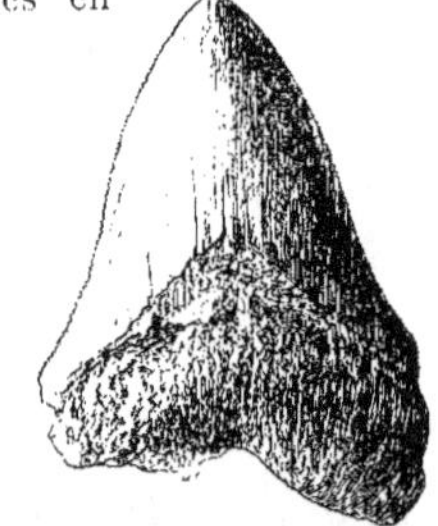

Fig. 239. — *Carcharodon megalodon* des faluns des environs de Tours (Indre-et-Loire). 1/2 de la grandeur naturelle.

leurs valves et sont surtout abondantes dans nos régions méridionales. La *Lima squammosa* a été représentée fig. 238. Dans les faluns abondent des dents de gigantesques requins (fig. 239), et on trouve, dans une série de localités, en association avec ces dépôts marins, des couches parfois très épaisses où des animaux terrestres ont laissé leurs ossements. C'est ainsi que les *sables dits de l'Orléanais* renferment des dents et des ossements de *Mastodon* et de *Dinotherium* (fig. 240). Sansan et Simorre, dans le Gers, sont célèbres par des trouvailles innombrables qui ont enrichi la paléontologie des temps miocènes. Le mont Leberon contient aussi des gisements dont l'étude a été des plus fructueuses.

Le système pliocène. — Le *terrain pliocène*, relativement peu développé en France, comprend des marnes très fossilifères auprès de Fréjus et dans

Fig. 240. — *Dinotherium giganteum* (molaire) du terrain miocène de Montlaur (Gers). 1/8 de la grandeur naturelle.

Fig. 241. — *Nassa semistriata* des couches pliocènes des Alpes-Maritimes. Grandeur naturelle.

Fig. 242. — *Cyclostoma sulcatina* des couches pliocènes des Alpes-Maritimes. Grandeur naturelle.

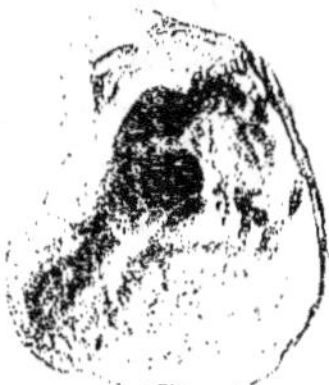

Fig. 243. — *Congeria subcarinata* des couches pliocènes du bassin du Rhône. 1/2 de la grandeur naturelle.

Fig. 244. — *Helix Coulojoni* des couches pliocènes des environs d'Ambérieu (Ain). 2/3 de la grandeur naturelle.

la vallée du Rhône. Le *Nassa semistriata* (fig. 241), le *Potamides Basteroti*, des *Congeria* (fig. 243), des *Helix* (fig. 244), des *Clausilia* (fig. 245), des *Peignes* (fig. 248), les caractérisent complètement. On y recueille de nombreux vertébrés et tout d'abord des *Mastodon* (fig. 247) dont le genre avait déjà figuré dans la faune miocène. L'*Elephas meridionalis*

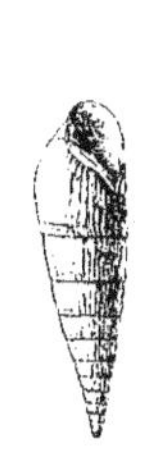

Fig. 245. — *Clausilia Terveri* des couches pliocènes des environs de Perpignan (Pyrénées-Orientales). 2/3 de la grandeur naturelle.

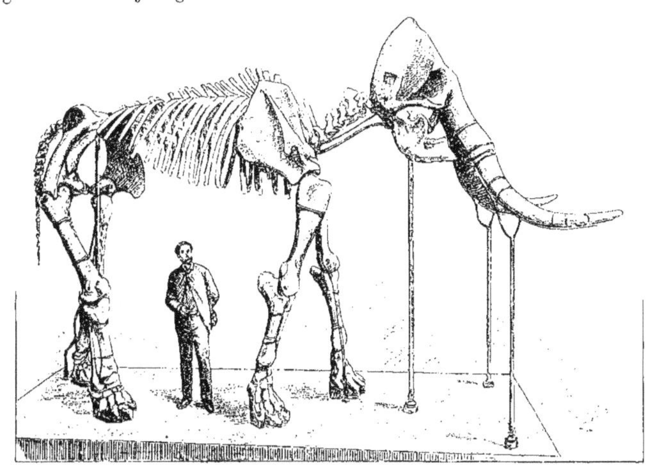

Fig. 246. — *Elephas meridionalis* des couches pliocènes de Durfort (Gard). 1/36 de la grandeur naturelle.

est le plus grand proboscidien connu. On en voit au Muséum un squelette complet (fig. 246), qui est gigantesque et qui a été trouvé à Durfort, dans le département du Gard. Le *Machæ-*

Fig. 247. — *Mastodon arvernensis* (molaire) des sables pliocènes de Saint-Priest, près de Chartres (Eure-et-Loir). 1/4 de la grandeur naturelle.

Fig. 248. — *Pecten Jacobæus* des sables pliocènes des environs de Perpignan (Pyrénées-Orientales). 1/2 de la grandeur naturelle.

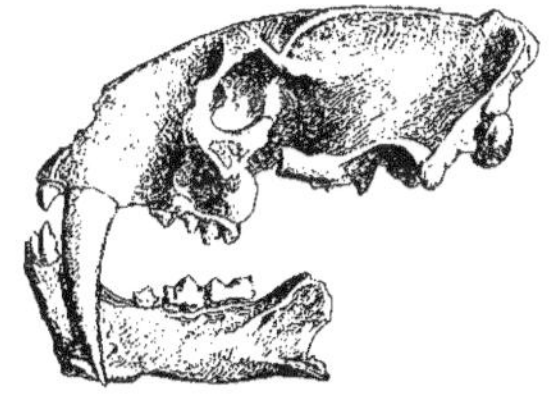

Fig. 249. — *Machærodus meganthereon* des couches pliocènes du département du Puy-de-Dôme. 1/4 de la grandeur naturelle environ.

rodus (fig. 249) est un carnassier qui devait être beaucoup plus redoutable que nos tigres. D'énormes tortues se rencontrent dans les couches pliocènes et le *Testudo* de la figure 250 provient des environs de Perpignan. Nous avons déjà mentionné les plantes (fig. 220 et 221) qui prouvent que le climat de la France devait être alors beaucoup plus doux qu'aujourd'hui, et il faut ajouter que le creusement de cer-

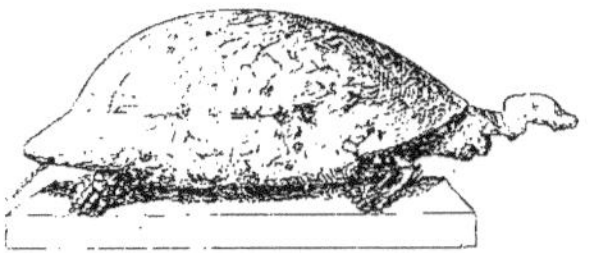

Fig. 250. — *Testudo perpiniana* des sables pliocènes de Perpignan (Pyrénées-Orientales). 1/12 de la grandeur naturelle.

taines de nos vallées était alors nettement commencé. Près de Chartres, à Saint-Priest, on exploite des graviers qu'il serait impossible de distinguer des cailloux quaternaires, si l'on n'y recueillait des vestiges fossiles qui sont nettement pliocènes. Le mastodon de la figure 247 provient de cette localité.

V

L'ÉPOQUE QUATERNAIRE

Sous le nom de *terrains quaternaires* on désigne des dépôts superficiels dont le sol s'est recouvert depuis la fin, d'ailleurs très mal définie, des temps tertiaires.

Dans le bassin des mers, les terrains quaternaires ont évidemment des caractères généraux analogues à tous ceux des autres terrains stratifiés, mais ils sont là d'une étude bien difficile et comme en réserve, jusqu'à l'époque où la ligne des rivages quaternaires aura eu le temps de changer notablement par suite des bossellements généraux ou d'autres causes.

Cependant en bien des localités ces phénomènes ont déjà donné lieu à la production de *plages soulevées* dont le sol est quaternaire : c'est le cas aux environs de Nice, à Beaulieu.

Tels qu'ils se montrent dans les régions continentales, les terrains quaternaires affectent souvent la forme de trainées de cailloux, de sable et de limons qu'on exploite souvent le long des rivières, bien au-dessus du niveau des plus hautes eaux. On peut voir à Grenelle, à la gare d'Ivry, à Billancourt et ailleurs (fig. 285) de ces *grévières* très profondes. Dans ces cas ces matériaux portent souvent le nom inexact et impropre de *diluvium*.

On peut les considérer comme le résultat du lavage par les eaux météoriques et par la rivière, des roches constituant le fond et les parois de la vallée : tout ce qui était soluble ou très délayable a été entraîné, les éléments plus grossiers sont seuls restés en se triant très exactement d'après la vitesse des courants en chaque point. Le limon ou lœss s'est accumulé parfois sous des épaisseurs énormes, comme à Villejuif, à Mantes, dans la vallée du Rhin et souvent on en fait des briques ; il renferme des concrétions bizarres de formes, que nous avons déjà décrites.

Une autre catégorie du terrain quaternaire comprend toutes les particularités qui ont été décrites plus haut à propos des glaciers. Il en résulte la notion de très grands glaciers quaternaires dans des points qui maintenant ne sont plus favorables à la persistance du froid. Déjà l'on a dit qu'on trouve dans les Vosges, dans les Cévennes, dans

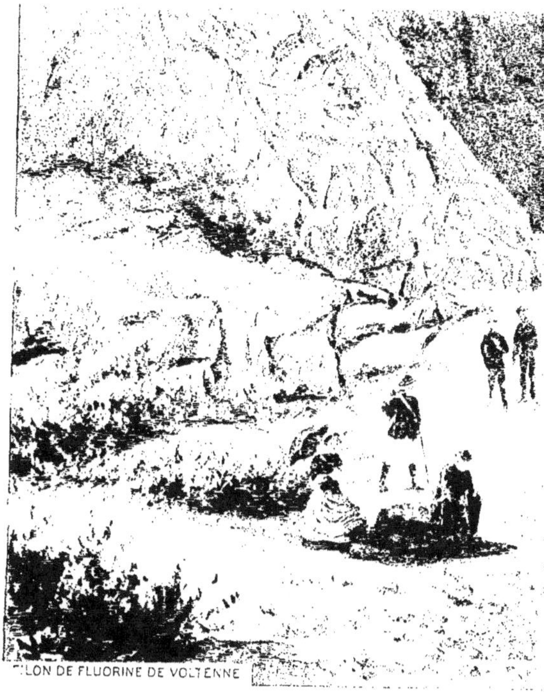

FILON DE FLUORINE DE VOLTENNE

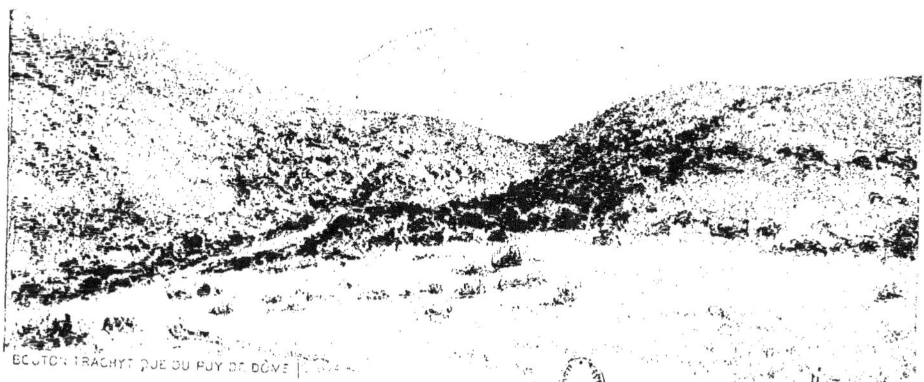

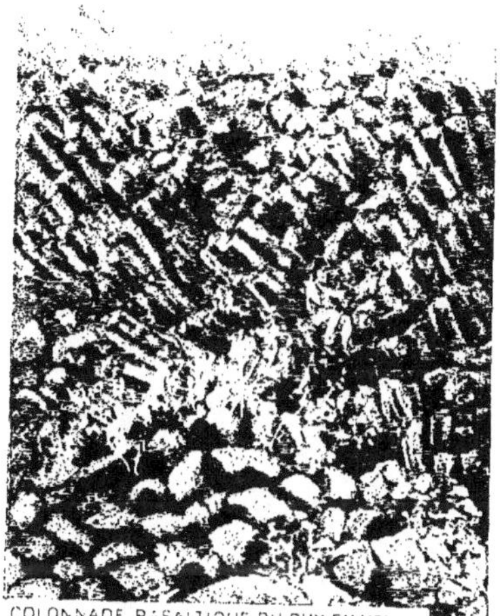

COLONNADE BASALTIQUE DU PUY EN VELAY

BOUTON TRACHYTIQUE DU PUY DE DÔME

Armand Colin et Cie, Éditeurs.

ROCHES FILONNIENNES ET ÉRUPTIVES

le Jura de très éloquentes traces glaciaires : de même les glaciers des Alpes et des Pyrénées se présentent comme le résidu d'un phénomène beaucoup plus développé à l'époque
quaternaire.

Mais il est tout à fait indispensable de rappeler que ces vestiges sont bien plus larges
que les phénomènes d'où ils dérivent et qui, pendant le cours des temps, se sont déplacés
horizontalement comme se sont déplacées de leur côté soit la mer, soit les rivières, de façon
à communiquer le caractère marin ou le caractère fluviatile à des surfaces bien plus larges
que les leurs propres.

On a vu que les glaciers ont modifié le sol, non seulement par la friction qu'ils ont directement exercée sur les roches sous-jacentes, mais encore par l'intermédiaire des agents météorologiques auxquels, par leur voisinage, ils ont communiqué une énergie très spéciale. Déjà
nous avons reconnu que les glaciers actuels ajoutent à leur activité démolissante, la faculté
de transporter à longue distance les produits de la désagrégation des montagnes. A ce point
de vue on peut dire qu'ils représentent comme d'incessants charrois de roches et certains
d'entre eux sont même cachés aux yeux par un épais revêtement de pierrailles. Et il est
intéressant de signaler une conséquence très importante de cette circonstance.

En présence d'une région qui, comme les Vosges, est marquée au sceau des phénomènes
glaciaires, sans cependant présenter nulle part de glacier, l'opinion générale et qui, pour les
gens qui n'ont pas réfléchi, semble très naturelle, c'est que si les glaciers ont disparu, cela
provient d'un adoucissement du climat, dont il y aurait du reste à rechercher les causes.
Or, on peut démontrer que cette manière de voir, pour toute simple qu'elle semble, est
complètement fausse et que, tout au contraire, si le climat s'est adouci, c'est grâce au travail même réalisé par les glaciers.

Un raisonnement très simple peut faire la conviction à cet égard. Les géologues ont
insisté sur l'énorme nappe de débris dont les Vosges sont entourées sur une surface
énorme, et qui leur ont été arrachés durant la période des glaciers. Il faut y ajouter les
limons emportés par les cours d'eau et même les poussières enlevées par le vent. Ceci posé,
supposons que nous sommes à même de recueillir tous les débris épars et demandons-nous ce
qui arriverait à la suite de leur rétablissement dans leur situation primitive, c'est-à-dire à
la place d'où les agents de dénudation les ont arrachés. Évidemment le relief des Vosges
serait considérablement augmenté, doublé, triplé peut-être, et alors leurs sommets attein-
draient les altitudes qui, sous la même latitude, correspondent à la limite des neiges persistantes ou même les dépassent. Par cette restitution de matière, les Vosges seraient
ramenées aux conditions de montagnes toujours neigeuses et les glaciers s'y constitueraient
d'eux-mêmes. Pour ne rien exagérer, nous pouvons croire que les Vosges reproduiraient
alors les caractères généraux des Pyrénées, où les glaciers recouvrent les hautes vallées,
mais ne descendent pas loin, en traînées relativement étroites, comme on en voit dans les
Alpes. Nous pouvons penser qu'en agissant ainsi nous avons réalisé une vraie restauration

des Vosges et que c'est à l'usure résultant des glaciers et des phénomènes accessoires, que ces montagnes doivent d'être à présent privées de neiges persistantes.

Mais nous pensons aller plus loin, et puisque nous avons reconstitué les Vosges au moyen des Pyrénées, nous pouvons rechercher ce que deviendraient à leur tour les Pyrénées remises en possession de l'énorme masse de matériaux que la dénudation leur a fait perdre. Sans aucun doute, elles reprendraient alors les caractères essentiels des Alpes : leurs sommets dépasseraient de beaucoup la limite des neiges persistantes, et alimenteraient des glaciers tout aussi longs qui ont laissé leurs moraines sur la zone dite sous-pyrénéenne. Ici encore, comment refuser d'admettre que, dans le passé, les Pyrénées aient eu les caractères des Alpes, et que, si elles les ont perdus, c'est aux glaciers et aux eaux de dénudation qu'elles le doivent?

Mais pourquoi nous arrêter en si beau chemin? Pourquoi ne pas procéder vis-à-vis des Alpes comme nous venons de le faire pour les autres chaînes? La masse des matériaux arrachés est gigantesque : ramenons-la, accumulons-la sur les Alpes actuelles.

Nous verrons alors se dégager une condition toute nouvelle : à force de s'élever, les sommets atteindront et dépasseront une limite symétrique de celle des neiges persistantes, mais de caractère inverse, celle des neiges abondantes.

Pour faire de la neige le froid ne suffit pas; il faut de l'eau. Or, dans les parties suffisamment élevées de l'atmosphère, l'eau manque de plus en plus. Faut-il rappeler que si M. Janssen a dépensé tant d'héroïsme pour établir l'Observatoire au sommet du mont Blanc, c'est surtout afin de diminuer l'interposition de la vapeur d'eau atmosphérique entre ses appareils et le soleil?

Les montagnes vont donc pouvoir s'exhausser beaucoup sans que le phénomène glaciaire augmente en proportion et il semble que nous aurions démontré la légitimité de nos raisonnements, si quelque point de la surface terrestre nous donnait, réalisées, les conditions dont il s'agit.

Or, c'est ce qui a lieu; dans le centre de l'Asie, les hauts plateaux du Pamir nous fournissent un terme de comparaison des plus précieux. C'est, comme on sait, une région dont l'altitude est supérieure à celle des glaciers disposés autour d'elle et où la neige est assez peu abondante pour que des tribus de pasteurs barbares y nourrissent des troupeaux. Certes, il y a dans la chaîne de l'Himalaya des sommets plus élevés que le Pamir et dont la neige persistante alimente des glaciers; mais cela ne détruit pas la réalité de la région signalée et montre seulement que les causes multiples peuvent varier suivant les points.

La considération du Pamir nous permet d'envisager l'histoire des montagnes sans faire intervenir la supposition que les surfaces énormes de nos continents, ou du continent américain, qui sont pourvues du phénomène glaciaire, aient jamais été simultanément recouvertes d'une calotte de glace; sans qu'il y ait eu jamais cette période glaciaire contre laquelle protestent tant de faits paléontologiques des temps quaternaires.

Au début, la région alpine ou la région pyrénéenne, augmentées de toute leur auréole glaciaire, pouvaient constituer des hauts plateaux analogues à celui de l'Asie centrale et nommé aujourd'hui le Toit du Monde. La plus grande partie de sa surface, de climature très rude, pouvait cependant être habitée par des hommes et par des troupeaux trouvant à paître de maigres pâturages. Tout autour et commençant à un niveau relativement bas, se trouvaient des franges de glaciers portant leurs moraines en tous sens à des distances qui n'excédaient pas nécessairement la longueur des glaciers d'aujourd'hui. Nous qualifierons cet état de choses du nom de *phase pamirienne*.

Tous les glaciers, travaillant à l'usure des montagnes en se comportant comme les cours d'eau, ont marché, pour ainsi dire, et en reculant, à l'assaut du massif central. Sans s'allonger comme sans se raccourcir, ils pouvaient, cédant à une espèce d'attraction centripète, reculer tout d'une pièce par leur cirque d'alimentation supérieure en même temps que par leur extrémité terminale. L'antique moraine, abandonnée sans retour, sera jugée plus tard comme formant la limite de glaciers exceptionnellement longs; mais ce sera tout à fait à tort.

Les choses se continueront ainsi jusqu'à ce que, à force de dénuder les montagnes, les cirques d'alimentation se rencontrent, soit tout autour du point central, soit, plus vraisemblablement, de part et d'autre d'une arête médiane. Alors ce sera la *phase alpine*, qui marquera la fin des périodes durant lesquelles les glaciers auront pu regresser sans changer de longueur absolue.

Maintenant la continuation de la dénudation va diminuer constamment la surface de la chaîne, plongée par en haut dans la zone atmosphérique des neiges persistantes et, en conséquence, l'alimentation des glaciers va s'en ressentir. Fixés par les cirques d'alimentation aux points les plus hauts, ils se raccourciront par le bas et abandonneront successivement des moraines qui, cette fois, accentueront des diminutions réelles. Ce sera la *phase pyrénéenne*, pendant laquelle se sont étagées par exemple les moraines des vallées des Vosges.

Enfin, les sommets toujours diminués ne dépasseront plus la zone des neiges et les glaces se fondront sans retour pendant que le pays prendra les caractères qui sont l'apanage de la *phase vosgienne*.

Celle-ci n'est d'ailleurs pas la dernière : les intempéries effaceront peu à peu les traits glaciaires du sol et, dans un temps suffisant, toute trace des anciens glaciers aura disparu. En Bretagne, par exemple, de très anciennes montagnes, réduites maintenant à l'état de collines, en sont à ce terme. Çà et là les glaciers passés se manifestent encore par quelques vestiges de blocs erratiques, exceptionnellement résistants et qui ne sont pas entièrement désagrégés.

En résumé, il faut renoncer à la vieille idée d'une période glaciaire, dont la conception, bien excusable chez les premiers géologues qui ont étudié ces difficiles questions, ne saurait plus être défendue sérieusement. Il en est de même, et à plus forte raison, de cette autre idée bien plus singulière encore de *plusieurs périodes glaciaires* successives. Les personnes qui l'ont émise et celles qui persistent à y croire font preuve d'une incroyable naïveté et n'ont pas remarqué que, comme je l'ai démontré, les apparences auxquelles elles se sont si facilement laissé prendre tiennent à des phénomènes de *capture des glaciers* tout à fait comparables à ceux de capture des torrents et de capture des rivières et qui se révèlent par des superpositions verticales des moraines provenant d'affluents divers du glacier terminal. Cette succession, combinée avec le raccourcissement progressif de chaque glacier considéré à part, explique les intercalations du terrain lacustre entre des nappes morainiques. Nous n'y pouvons d'ailleurs pas insister, les exemples classiques de ces dispositions n'appartenant pas au territoire de la France.

Les tourbières (Pl. XIX, fig. 3) doivent être mentionnées ici. En effet, bien qu'elles appartiennent à notre période, il est certain que beaucoup d'entre elles existaient déjà aux temps antérieurs et qu'elles ont persisté sans changement essentiel durant ce gigantesque intervalle. La preuve résulte de l'existence dans le fond des tourbières de quelques-uns de ces fossiles sur lesquels nous allons maintenant nous arrêter comme caractéristiques de l'époque quaternaire.

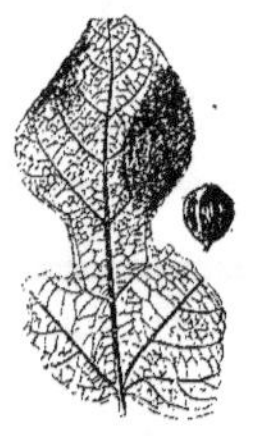

Fig. 251. — *Ficus carica* (feuille et figue) des tufs quaternaires de la Celle-sous-Moret (Seine-et-Marne). 1 3 de la grandeur naturelle.

Fig. 252. — Défense de mammouth, *Elephas primigenius*, d'une poche de diluvium rencontrée à Argenteuil (Seine-et-Oise). 1/8 de la grandeur naturelle.

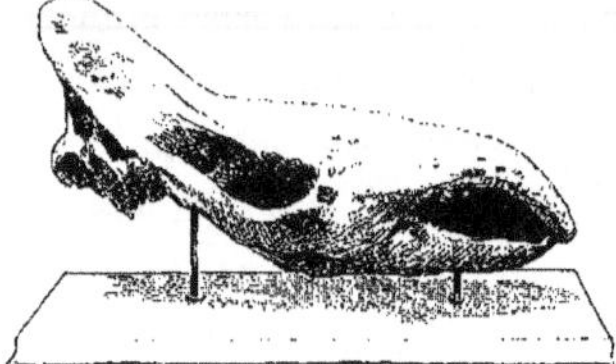

Fig. 253. — *Rhinoceros tichorhinus*, de la grotte de Lherm (Ariège). 1/7 de la grandeur naturelle.

Les coquilles ne manquent pas et les animaux relativement inférieurs sont parfois très fréquents. On peut citer des localités à plantes comme la Celle près de Moret, où un tuf renferme des figuiers fossiles (fig. 251). Mais ce qui doit nous intéresser plus spécialement, c'est ce qui concerne les mammifères.

Dans le diluvium, comme dans les tourbières, comme dans la terre accumulée sur le carreau des cavernes, on trouve fréquemment des os et des dents de ces animaux. Des éléphants se signalent par leurs énormes dimensions (fig. 252); ils devaient former de grands troupeaux jusqu'aux environs même de Paris, et on retrouve leurs dépouilles en extraordinaire abondance.

Un gros rhinocéros (fig. 253) est fréquent aussi, ainsi que des bœufs, des chevaux et bien d'autres animaux. Le renne, qui est maintenant strictement cantonné en Laponie et dans l'Europe du nord, paissait en troupeaux nombreux jusque dans le sud de la France. Les cavernes du Périgord, les sablières des environs de Paris en renferment parfois en abondance. Dans les cavernes se montrent aussi des hyènes (fig. 254), des tigres et des ours (fig. 255), atteignant de très grandes tailles, ainsi que toute une série de

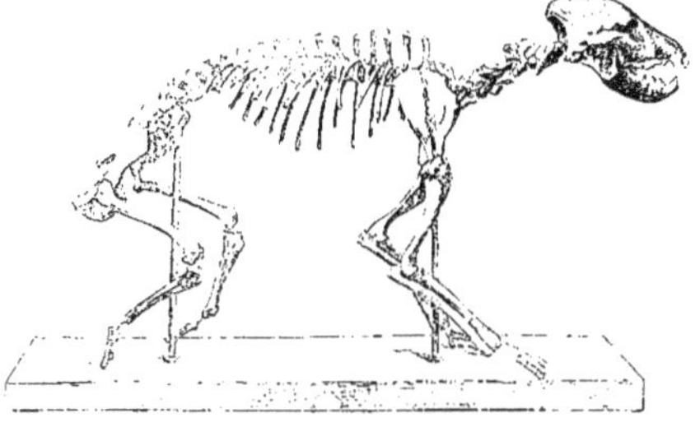

Fig. 254. — *Hyæna spelæa* (hyène des cavernes) de la grotte de Gargas (Haute-Garonne). 1/7 de la grandeur naturelle.

Fig. 255. — *Ursus spelæus* (ours des cavernes), mâchoire inférieure, de la grotte de Lombrive (Ariège). 1/4 de la grandeur naturelle.

bêtes dont les unes sont identiques aux animaux actuels, tandis que d'autres sont nettement différentes.

Mais ce qui donne à nos yeux un intérêt sans pareil au terrain quaternaire, c'est qu'il renferme des vestiges de l'homme primitif. Des squelettes ont été extraits du lœss et même des sables diluviens; d'autres, bien plus nombreux de cavernes (fig. 256) dont nos premiers ancêtres avaient fait des sépultures. On les a étudiés et on a trouvé entre les premiers hommes et les hommes actuels des différences sensibles dont l'une des plus notables concerne la forme du grand os

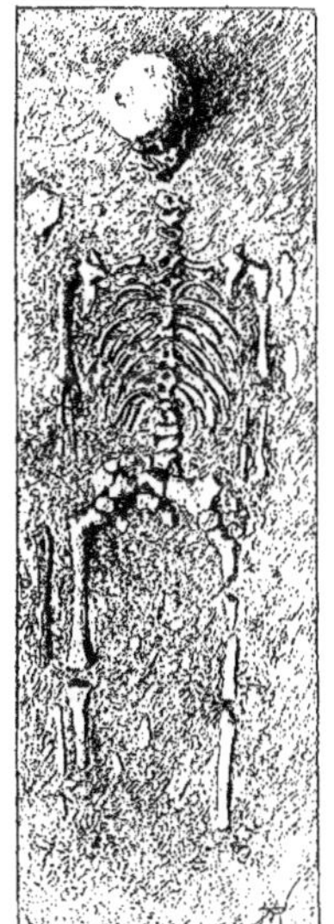

Fig. 256. — Squelette humain quaternaire, de la sépulture des Hoteaux (Ain).

Fig. 257. — Tibia humain quaternaire présentant la platycnémie, de la caverne d'Aurignac.

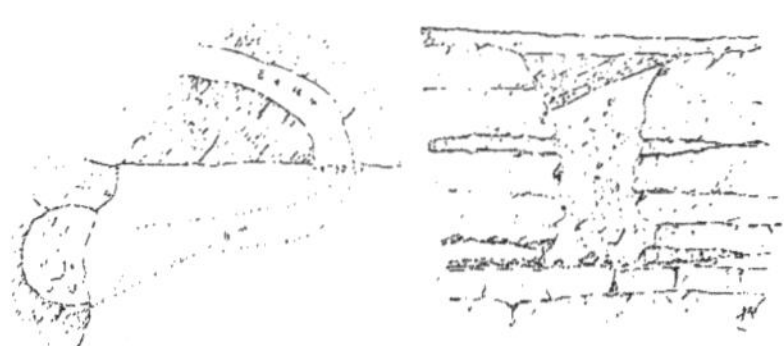

Fig. 258. — Mine de silex des environs de Mur-de-Barrez (Aveyron). A gauche, le plan d'une exploitation montrant un puits et une galerie courbe. A droite, la coupe d'un puits comblé par des éboulis.

Fig. 259. — Éclat de silex préhistorique (couteau). Grotte de la Madelaine (Dordogne). 1/2 de la grandeur naturelle.

de la jambe ou tibia (fig. 257). D'ailleurs il y a évidemment parmi les hommes fossiles plusieurs races qui, loin d'être contemporaines, se sont succédé dans les mêmes localités.

Il se trouve en effet que l'homme n'a pas, dans le terrain quaternaire, laissé seulement des débris de sa personne, mais des produits de son industrie. L'examen de ces derniers fait assister à toute une série de progrès qui préparaient déjà, quoique de bien loin, l'état de civilisation dont nous jouissons. Les premiers hommes dépourvus de tout, ont dû tout inventer : forcés de chasser pour vivre et de se défendre contre les fauves et d'autres ennemis, ils furent contraints à inventer des armes.

Fig. 260. — Hache en silex de Saint-Acheul (Somme). 1/3 de la grandeur naturelle.

Fig. 261. — Pointe de harpon barbelée, taillée dans un bois de renne de la grotte de la Madelaine (Dordogne). 1/2 de la grandeur naturelle

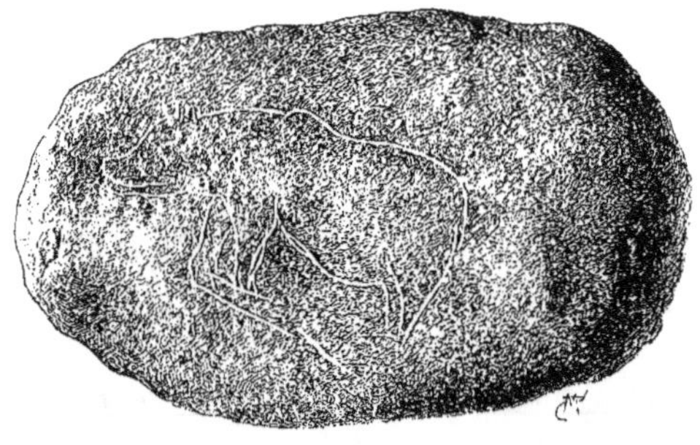

Fig. 262. — Portrait de l'ours des cavernes gravé sur un galet par un homme préhistorique. Grotte de Massat (Ariège). 1/2 de la grandeur naturelle.

C'est le silex qui, dans la plupart des cas, leur en fournit la substance, et l'on connaît par exemple aux environs de Mur-de-Barrez, Aveyron (fig. 258), de vraies mines ouvertes, dès cette antiquité si reculée, pour l'extraction de la précieuse substance.

Les premiers outils étaient simplement des éclats tranchants du silex obtenus en éclatant la pierre par le choc (fig. 259). Plus tard on imagina l'art de tailler la pierre, c'est-à-dire de lui donner

Fig. 263. — Un dolmen aux environs de Pornic (Loire-Inférieure).

une forme appropriée à l'usage qu'on en voulait faire (fig. 260). Les peuples qui firent

celle grande inven-
tion habitaient les
cavernes et on les a
bien étudiés. Dans la
vallée de la Vézère,
ils avaient domesti-
qué les rennes et
devaient vivre à peu
près comme les La-
pons et les Esqui-
maux d'aujourd'hui,
dont le pays présente
encore les conditions
climatériques très
rudes qui régnaient
alors dans le midi

Fig. 261. — Alignements de menhirs, à Karnac (Morbihan).

du nôtre à cause de la proximité du relief pyrénéen alors très haut et chargé de grands glaciers. Ces hommes étaient fort artistes et ils nous ont laissé des pierres et sur- tout des bois de rennes et des morceaux d'ivoire très finement sculptés ou gravés (fig. 261). C'est ainsi que nous possé- dons de leur main le portrait d'un mam- mouth avec sa grande toison, évidem- ment fait d'après nature et que l'on peut admirer dans la collection de géologie du Muséum d'histoire naturelle, dont il est un joyau. Nous avons représenté, (fig. 262), le portrait d'un ours des cavernes, remarquable de vérité et qui a été gravé sur un galet recueilli par M. Garrigou, dans la grotte de Massat.

Ces peuples se bornaient à tailler la pierre; plus tard, d'autres la polirent et en même temps inventèrent l'art difficile de fabriquer le bronze. A ce temps remon- tent les grandes pierres dressées qui abondent en Bretagne et ailleurs, qu'on

Fig. 265. — Le dolmen de la Pierre-Turquaise (Oise).

désigne sous les noms bien connus de dolmens (fig. 263), de menhirs, de cromlechs, d'allées couvertes, d'alignements (fig. 264), etc., et qu'on a bien à tort attribués aux

Fig. 266. — Un polissoir préhistorique aux environs de Nemours (Seine-et-Marne).

druides : ceux-ci les ont trouvés tout faits, sans en savoir aucunement l'origine. Il y a de semblables monuments dans une foule de localités et jusqu'aux environs de Paris, comme à Argenteuil et à la Pierre-Turquaise (fig. 265). La figure 266 représente un magnifique polissoir qui gît au bord du Loing, près de la petite ville de Nemours. C'est, enfin, après l'âge du bronze que commence l'âge du fer, qui se soude d'une manière insensible aux époques historiques. Il résulte, comme on voit de l'ensemble des découvertes faites dès à présent, que l'homme est bien plus ancien sur la terre qu'on ne se l'était d'abord imaginé, et que nos ancêtres ont été contemporains de toute une faune dont les membres ont désormais disparu. Cette faune, qui a précédé celle qui vit actuellement, lui est du reste intimement unie et contribue à rendre insensible le passage des temps quaternaires à l'époque contemporaine.

LES CARRIÈRES

QUATRIÈME PARTIE

LES SUBSTANCES UTILES DU SOL ET LEUR EXPLOITATION

Les profondeurs du sol se présentent en maintes localités comme un magasin où auraient été accumulées, par une main prévoyante, une foule de substances utilisables. Celles-ci, propres à des usages très divers, ne sont pas disposées au hasard, mais au contraire, comme dans une administration bien dirigée, à des places strictement déterminées. Quand nous désirons en faire usage, il suffit d'aller les prendre, ce qui suppose, outre les difficultés vaincues, une connaissance du système de rangement adopté par la nature.

Mais, dans un très grand nombre de cas, l'ordre logique a été renversé et ce n'est que par hasard que des matières désirables ont été rencontrées. Ces bonnes chances étaient indispensables pour nous révéler l'existence même des richesses que la terre renferme dans son sein, elles nous ont procuré, avec ces substances, la notion des lois ou des règles auxquelles leur gisement est soumis, de telle façon qu'une semblable trouvaille a été fertile au delà de toute prévision et a donné lieu nécessairement à des découvertes rationnelles ultérieures. Nous en citerons un exemple tout à fait typique et qui ferait à lui seul comprendre tous les autres.

De tous temps, on a remarqué sur le rivage de la mer, au pied de ce cap de la Hève qui fait à la ville du Havre comme une fortification naturelle, des pierres arrondies, noirâtres et lourdes. Un jour, un chimiste, Berthier, eut l'idée d'en examiner la composition. Il y trouva une proportion très notable de phosphate de chaux, c'est-à-dire d'une des matières les plus précieuses au point de vue agricole.

Il y avait évidemment grand intérêt à rechercher la même substance dans d'autres points du territoire et bien des espérances eurent leur point de départ dans le travail de Berthier, mais les chercheurs furent avant tout guidés par les conditions du *gisement* des pierrailles de la Hève. Après les avoir ramassées parmi les galets on les retrouva bientôt à leur place dans le magasin souterrain, au sein de certaines de ces couches que nous avons mentionnées en décrivant les caractères du terrain crétacé.

C'est dans l'étage albien, le *gault* des Anglais (v. page 97.), que gisent ces matières phosphatées. Aussi les explorateurs s'adressèrent-ils aux localités où viennent affleurer les lits rocheux placés au même échelon de la série géologique que ceux des environs du Havre. Le succès fut complet : on en arrivait, d'après la carte géologique, à annoncer d'avance qu'auprès de tel village, à telle altitude, on trouverait les nodules désirés. Ce sont eux qui ont contribué pendant longtemps à la fortune de nos Ardennes.

Ce n'est là qu'un exemple; on pourrait en joindre bien d'autres relatifs aux diverses substances minérales. Nous mentionnerons pour plusieurs d'entre elles les règles qu'il faut observer quand on les recherche, comme pour les retrouver aussi quand, au cours des travaux, elles viennent tout à coup à disparaître.

Dans les pays de langue anglaise on qualifie de *prospectors* les hommes qui se vouent à la découverte des substances exploitables : il y en a qui se spécialisent dans la recherche de l'or et d'autres métaux, il y en a qui préfèrent les diamants et les gemmes ; mais tous se guident d'après des principes déduits d'observations et qui témoignent de l'ordre avec lequel les éléments dont le globe est fait sont répartis.

I

LES MÉTAUX ET LES MINERAIS

L'or. — Dans l'antiquité, notre pays était considéré comme aurifère : *Gallia aurifera* est une expression classique. Le nom de l'Ariège vient de ce que cette rivière charrie des paillettes. Agricola écrit : *Aurum in Cebennis invenitur in lapillis nigris.*

Les progrès de la géographie métallurgique ne nous permettent du reste plus de compter la France parmi les pays producteurs, et c'est simplement pour mémoire que nous citons l'industrie des orpailleurs autrefois établis sur quelques-uns de nos cours d'eau. Le Rhin, le Rhône méritent une mention à cet égard, et peut-être trouverait-on encore sur leurs bords quelques laveurs philosophes, satisfaits d'un tout petit salaire et fiers de rester fidèles aux traditions du passé.

Nul doute que le précieux métal ne se présente dans les alluvions des rivières à l'état de particules arrachées aux gisements d'origine par les agents de dénudation : ces gisements sont des filons traversant les terrains anciens et désagrégés petit à petit en même temps que les roches encaissantes.

Nous ne connaissons guère en France qu'un seul filon notablement aurifère et encore est-il trop pauvre pour alimenter une exploitation régulière, toujours découragée malgré ses nombreuses tentatives. Situé à la Gardette dans l'Isère, il est à 6 kilomètres au sud de Bourg-d'Oisans et consiste en quartz aurifère encaissé dans le gneiss. Sa puissance varie de 50 à 90 centimètres, mais elle peut se réduire exceptionnellement à dix centimètres ; on l'a suivi par des travaux de près d'un demi-kilomètre. L'or y est disséminé à l'état natif sous la forme de petites lamelles ou de grains et le métal est plus concentré dans les parties où le quartz est enfumé, d'un noir bleuâtre, à cassure grasse et d'aspect bien caractéristique. C'est dans les étranglements du filon que la richesse est d'ordinaire la plus grande. Du reste, il ne faudrait pas se fier au seul aspect : souvent le métal est en particules tout à fait indiscernables à la vue et que révèlent seuls les essais de laboratoire.

C'est encore dans l'Isère, près du château de la Mothe, qu'en 1852 on a trouvé de l'or dans un calcaire magnésien appartenant au lias supérieur : le gîte consistait en un petit filon de carbonate de fer, ou sidérose, contenant du carbonate de chaux, de l'arséniate de nickel et d'autres minéraux.

Du reste il peut se faire aussi que nos rivières empruntent l'or à des roches où il a été introduit par charriage à une époque plus ou moins reculée : à preuve un poudingue du terrain houiller bien connu dans le bassin du Gard et auquel on attribue les paillettes que roulent le Gardon d'Alais, la Cèze et surtout la rivière de Gagnières.

Notre Plateau central contient aussi des filons d'or, car à plusieurs reprises de vraies pépites y ont été recueillies dans des conditions d'authenticité qui ne laissent place à aucun doute, et c'est ce qui nous permet d'affirmer par exemple que Clément Trouillas, qui gardait ses chèvres il y a quelques années auprès du hameau des Avols dans l'Ardèche, négligea de se faire une journée de 1500 francs.

Ceci mérite explication : il avait ramassé une pierre singulièrement lourde et il la tenait à la main au moment où l'une de ses bêtes mérita un rappel à l'ordre. Sans réfléchir, il lui lança le pesant caillou et n'y pensa plus. Mais récemment le beau-frère de Trouillas, Adrien Noël, faisant des fagots au même endroit, aperçut à la surface du sol un objet brillant que, n'ayant pas de chèvres à garder, il examina à loisir, et qui se trouva être une magnifique pépite d'or dont nos lecteurs ont le portrait sous les yeux (Pl. XII, fig. 4).

Trouillas, plein de jalousie, assure reconnaître son projectile dans le précieux échantillon et on peut croire qu'il a contribué en le lançant à ouvrir la fissure qui le traverse de part en part.

On juge si la trouvaille fit du bruit dans le pays; l'horloger de Vans proposa d'acheter la pépite 1200 francs, mais des gens avisés pensent qu'il y a intérêt scientifique à la préserver de la fonte; elle met en effet l'Ardèche sur le même rang que le placers de l'Australie, de la Californie ou de l'Oural. Son poids est de 243 grammes; sa forme a été comparée à celle d'une pomme de terre écrasée et rappelle un peu certains silex taillés. On y voit des rayures qui semblent avoir été faites intentionnellement, et on s'est demandé si la pépite n'aurait pas eu déjà quelque propriétaire qui l'aurait rapportée d'une région lointaine et perdue dans l'Ardèche. Mais une enquête très sérieuse est venue démontrer que les pépites ne sont pas aussi rares dans l'Ardèche qu'on pourrait le croire.

Ainsi, on en trouva une de la grosseur d'une petite noix, il y a une trentaine d'années, aux Alboursiers, elle fut vendue 60 francs à un orfèvre. A Montjoe, une pépite fut rencontrée par un paysan qui plantait un jeune châtaignier; mais on ne se souvient plus de son poids. Enfin, il y a soixante ans, dans ces mêmes Avols qui viennent d'enrichir Adrien Noël, un paysan nommé Merle fit une découverte analogue restée célèbre dans la contrée. Il trouva entre deux plaques de schiste, dans le lit même du ruisseau, un morceau d'or de la forme et de la grosseur du manche d'un petit couteau, qui fut vendu 380 francs à l'orfèvre de Vans.

Le mercure. — En quelques points, à Montpellier même, les poudingues pliocènes renferment du mercure natif, et c'est ce que montre bien nettement un échantillon donné naguère par Paul Gervais à la collection de géologie du Muséum d'histoire naturelle. Une découverte analogue aurait été faite à Saint-Paul-des-Monts.

C'est comme simple curiosité minéralogique aussi qu'on peut citer des traces de cinabre ou sulfure de mercure dans un petit filon un peu exploité au siècle dernier, au Ménildot, dans le département de la Manche. A La Mure et à la montagne de Challanches, près d'Allemont (Isère), il y a également des indices de cinabre.

L'argent. — Nous allons voir dans un moment que la France produit une certaine quantité d'argent; mais ce métal est extrait, par des procédés métallurgiques, de combinaisons où il est engagé avec le soufre et avec le plomb. Quant à de l'argent libre, *natif*, suivant l'expression employée pour l'or tout à l'heure, il est singulièrement rare chez nous, à l'inverse de sa manière d'être en d'autres pays, où il se trouve au contraire couramment sous cette forme dans les mines.

A Allemont dans l'Isère, de même qu'à Sainte-Marie-aux-Mines dans les Vosges, on a trouvé de tout petits grains d'argent disséminés dans des gangues calcaires et quartzeuses, et surtout dans des argiles ferrugineuses remplissant les fissures du sol.

L'étain. — La France ne peut compter pour un pays producteur d'étain, mais c'est seulement parce qu'elle n'en renferme pas assez pour lutter avec des régions plus favorisées, car elle nous fournit des filons stannifères parfaitement caractérisés et dont plusieurs ont même un réel intérêt au point de vue de la science.

Certains d'entre eux ont été exploités en des temps où la concurrence étrangère était moins terrible et on essaie même encore quelquefois d'y reprendre les travaux.

C'est surtout dans notre massif breton que les roches cristallines sont traversées de veinules où le minerai d'étain, la *cassitérite* des minéralogistes (Pl. XII, fig. 5), se rencontre en abondance plus ou moins grande et parfois en cristallisations du plus bel aspect.

A La Villeder, Morbihan, la granulite, fortement altérée et passant au kaolin, et les schistes sont recoupés (fig. 267) de veines où l'étain est associé à du cristal de roche (Pl. XIV, fig. 3) et à des pierres précieuses, comme l'axinite (Pl. XI, fig. 8), la tourmaline (Pl. XI, fig. 7), l'émeraude et l'épidote (Pl. XI, fig. 8), et à diverses substances métalliques comme le wolfram (Pl. XIII, fig. 7). Le métal y a été certai-nement exploité à cette époque préhistorique qu'on appelle l'*âge du bronze*, et c'est ce que démontre la découverte d'anciens

Fig. 267. — Coupe du filon d'étain de La Villeder (Morbihan). Le filon est représenté en noir et la roche encaissante en pointillé. (D'après M. Lodin.)

travaux. On a essayé en 1856 de rouvrir les mines, mais il n'en est guère résulté que des mécomptes, et en 1863 on renonça à l'entreprise. Cependant elle fut renouvelée en 1880, et pendant six années on fit beaucoup d'efforts qui, en résumé, ne furent pas plus heureux que les précédents.

A Piriac, se montrent quelques veinules d'étain dans le gneiss, et les sables de la mer à l'embouchure de la Vilaine sont très riches en minerais : Penestin (*Pointe-de-l'Étain*, en dia-lecte breton) paraît tirer son nom de cette circonstance.

On a insisté plus haut sur la ressemblance du Plateau central avec la Bretagne : elle se continue pour ce qui concerne la présence de l'étain, dont on a reconnu des vestiges à Montebras (Creuse), où il est associé à de la turquoise (Pl. XI, fig. 5), à Vaulry (Vienne), à Cieux et aux Collettes (Allier), et ailleurs. Ici comme en Bretagne, on trouve la preuve d'une exploitation préhistorique, peut-être ouverte, au moins en partie, pour la recherche de l'or, qui est un fréquent compagnon de l'étain.

Le plomb. — En France, on exploite une quantité très notable de plomb et les mines s'en trouvent surtout dans les Alpes, dans les Pyrénées, dans le Plateau central et en Bretagne, c'est-à-dire dans les régions dont le sol est ancien.

Le minerai est pour l'ordinaire la galène ou sulfure de plomb (Pl. XIII, fig. 5), substance d'un aspect fort caractéristique à cause de son éclat métallique, de sa couleur gris d'acier et de sa fragilité qui permet de la pulvériser à coups de marteau avec la plus grande facilité.

Cette galène est du reste, dans le plus grand nombre des cas, pourvue d'une certaine

19

proportion d'argent, métal qui entre dans les produits des usines à plomb pour une part tout à fait importante. C'est en filons que la galène se présente en France. Dans ces filons, le minerai est associé à des gangues dont la plus fréquente est la calcite ou carbonate de chaux cristallisé (Pl. XV, fig. 3), mais parmi lesquelles figurent aussi la barytine (Pl. XV, fig. 2), la fluorine (Pl. XI, fig. 3) et le quartz (Pl. XIV, fig. 3). On y trouve également des composés métalliques comme la blende (Pl. XII, fig. 2) et la pyrite.

En Auvergne, et surtout à Pontgibaud, les fissures souterraines incrustées laissent exsuder de l'acide carbonique, parfois assez abondant pour rendre les travaux dangereux.

Le minerai de plomb est d'un traitement remarquablement facile; sa réduction par le charbon se fait très simplement. L'opération de la coupellation, à laquelle on soumet le *plomb d'œuvre* ainsi produit pour en retirer l'argent, complique les travaux, mais augmente beaucoup les bénéfices. Elle donne lieu à un oxyde de plomb dit litharge qu'on ramène aisément à l'état métallique (*plomb pauvre*), mais dont une partie est employée telle quelle à différents usages.

La galène naturelle est en usage chez les potiers sous le nom d'*alquifoux* pour vernir les terrines et autres récipients de terre.

Le zinc. — Sous la forme de blende (Pl. XII, fig. 2) le minerai de zinc ne se rencontre en France que peu abondamment : il doit son nom, qui veut dire *trompeur* en allemand, à sa ressemblance avec la galène, à laquelle il est très fréquemment associé. Il n'y a pas longtemps, on regardait la blende comme une simple substance encombrante : il a fallu découvrir que le zinc peut se travailler à la température de 100 degrés, pour être à même d'utiliser les très précieuses qualités de ce métal.

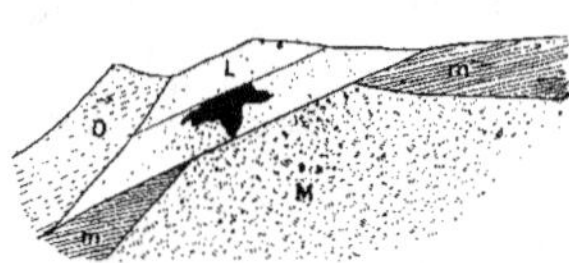
Fig. 268. — Gîte de zinc des Avinières (Gard). *M*, micaschiste; *m*, marnes; *L*, couches du terrain jurassique (*lias*) imprégnées de blende; *o*, terrain oxfordien. (D'après Fuchs.)

Les gisements de blende reproduisent dans leurs traits généraux les gisements de galène. On en recueille des spécimens à Châtel-Audren (dans les Côtes-du-Nord), à Baigorry (dans les Pyrénées) et dans la plupart des points où l'on trouve de la galène.

Mais, sur notre territoire, le vrai minerai de zinc, c'est la *calamine*, qui est un mélange de carbonate et de silicate de zinc subordonné à des roches calcaires. Nous en avons surtout un massif industriellement important le long de la bordure sud-est du Plateau central, depuis l'Hérault jusqu'à la Drôme, en passant par le Gard et l'Ardèche.

Les points les plus riches sont aux environs d'Alais (fig. 268), où, tout près du contact avec des roches granitiques, des bancs de dolomies du terrain jurassique le plus inférieur sont tout imprégnés de zinc.

Le cuivre. — Il y a de nombreux gîtes de cuivre en France, mais la découverte de riches amas dans plusieurs pays étrangers a singulièrement diminué la production nationale et, dans bien des cas, les travaux d'exploitation ont été plus ou moins complètement abandonnés.

Dans les Alpes-Maritimes, il y a des grès, peut-être triasiques, imprégnés de cuivre et il est intéressant de mentionner les formes diverses sous lesquelles le métal s'y présente. Il est quelquefois natif, c'est-à-dire à l'état de cuivre rouge à casseroles, mais c'est tout à fait exceptionnel, et l'on peut croire que cette belle matière, plus abondante en d'autres régions, a dû contribuer à révéler aux premiers hommes les arts métallurgiques.

Les mêmes couches contiennent des sulfures de cuivre et, là où elles ont pu subir l'action de l'air, des taches plus ou moins grandes, vertes et bleues, de ces beaux carbonates connus sous les noms de cuprite (Pl. XIII, fig. 4), de malachite et d'azurite (Pl. XII, fig. 7).

On retrouve des gisements tout pareils vers le sud, au cap Garonne, et vers le nord, d'abord à Chessy, auprès de Lyon (fig. 269), et puis à Sainte-Marie-aux-Mines, dans les Vosges, où les Romains ont laissé beaucoup de traces de vastes travaux d'extraction.

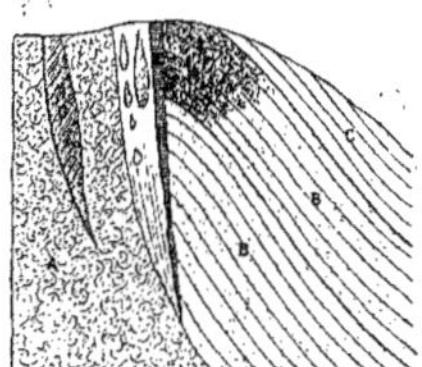

Fig. 269. — Coupe du gîte de cuivre de Chessy (Rhône). *A*, terrain cristallin; *B*, grès; *C*, calcaire: D, *mine de cuivre noire*; E, *mine rouge*; F, *mine bleue*; G, *mine jaune*. (D'après Fournet.)

Des filons de chalkopyrite ou sulfure double de fer et de cuivre sont exploités dans les Pyrénées, comme à Baigorry, dans les Alpes, comme aux Challanches (Isère). Le minerai y contient souvent de l'argent en proportion notable, ce qui augmente très sensiblement les bénéfices de l'exploitation. Il paraît y avoir des gisements analogues en Corse; mais ils n'ont pas été explorés avec tout le soin désirable.

Le Plateau central est cuprifère en nombre de points, et dans l'Allier, à La Prugne, le terrain carbonifère renferme une mine qui est abandonnée à présent, mais qui a été fort active il y a vingt-cinq ans.

Le fer. — Il faudrait beaucoup de place pour faire l'histoire des gisements de fer que renferme le sol de la France. Aussi devons-nous nous borner à un aperçu très sommaire.

L'industrie du fer est d'ailleurs essentiellement française et date de loin : César dans ses *Commentaires* parle des *magnæ ferrariæ* de la Gaule et il cite avec admiration les chaînes de fer dont les Vénètes attachaient les ancres de leurs navires, capables de résister à des tempêtes auxquelles cédaient les simples câbles de chanvre de la flotte romaine. L'historien rend ailleurs hommage à l'habileté de mineurs des habitants d'Avaricum (Bourges), et il l'attribue à l'activité de l'exploitation du fer.

Aussi ne doit-on pas être étonné de rencontrer de toutes parts sur le sol de la France d'énormes monceaux de scories ferrugineuses provenant des forges antiques et fouillées à ce titre par les archéologues.

Ces tas, qui mesurent jusqu'à 12 mètres de hauteur, sont connus sous le nom de *ferriers*; on en a retiré des tuiles à rebord et des monnaies qui les ont datés. Plusieurs voies romaines en sont empierrées, et peut-être cette application explique-t-elle la vieille expression de *ferrer la route*. Si l'on songe que les usages du fer se bornaient dans l'antiquité à la fabrication des épées, des haches d'armes et quelquefois de chaînes pour les navires, on doit reconnaître que de si gigantesques accumulations ont dû demander une durée prodigieuse. L'âge des plus anciennes est d'ailleurs révélé par l'état d'altération des scories, parfois argilifiées en partie et sur lesquelles s'est établie une végétation luxuriante.

On trouve des ferriers, ou *crassiers*, comme on les nomme aussi, dans l'Yonne et dans l'Aube et spécialement dans la forêt d'Othe et dans la Puysaie; dans la Côte-d'Or, près de Thoste et de Beauregard, dont les mines étaient exploitées récemment encore; dans l'Aveyron, aux environs de Kaimar; dans l'Indre-et-Loire, où sur plusieurs points il existe des scories anciennes en quantité vraiment surprenante; dans la Vienne, particulièrement aux environs de Charroux; dans la Nièvre, près de Clamecy; dans la Sarthe, aux environs du Mans, où l'on a découvert des médailles romaines; dans la Seine-Inférieure, près de Forges; dans l'Eure, près de Bernay; dans l'Orne, aux environs de Laigle et de Rugles; dans la Mayenne, où ces scories ont servi à l'empierrement des voies romaines, par exemple entre Ballé et Épineux; dans la Haute-Marne, à Ronchaires, où des médailles romaines ont été trouvées dans le fond d'un puits traversant la mine; dans le Gard, à Palmesalade; dans les Pyrénées-Orientales, au Canigou; dans la Dordogne, où des antiquités gauloises ont été recueillies, et bien ailleurs encore.

C'est de minerais fort différents les uns des autres par la composition et par le gisement que le fer peut être extrait. Les minéralogistes y distinguent surtout quatre espèces importantes, sous les noms de limonite, de sidérose, d'oligiste et de magnétite.

La limonite, c'est, pour la composition chimique, la même matière que la rouille. Peut-être est-ce la première matière exploitée pour en tirer du fer, c'est-à-dire la première où, malgré son apparence, la présence du métal ait été révélée aux hommes, ce qui d'ailleurs mérite explication.

Les recherches des archéologues ont fait voir que l'usage du fer remonte à une très haute antiquité. Or, à l'inverse de ce qui a lieu pour les métaux précieux, or et argent, et aussi pour le cuivre, le fer ne se présente guère dans la nature à l'état de liberté. On ne sait que le Groënland où ce métal existe en masse notable, et c'est là seulement que les hommes peuvent en faire des outils et des armes sans avoir inventé la métallurgie.

Mais si le fer natif terrestre n'a pas dû être connu des premiers habitants de notre pays, il se trouve que les profondeurs du ciel ont à diverses reprises laissé tomber sur notre sol des masses immédiatement forgeables, certaines armes antiques ont en effet été fabriquées avec des aérolithes. On peut voir dans la galerie de Géologie du Muséum un bloc de 520 kilogrammes recueilli sur la place publique de Caille (Alpes-Maritimes, fig. 270) et qui, suivant la tradition, est tombé du ciel il y a 250 ans environ, « pendant un fort orage ». Transportée à la porte de l'église, cette masse, connue sous le nom de *pierre de fer*, servit de

MINE DE FER A LUDRES

TOURBIÈRE (VALLÉE DE LA SOMME)

MINE DE HOUILLE A COMMENTRY

Armand Colin et C⁰. Éditeurs.

LES MINES

E. Capiomont imp.

banc jusqu'au moment où le minéralogiste Brard la découvrit en 1828 et la fit entrer
dans notre grande collection nationale.

Eh bien, ceci posé, il est arrivé nécessairement que des outils fabriqués avec le fer météorique, exposés à l'humidité, se sont rouillés, et on a dû
être frappé de la ressemblance de la rouille produite avec
certaines roches affleurant çà et là à la surface du sol.
De là à extraire le fer de ces roches il n'y avait qu'un pas
franchissable.

Quant au nom de *limonite* que porte la rouille en minéralogie, il résulte de ce que souvent la matière ferrugineuse
se présente comme une argile rouge au fond des marais,
comme un limon particulier. Et ce gisement a fait donner
aussi au composé qui nous occupe les noms, employés
encore, de minerai des marais, minerai des prairies, etc.

Fig. 270. -- Bloc de fer météorique
du poids de 320 kilogrammes, découvert en 1828, à Caille (Alpes-Maritimes),
et conservé dans la galerie de géologie
du Muséum d'histoire naturelle.

Toutefois ce gisement tout à fait superficiel n'est pas le
plus général, et la limonite, c'est-à-dire l'hydroxyde de
fer, se trouve dans l'épaisseur du sol tantôt en couches, tantôt en poches, tantôt en filons.

Les couches de limonite se rencontrent du reste à des niveaux très divers. L'un des plus
importants, et que nous avons dû mentionner à propos de stratigraphie, est vers la base du
terrain jurassique, au contact mutuel de l'oolithe inférieure et du lias supérieur. Le minerai
y est en *oolithes*, c'est-à-dire en petites boules à structure à la fois concentrique et rayonnée ;
il joue un rôle important dans la production du fer français. La couche, très régulière, se
rencontre dans une foule de points de la Lorraine,
comme aux environs d'Ottange (fig. 271), de Longwy,
d'Hayange, d'Ars-sur-Moselle, de Frouard et de Nancy.
La figure que nous donnons (Pl. XIX, fig. 1) a été des-
sinée et peinte d'après une photographie que notre ami,
M. Thoulet, professeur à la Faculté des sciences de
Nancy, a bien voulu faire exprès pour les lecteurs de
Nos Terrains. Nous lui en exprimons notre sincère gra-
titude. La même sorte de minerai est exploitée aussi dans

Fig. 271. — Coupe de la mine de fer d'Ottange en Lorraine. *C*, calcaire lamellaire,
M, marne grise micacée ; *Fs*, couche supérieure du minerai de fer ; *Cm*, calcaire
marneux ; *Fm*, minerai de fer avec calcaire
siliceux ; *Fi*, couche inférieure de minerai.
(D'après M. Cousin.)

les Vosges, dans la Haute-Saône, dans l'Ain, dans l'Isère et jusque dans l'Aveyron.

Un autre niveau de limonite presque aussi important se rencontre dans l'étage néocomien, à la base du terrain crétacé. Il est exploité activement à Wassy, à Eurville et à
Saint-Dizier dans la Haute-Marne ; dans plusieurs points de la Marne ; à Vandœuvre dans
l'Aube ; à Bar-le-Duc et à Aulnoy dans la Meuse ; à Grand-Pré dans les Ardennes et dans
bien d'autres points.

Pour ce qui est de la limonite en poches, c'est elle qui pendant si longtemps a été exploitée sous le nom de *mine en grains*. Elle forme des globules, gros suivant les cas comme des petits pois ou comme des chevrotines, noyés dans une argile qui remplit des cavités plus ou moins irrégulières, creusées dans les portions superficielles de massifs calcaires d'âges très divers.

Nous avons antérieurement fait l'histoire de ces poches et indiqué le mécanisme chimique qui, grâce aux propriétés précipitantes du carbonate de chaux, ont concentré des substances minérales diverses ; il suffit d'ajouter maintenant que les gisements de ce genre se rencontrent dans le Cher (fig. 272), l'Indre, le Doubs, la Haute-Saône, la Moselle, la Côte-d'Or et bien ailleurs. Cette catégorie de minerai a perdu beaucoup de son importance dans ces derniers temps.

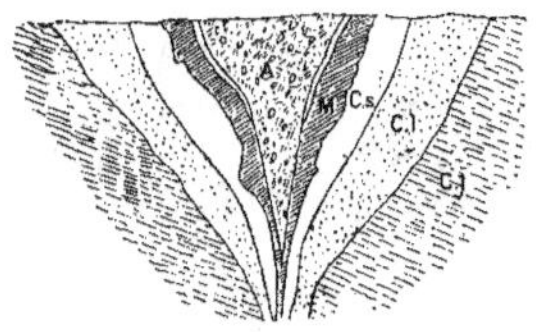

Fig. 272. — Coupe d'une poche de minerai de fer du terrain sidérolithique du Berry. *A*, argile à minerai de fer ; *M*, marne argileuse (castillot) ; *Cs*, calcaire saccharoïde ; *Cl*, calcaire lithographique ; *Cj*, calcaire jurassique en place. (D'après M. de Grossouvre.)

Enfin la limonite des filons est souvent désignée sous le nom d'*hématite brune* ; l'Ariège et spécialement Rancié qui présente tant de particularités intéressantes, les Pyrénées-Orientales, diverses localités du Morvan, des Vosges, etc., en fournissent des exemples. Le minerai est compact, parfois concrétionné, en masses mamelonnées. Ordinairement on peut reconnaître qu'il ne s'est pas déposé avec son état actuel et qu'il résulte d'une décomposition subie soit par de la pyrite de fer, soit plus ordinairement par du carbonate de fer ou sidérose.

Cette *sidérose*, dont le nom est simplement une forme française du nom grec du fer, constitue de beaux filons dans plusieurs parties des Alpes. On peut en avoir une bonne idée en visitant à Allevard la pittoresque localité dite le *Bout du Monde*, où une usine traite précisément le carbonate de fer. C'est une matière cristalline (Pl. XII, fig. 1), clivable, qui ne semble pas métallique à l'aspect, et que peut cependant trahir sa forte densité. Les filons ont souvent la structure dite en cocarde (Pl. XIII, fig. 6).

En Savoie, se retrouvent des filons très analogues, et l'on connaît près de Modane des mines qui, situées à une altitude de près de 3000 mètres, sont les plus élevées de l'Europe entière. Exploitées dès le milieu du xviie siècle, elles sont d'ailleurs maintenant abandonnées.

On retrouve la sidérose dans les Pyrénées, et spécialement dans le massif du Canigou.

C'est avec une composition analogue, mais avec un état et un aspect tout différents, que se présente le fer carbonaté des houillères, la *sphérosidérite*, comme on l'appelle quelquefois. Elle est en boules, dont la grosseur varie de celle du poing à celle d'une petite citrouille, et souvent, quand on la brise, on trouve dans son intérieur un vestige fossile qui a bien évidemment servi de centre d'attraction à l'égard de la matière ferrugineuse. On voit de ces boules à Saint-Étienne et dans quelques autres localités.

Souvent la sidérose forme des couches entières, et sous cette forme elle est activement exploitée dans le bassin houiller d'Aubin, dans l'Aveyron. Elle se retrouve également à Palmesalade, auprès d'Alais.

On distingue sous le nom d'*oligiste* un oxyde de fer qui constitue un minerai de grande valeur : tandis qu'en certains pays, comme l'île d'Elbe, il forme des gîtes où il se présente tout à fait pur en cristaux qui atteignent de grandes dimensions et constituent alors un des plus beaux ornements des collections de minéralogie, au contraire, en France, nous sommes moins bien pourvus, et tout au plus peut-on mentionner Framont (Pl. XII, fig. 6), dans les Vosges, et quelques points des Pyrénées comme de toutes petites réductions de ces gîtes magnifiques.

Mais l'oligiste que nous possédons se trouve parfois dans des conditions si intéressantes qu'il a bien fallu en faire déjà mention à propos des phénomènes géologiques dont sa formation démontre le développement. C'est ainsi que dans une partie de la Bourgogne, sur le plateau de Thoste et de Beauregard, on a longtemps exploité des couches où des coquilles fossiles sont entièrement formées d'oligiste cristallisé. Auprès de Saint-Remy (Calvados) (fig. 273), on exploite dans le terrain silurien une couche d'oligistes terreux remarquable par sa pureté. Dans l'Ardèche, à La Voulte auprès de Privas, il y a des mines florissantes ouvertes sur des couches d'oligiste terreux plein de fossiles (ammonite et autres) et mesurant jusqu'à 14 mètres de puissance.

Enfin il faut dire un mot d'un dernier minerai de fer, très pur, très profitable, mais rare en France : la magnétite. Cette matière affleure, par exemple, auprès de Cherbourg,

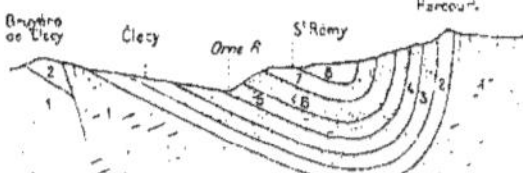

Fig. 273. — Coupe du gîte de fer silurien de Saint-Remy (Calvados). 1. phyllades, 2. conglomérat et grès pourprés, 3. schistes et marbres, 4. schistes et grès verts, 5. schistes et grès feldspathiques, 6. dalles à cruziana (grès armoricains), 7. minerai de fer, 8. schistes à calymènes. (D'après M. Bigot.)

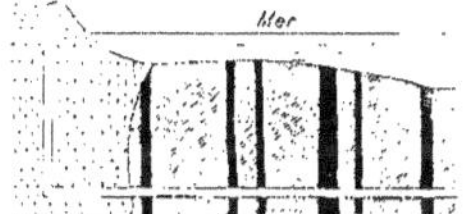

Fig. 274. — Coupe du gîte de fer magnétique de Diélette (Manche). Les bandes noires verticales représentent les veines de magnétite traversant les schistes qui buttent contre les roches granitiques.

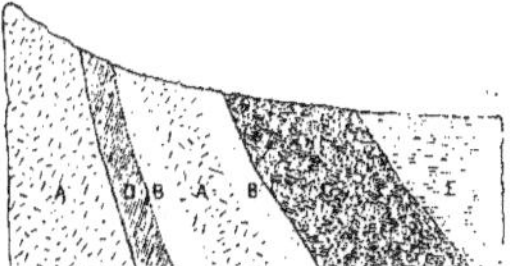

Fig. 275. — Coupe du gîte de manganèse de Romanèche (Saône-et-Loire). A, granit, B, arkose, C, amas de manganèse, D, filon de manganèse, E, argile verdâtre. (D'après Fournet.)

à Diélette, mais on ne peut attaquer les affleurements qu'à marée basse. Des puits et des galeries ont été poussés sous la mer (fig. 274).

On retrouve de la magnétite dans les Pyrénées-Orientales, à Mas-Carol, mais l'exploitation n'en est pas très active.

Le manganèse, dont l'addition au fer aciéreux donne de bonnes qualités à ce métal, et qui, dans tant de roches diverses, se présente à l'état de *dendrites* (Pl. XIII, fig. 91), est exploité dans la Dordogne et à Romanèche, en Saône-et-Loire (fig. 275). On recueille dans cette localité l'intéressant minéral désigné sous le nom d'*arséniosidérite* (Pl. XIII, fig. 4). Dans le même département on a désigné sous le nom d'*autunite* un curieux minéral à base d'urane (Pl. XIII, fig. 1).

II

LES COMBUSTIBLES

Beaucoup de combustibles minéraux sont exploités en France. Ils appartiennent aux quatre types principaux de l'anthracite, de la houille, du lignite et de la tourbe.

L'anthracite. — Les mines d'anthracite, cantonnées dans des terrains très anciens, comme le dévonien de la basse Loire, ou les assises fortement métamorphiques, comme le carbonifère du Dauphiné et de la Savoie, ressemblent exactement aux mines de houille.

La houille. — Les mines de houille méritent quelques mots de description, car leurs produits contribuent d'une façon notable à la richesse de plusieurs de nos provinces. On en a des types des plus purs dans le département du Nord, à Anzin, d'où vient le joli spécimen de houille irisée représenté Pl. XIV, fig. 6; dans le Pas-de-Calais, à Nœux; dans la Loire, aux environs de Saint-Étienne; dans le département de Saône-et-Loire, à Montceau; dans le département du Gard, à La Grand'Combe, etc.

C'est d'une manière exceptionnelle que la houille est exploitée à ciel ouvert comme à Aubin, dans l'Aveyron, et à Commentry, dans l'Allier. D'ordinaire il faut creuser des puits et des galeries pour atteindre le combustible.

Les puits sont difficiles à établir et coûtent beaucoup d'argent : il y en a en France même qui atteignent 700 mètres de profondeur, comme à Ronchamp (Haute-Saône); d'autres ont traversé des couches sableuses renfermant de grandes quantités d'eau, comme dans le département du Nord, où existe un véritable lac souterrain connu sous le nom de *torrent d'Anzin*. Une fois ces difficultés vaincues, il faut en surmonter bien d'autres: dans les galeries se produisent des éboulements de roches, des inondations, souvent aussi des dégagements de gaz inflammable appelé *grisou* et qui provoque des explosions désastreuses. Malgré tout, l'exploitation est si active que la houille, on peut le dire sans aucune exagération, a véritablement changé la face du monde. Elle nous donne la chaleur et la lumière; le plus énergique agent pour la fabrication du fer et des métaux; la plus grande puissance mécanique dans les machines à vapeur et le moyen le plus efficace de production de l'électricité. C'est en perfectionnant les procédés d'extraction de la houille que furent inventées successivement ces deux grandes choses : les chemins de fer et la machine à vapeur.

De loin, les *puits* se signalent par les constructions toutes spéciales qui les recouvrent et qui ont des apparences de pagodes (fig. 276) : au voisinage, sont de vastes usines vomissant des torrents de fumée et dont le but principal est d'actionner les machines destinées les unes à descendre les mineurs et à monter le charbon, d'autres à lancer dans les travaux l'air nécessaire à la vie des ouvriers, d'autres enfin à faire mouvoir d'énormes pompes luttant sans cesse contre l'invasion des travaux par les eaux d'infiltration.

Fig. 276. — Un puits de houillère à Nœux-les-Mines (Pas-de-Calais).

Les pays à houille sont tout salis de poussière noire : non seulement les routes sont couvertes d'une boue qui rappelle le cirage, mais les escarpements des rochers semblent avoir été badigeonnés d'encre, et les maisons, les arbres eux-mêmes ont reçu la sombre livrée.

Fig. 277. — La descente dans le puits.

La visite des mines est d'un puissant intérêt. Pour la faire fructueusement il est bon de laisser de côté toute préoccupation de toilette et d'adopter le costume des mineurs, pantalon et veston de toile, chapeau de cuir bouilli très lourd, mais efficace contre les chocs.

On se place dans la *benne* (fig. 277) suspendue dans le puits par un câble en aloès ou en acier et on se laisse descendre. La sensation, pour qui l'éprouve une première fois, est très bizarre ; elle résulte surtout du passage rapide de l'atmosphère ordinaire à des couches où la pression est de plus en plus considérable. La tête semble serrée dans un étau, on entend mal ses voisins et si l'on parle soi-même, on se fait l'effet de crier. Les oreilles sont le siège d'un crépitement causé par l'entrée de bulles d'air dans la

20

caisse tympanique, où la pression ne tarde pas à équilibrer celle de l'extérieur. Une fois l'équilibre réalisé quand on est parvenu au terme de la descente, ces sensations cessent aussitôt; on les éprouve de nouveau en remontant.

Le puits est muraillé et boisé; la benne glisse d'habitude entre des montants qui la dirigent comme de véritables rails et qui sont destinés en outre à recevoir le parachute et à prévenir de graves accidents dans les cas de rupture du câble suspenseur.

A différentes hauteurs viennent s'ouvrir dans le puits des galeries plus ou moins horizon-

Fig. 278. — Un wagonnet.

tales qui plongent dans le sol suivant le sens des couches de charbon et que suit un chemin de fer où circulent les wagonnets (fig. 278).

Les galeries sont soigneusement boisées et quelquefois on peut les parcourir sur une grande longueur sans apercevoir nulle part le terrain traversé.

Elles sont fréquemment interrompues par des portes dont le rôle principal est de couper les violents courants d'air que les machines de ventilation déterminent. Parfois le passage devient si bas de plafond qu'on n'y peut progresser qu'en rampant, et les personnes nerveuses éprouvent alors un cruel malaise en se sentant ainsi perdues à des centaines de mètres sous terre, dans un étroit boyau où manquent la lumière et l'air, où la chaleur et la poussière se réunissent pour constituer un milieu étouffant.

Au bout des galeries on parvient aux *fronts de tailles*, aux ateliers où le charbon est arraché à la couche et chargé sur les wagons qui l'emportent aux puits d'extraction (Pl. XIX, fig. 2). Les ouvriers sont en général vêtus d'un simple pantalon de toile, qu'ils ne gardent même pas toujours, à cause de la chaleur; ils emploient divers outils tels que pics, pioches et pelles de plusieurs formes. Quelquefois ils font sauter la roche à la poudre ou à la dynamite. Mais ce procédé ne peut que rarement être employé, à cause des dangers d'inflammation que présente souvent l'atmosphère des houillères.

Nous savons déjà que les modifications qui ont amené les végétaux des forêts paléozoïques à l'état de houille, en ressemblant singulièrement à une distillation souterraine, ont séparé de la matière ligneuse, des émanations fort analogues au gaz de l'éclairage. Ces émanations constituent le grisou dont le mélange avec l'air est essentiellement explosif.

Dans la plupart des mines il suffit de prêter un peu l'oreille pour entendre la crépitation que produisent en se dégageant des myriades de petites bulles de grisou contenues dans les cavités microscopiques du charbon. Il arrive de rencontrer des poches, sortes de réservoirs de ce gaz, et c'est la cause de plus d'un sinistre grave. L'hydrogène carboné se répand dans les galeries, s'élève par les puits et va prendre feu dans le foyer des machines de la surface : l'incendie redescend et l'explosion tue les ouvriers et détruit les travaux.

Même en dehors des poches proprement dites, le péril peut être permanent ; le gaz inflammable s'accumule sans cesse dans certains points des galeries, et à la moindre étincelle la détonation fatale prend naissance. Il suffit de l'imprudence d'un mineur pour faire le mal, et l'on sait les précautions prises contre ces mêmes ouvriers qu'il s'agit de protéger malgré eux. C'est ainsi que certains détails de construction des lampes de sûreté s'opposent à leur ouverture, des houilleurs cherchant parfois au risque de leur vie à y prendre du feu pour fumer.

Du reste certains *coups de feu* ne sont pas imputables au grisou et résultent de l'inflammation des fines poussières de houille mélangées à l'air. C'est un péril qu'on ne connaît que depuis peu de temps, mais sur la gravité duquel plusieurs catastrophes ont édifié les intéressés.

Les brûlures par les explosions sont terribles, presque toujours mortelles, et certaines explosions ont causé en quelques secondes la mort de centaines de mineurs.

Les lignites. — Les mines de lignites sont d'ordinaire beaucoup moins profondes et beaucoup moins actives que les mines de houilles. Nous avons cependant dans les Bouches-du-Rhône, aux environs de Fuveau, une région fructueusement exploitée.

Dans le département des Basses-Alpes, non loin de Forcalquier, les lignites sont aussi fort abondants. Il y en a dans l'Isère, à La Tour-du-Pin et ailleurs.

Un curieux gisement, mais dont la valeur industrielle est négligeable, se trouve à Dixmont, dans le département de l'Yonne.

En plusieurs régions on retire du sol, sous le nom de *cendres noires*, des lignites terreux dont

Fig. 279. — Une cendrière dans le département de l'Aisne.

les applications sont très spéciales. Déjà nous avons cité les extractions dites *cendrières* des départements de l'Aisne et de l'Oise. Ce sont des tranchées (fig. 279) ouvertes dans le terrain tertiaire inférieur et d'où l'on sort une substance charbonneuse fortement chargée de pyrite ou sulfure de fer. Cette cendre abandonnée quelque temps au contact de l'air se consume lentement, et il n'y a qu'à lessiver le produit pour en retirer beaucoup de sulfate de fer, employé dans la fabrication de l'encre, des teintures noires et de l'alun.

La tourbe. — La tourbe, qu'on ne saurait séparer de la série des combustibles minéraux, est cependant liée d'une façon tout à fait intime à la flore actuelle, et par conséquent appartient pour une part notable au domaine de la botanique. Elle résulte en effet de la modification sur place de certaines mousses appelées sphaignes, qui continuent à pousser par leur sommet pendant que leur région inférieure meurt et devient, par la macération, d'abord une tourbe pleine de tiges bien reconnaissables (tourbe chanvreuse), puis une tourbe tout à fait compacte (fig. 280). Certaines tourbières sont prodigieusement anciennes ; leurs régions les plus profondes renferment des vestiges provenant de l'époque quaternaire. L'extraction de la tourbe (Pl. XIX, fig. 3), à laquelle on peut assister dans beaucoup de nos vallées, et par exemple sur les rives de la Somme, se fait avec un outillage très primitif.

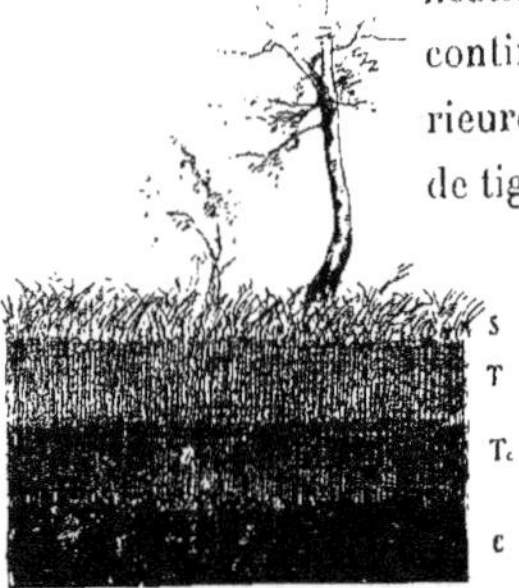

Fig. 280. — Coupe théorique d'une tourbière. S, gazon ; T, tourbe encore vivante ; Tc, tourbe chanvreuse ; C, tourbe compacte.

Les schistes inflammables. — A la suite des combustibles précédents, qui dérivent sans doute aucun de modifications plus ou moins avancées de débris végétaux, il convient de mentionner quelques roches chargées aussi de carbone et qui ont des usages industriels : ce sont les schistes inflammables. On les désigne souvent dans le langage courant sous les noms de *schistes bitumineux* et de *naphtoschistes* ; mais ce sont des appellations inexactes. Je me suis assuré, par de très nombreuses analyses, qu'ils ne renferment pas trace de bitume, substance facilement extractible par le sulfure de carbone.

Les schistes ont été longtemps recherchés comme matière première fournissant par distillation une huile combustible analogue au pétrole. Autour d'Autun, les mines ont été fort nombreuses et fort actives jusqu'à l'époque où l'importation des produits de la Pensylvanie et d'autres régions des États-Unis est venue ruiner la fabrication française.

Depuis quelque temps, grâce à des dispositions légales et par conséquent bien artificielles, l'industrie tend à reprendre, mais on ne peut pas supposer qu'elle retrouve jamais son ancienne prospérité.

Les schistes d'Autun sont permiens ; il y en a d'assez analogues qui sont tertiaires, par exemple à Ménat, dans le Puy-de-Dôme.

III

LES MATÉRIAUX DE CONSTRUCTION

Les populations errantes, et spécialement les pasteurs et les chasseurs des déserts, ont adopté, comme habitation, des tentes fabriquées avec des éléments fournis par les règnes

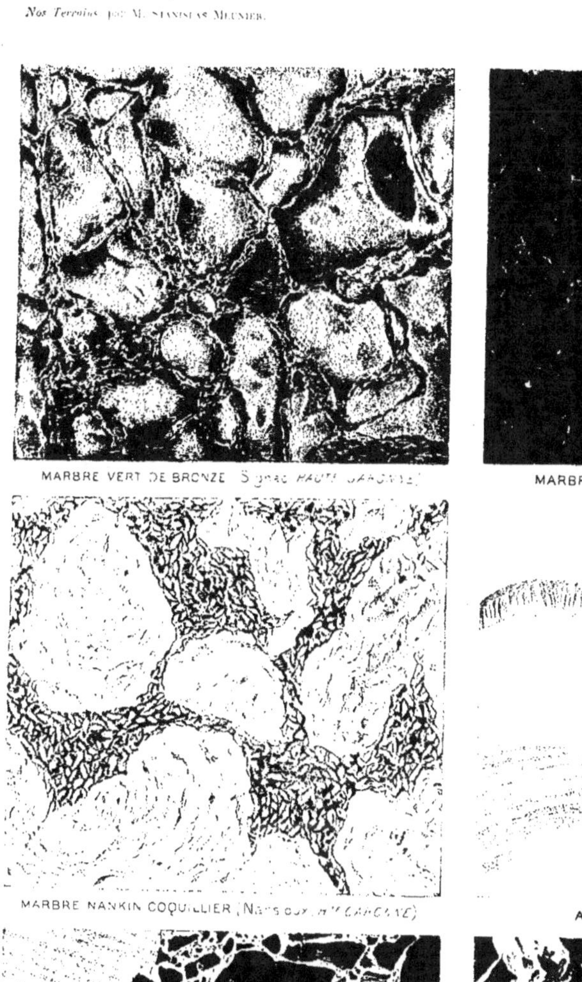

MARBRE VERT DE BRONZE (Signac *HAUTE-GARONNE*)

MARBRE GRIOTTE (Signac. *HAUTE-GARONNE*)

MARBRE NANKIN COQUILLIER (Nans oux *H^te GARONNE*)

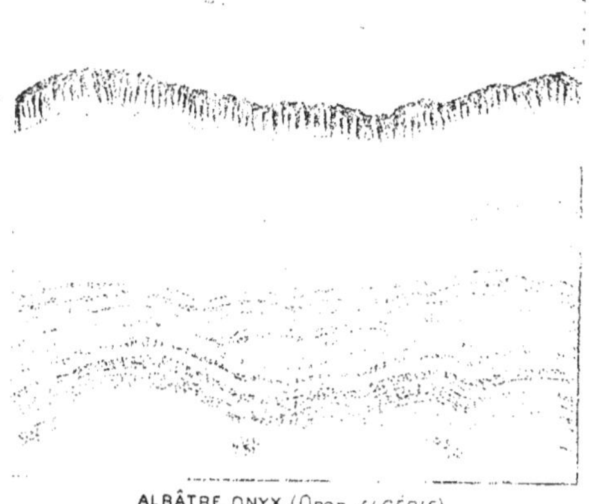

ALBÂTRE ONYX (Oran *ALGÉRIE*)

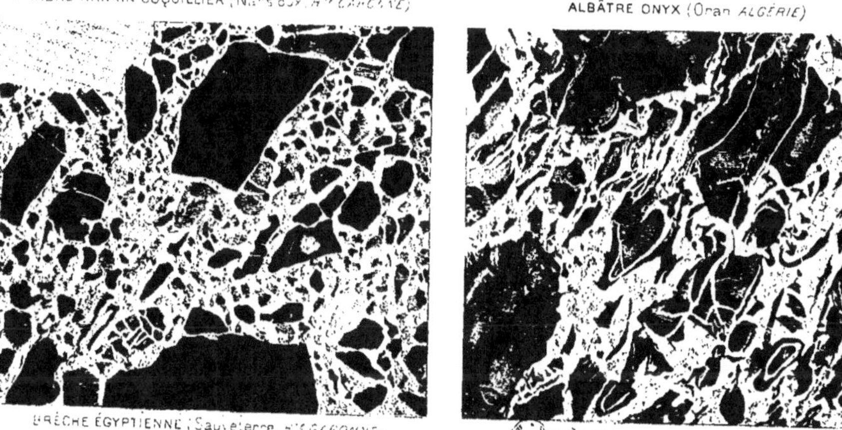

BRÈCHE ÉGYPTIENNE (Sauveterre, *H^te GARONNE*)

BRÈCHE PORTE ARGENT (*FLANDRE*)

E. Jacquemin

Armand Colin et Cie, Éditeurs.

ROCHES CALCAIRES POLIES

E. Coquemont imp.

organiques. Mais les populations sédentaires, exceptionnellement satisfaites des maisons de bois, se construisirent des demeures avec des produits minéraux.

C'est certainement à l'accumulation de ces matériaux dans leur propre sol que certaines grandes villes ont dû dans le passé leur splendeur relative. Cette remarque paraît tout spécialement applicable à Paris, établi dans un point où s'étaient comme donné rendez-vous la pierre à bâtir, la terre à briques et à tuiles, le plâtre, la pierre à chaux, le sable, la pierre à paver.

Les pierres à bâtir et les pierres d'appareil. — Les pierres propres à la bâtisse sont extrêmement variées, et il en est de qualités fort diverses.

On distingue au point de vue pratique les moellons et les pierres d'appareil, dites aussi pierres de taille.

Le type des moellons, d'où vient ce nom même étendu ensuite, est fourni par certaines variétés de calcaire grossier parisien : Nanterre, Montrouge, en ont longtemps procuré à une vaste région. Il s'agit d'une roche dont la consistance dans le sol ne peut mieux être comparée qu'à celle de la cassonade. Aussi se taille-t-elle à la hachette avec la plus grande facilité. Au bout de peu de temps d'exposition à l'air et par suite du dégagement de son *eau de carrière*, elle durcit et acquiert les propriétés désirables pour un élément de muraille. D'ailleurs, malgré sa porosité que suffit à prouver la quantité d'eau que la roche peut absorber, elle n'est point *gélive*, la gelée ne la fend pas en fragments qui se détachent au dégel, et par conséquent le vrai moellon possède de multiples mérites. On n'en trouve pas assez pour les besoins à satisfaire et on emploie forcément à sa place des matériaux moins parfaits.

A tous les niveaux géologiques, les calcaires en couches peu épaisses sont débités en moellons. Ils permettent des constructions plus ou moins variées dans leurs formes, suivant qu'ils sont plus ou moins faciles à réduire en parallélépipèdes.

Bien souvent du reste on est obligé de recourir à d'autres roches que les calcaires : les meulières, les grès, les granits, les porphyres, les laves volcaniques et beaucoup d'autres, sont utilisés dans les régions où leur abondance en fait les matériaux les plus économiques.

Les pierres de taille ou d'appareil doivent être de couleur agréable, non gélives, assez peu dures pour que le travail au ciseau et à la scie en soit possible, et se présenter en blocs volumineux. Cela suppose d'abord qu'elles proviennent de couches suffisamment épaisses, et en outre que les *cassures naturelles* n'y sont point trop rapprochées.

Auprès de Paris il y a quelques localités fameuses par la grosseur des dés de calcaire qu'on peut y exploiter, par exemple les magnifiques carrières de Saint-Maximin (Oise) (Pl. XXII, fig. 1). De Château-Landon sont sortis les matériaux de l'Arc de triomphe. Les calcaires jurassiques de divers âges qui affleurent dans l'Orne (pierre de Caen), dans la Côte-d'Or (pierre de Tonnerre), dans la Meurthe-et-Moselle (pierre de Lorraine), dans l'Isère (pierre de la Porte de France) et bien ailleurs, fournissent aussi et en abondance des pierres de taille qui, grâce aux moyens de transport, chemins de fer et canaux, contribuent à l'embellissement de toutes nos cités.

On obtient de belles pierres de taille avec certains grès, par exemple avec le grès bigarré dont est faite la cathédrale de Strasbourg et dont on avait construit aussi le Palais de l'Industrie à Paris, tout récemment démoli.

Dans les régions volcaniques, plusieurs variétés de lave se prêtent particulièrement à la taille. C'est ce qui a lieu autour de Volvic dans le Puy-de-Dôme, où l'on visite avec étonnement de gigantesques carrières (Pl. XXII, fig. 2), ouvertes depuis un temps immémorial et qui sont exploitées avec une grande activité sans que leur richesse menace de diminuer.

Le granit est très recherché ; on en a dans les Vosges, dans le Plateau central, en Bretagne, aux environs de Vire (Pl. XXII, fig. 3), qui font de magnifiques matériaux de construction et qu'on recherche spécialement pour les piédestaux.

Les pierres de décoration. — Un très grand nombre de roches se signalent par la beauté du poli qu'elles sont susceptibles de prendre et par l'agrément de leur nuance unie ou mélangée. On en fait usage pour la décoration des édifices, soit sous forme de plaques servant à revêtir les murs, soit comme marches d'escaliers, ou comme balustres, comme colonnes, comme vases, comme moulures, corniches, etc.

La France est très riche en matériaux de ce genre. Il faut citer en première ligne les marbres qui, malgré leur peu de dureté, sont incomparables par la beauté de leur aspect. On distingue les marbres unis, les marbres veinés et les marbres entrelacés comme trois types principaux à côté desquels certaines variétés devraient aussi être mentionnées à part.

Les marbres unis sont du carbonate de chaux plus ou moins compact, à structure uniforme et tantôt cristalline, tantôt très fine. Il y en a de blancs comme à Saint-Béat dans les Pyrénées, de jaunes comme à Cosne et à Nausioux (Pl. XX, fig. 3), de noirs comme à Givet dans les Ardennes (Pl. XXIII, fig. 1), etc.

A ces marbres doivent être rattachées, en appendice, des roches d'un fort bel effet connues sous le nom de brèches et dont une variété est désignée couramment sous la singulière appellation de *cervelas*. C'est une réunion très intime de fragments anguleux de marbres les uns blancs, les autres noirs, ou jaunes, ou rouges, et dont la section polie présente avec certaine charcuterie une réelle analogie d'aspect.

Il y a d'ailleurs des brèches formées d'autres roches que le marbre ; on en connaît de jaspiques, et on appelle *brèche universelle* une réunion de fragments extrêmement différents les uns des autres. On peut voir, Pl. XX, fig. 5 et fig. 6, deux exemples remarquables de brèches.

Les marbres veinés (Pl. XX, fig. 1) sont ceux qui présentent sur un fond noir ou diversement coloré des lignes capricieuses d'un beau blanc et qui sont en définitive le type de cette disposition qu'on appelle *marbrure*. En réalité ce sont des marbres unis qui, sous l'influence des forces souterraines, ont été craquelés, traversés de fissures dans lesquelles, par suite de la circulation des eaux, du carbonate de chaux souvent parfaitement pur est venu cristalliser.

Enfin les marbres *entrelacés*, et qui peuvent d'ailleurs être veinés en même temps, sont ceux où le calcaire est associé à des feuillets plus ou moins contournés de matière argileuse, de la catégorie des ardoises. Ce sont souvent de très belles roches dont on a un exemple très recherché dans les marbres dits Griottes de Campan exploités dans les Pyrénées. Les marbres entrelacés sont d'un très bel effet et c'est ce que montre la figure 2 de la Planche XX.

Les albâtres sont des sortes de marbre fournies par les stalactites et par les stalagmites des cavernes et aussi par des filons spéciaux dont le remplissage s'est fait en vertu du même mécanisme. Les *onyx* en sont une variété très belle dont on connaît un riche gisement dans notre département d'Oran (Pl. XX, fig. 4).

Il ne faut pas confondre avec ces roches les *albâtres gypseux*, qui sont du sulfate de chaux très tendre, très soluble dans l'eau, incapables d'être transformés en objets ayant, même au moindre degré, le caractère artistique. Un curieux gisement de cette sorte existe en Seine-et-Marne, tout auprès de Lagny.

Bien d'autres roches que les marbres sont recherchées pour la décoration; elles sont plus dures, par conséquent plus chères à tailler et à polir, mais aussi bien plus durables. Leur prix est plus élevé et quelquefois considérable.

Fig. 281. — Vase poli en mélaphyre de Giromagny, dans les Vosges. Conservé dans la galerie de géologie du Muséum. 1/10 de la grandeur naturelle.

En tête il faut citer les porphyres (Pl. XXI, fig. 3), dont les variétés de couleur sont si nombreuses. Notre Morvan en contient des filons innombrables, mais qui d'ordinaire sont de nuances grisâtres sans grand mérite. Un porphyre pyroxénique ou mélaphyre a été exploité près de Giromagny dans les Vosges (fig. 281). En Corse, nous avons de beaux porphyres et spécialement les pyromérides (Pl. XXI, fig. 2) qui sont globulaires dans leur structure. C'est du même

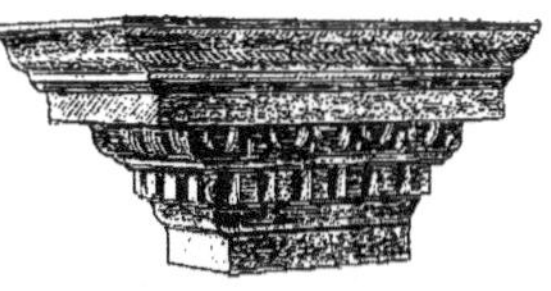

Fig. 282. — Chapiteau taillé en kersantite et conservé dans les collections du Muséum. 1/5 de la grandeur naturelle.

département que vient l'incomparable diorite orbiculaire (Pl. XXI, fig. 2). Dans bien des localités, le granit (Pl. XXI, fig. 4) fait une magnifique pierre de décoration. En Bretagne, on taille, sous toutes sortes de formes et même en chapiteau (fig. 282), une roche particulière appelée kersantite, parce que son gisement principal est au village de Kersanton.

Le jaspe se présente parfois en masses assez considérables pour former la matière de grandes plaques ou de colonnes. Il y a dans la galerie de géologie du Muséum une magni-

Fig. 283. — Plaque polie de jaspe rougeâtre mélangé de quartz provenant du filon de la vallée de Chaudfour (Vosges). 1/1 de la grandeur naturelle.

fique dalle de ce genre provenant de Chaud-four, dans les Vosges (fig. 283), et on peut voir à l'Opéra de belles colonnes qui ont été extraites du sol à Saint-Gervais dans la Haute-Savoie. Parmi les roches siliceuses il faut citer aussi des brèches et des poudingues (Pl. XXI, fig. 5) qui sont parfois d'un très bel effet.

Les serpentines doivent être enfin mentionnées comme pierres de décoration quelquefois superbes (Pl. XXI, fig. 6).

Les pierres à chaux, à ciment, à plâtre. — De beaucoup de calcaires on fait de la chaux, en les décomposant par la chaleur, qui en dégage tout l'acide carbonique. La chaux entre très abondamment dans les constructions comme béton et comme ciment. Les fours à chaux sont assez variables d'une localité à l'autre (fig. 284); d'ordinaire ils sont intermittents. Parfois ils sont continus, comme à Champigny, auprès de Paris.

Certaines variétés de calcaire, renfermant de l'argile, donnent par la cuisson d'excellent ciment. Il en est de ce genre à Wassy. A Meudon (Pl. XVIII, fig. 2), on a longtemps réalisé une vraie synthèse en cuisant un mélange d'argile plastique et de craie.

On trouve le plâtre à l'état de gypse dans le trias (marnes irisées) et dans le terrain tertiaire. C'est à ce dernier niveau que sont exploitées les célèbres plâtrières du bassin de Paris (Pl. XXIII, fig. 2), dont les produits sont de qualité remarquable.

Les terres à briques. — Les briques, les tuiles, les carreaux, les tuyaux de cheminées, et d'autres parties encore

Fig. 284. — Un four à chaux à Wizernes (Pas-de-Calais).

des habitations, sont obtenus par la cuisson de certaines argiles préalablement malaxées avec de l'eau et moulées.

On trouve de bonnes argiles propres à ces usages dans beaucoup de niveaux des terrains secondaires, tertiaires et quaternaires, sans compter des dépôts actuels de la mer ou des lacs.

Dans le terrain jurassique on cite les énormes dépôts qui alimentent les usines où se font les briques et tuiles de Bourgogne. En Normandie, aux environs de Caen (Pl. XXIII, fig. 3), on trouve des gisements analogues.

Dans le terrain crétacé, il faut mentionner surtout les couches les plus inférieures qui, par exemple, dans une partie du pays de Bray, à La Chapelle-aux-Pots, sont exploitées avec une très grande activité. On les désigne même dans plusieurs pays (dans l'Aube, par exemple) sous le nom d'*argiles tégulines* parce qu'on les emploie spécialement à la fabrication des tuiles.

Comme on l'a vu plus haut, on nomme terrain de l'argile plastique, les zones les plus anciennes du terrain tertiaire des environs de Paris, et à la porte même de la ville, près de Vaugirard (Pl. XVIII, fig. 3) et de Vanves, on fabrique des poteries en très grand nombre. Du côté de Montereau, certaines variétés des mêmes argiles, assez pures pour rester blanches après la cuisson, appartiennent à la variété dite *terre de pipe.*

Les argiles tertiaires qui couronnent la formation du gypse et qu'on appelle les glaises vertes, donnent des tuiles et des briques d'une couleur rouge, mais dont la qualité est inférieure.

Comme exemples d'argiles quaternaires qui peuvent servir à faire des briques, il faut mentionner les biefs de Picardie et les limons de Flandres et d'Alsace, parmi lesquels les *lœss* sont surtout recherchés.

Enfin, c'est à l'époque actuelle que se dépose sur notre littoral atlantique, la *terre à briques* qui donne par la cuisson des briques fort utilisables.

Les silex de la craie sont parfois broyés pour entrer dans la fabrication de certaines poteries très dures. On recueille aussi beaucoup de galets au pied de nos falaises crayeuses, et une bonne part en est expédiée jusqu'en Angleterre.

Les ardoises. — La structure feuilletée des ardoises et leur résistance aux intempéries font de ces roches un élément très utile des constructions. Elles servent avant tout à la toiture des édifices ; on en fait aussi des dalles de recouvrement pour les murailles et pour le sol, dont l'usage est indiqué surtout dans les points qui doivent être constamment humides.

Nos grands centres de production des ardoises sont, d'une part les Ardennes, de l'autre les environs d'Angers ; on extrait encore de cette roche en Bretagne, comme à Châteaulin ; dans les Alpes, comme à Flumet, au mont Lachat, dans l'Oisans, etc. ; dans les Pyrénées, comme à La Bassère et à Lourdes où la roche est souvent pyriteuse (Pl. XII, fig. 3).

Ces divers phyllades, dont les qualités industrielles sont assez variables, appartiennent à des formations d'âge très inégal suivant les points. Dans les Ardennes, il s'agit du terrain cambrien, à Angers du silurien, à Flumet du carbonifère, dans l'Oisans du jurassique, en quelques points des Alpes du terrain nummulitique. Nous savons que, dans tous les cas, les ardoises sont le produit du métamorphisme des argiles ; cette transformation s'est faite plus ou moins vite suivant l'énergie des phénomènes chimiques et mécaniques développés en chaque localité.

Tantôt l'exploitation se fait, au moins partiellement, à ciel ouvert, et à ce titre les grandes carrières de Maine-et-Loire, à Trélazé, par exemple, sont incomparables; tantôt, au contraire, on suit les roches de schiste par des puits et des galeries, et les mines des Ardennes, à Fumay, à Rimogne, à Monthermé, sont d'une visite des plus instructives.

A Angers, les carrières de dimension gigantesque, de 120 mètres de profondeur, sont d'un effet extraordinaire (Pl. XXIV, fig. 1). L'exploitation se fait méthodiquement, et cependant les accidents, dus surtout au glissement de la roche feuilletée, sont loin d'être rares. Les principaux centres d'exploitation des ardoises de la même région sont La Pouèze et Avrillé (Maine-et-Loire), plusieurs points du Finistère, Plessis-en-Coësne et Châteaubourg (Ille-et-Vilaine), Renazé et Chassemoue (Mayenne), Saint-Germain et Saint-Georges-le-Gaultier (Sarthe).

Auprès d'Angers, à l'ardoisière de l'Hermitage, on peut visiter, et certes le spectacle justifie la peine qu'il procure, les vastes salles souterraines parfois hautes de 100 mètres et mesurant jusqu'à 60 mètres de longueur, où le schiste est débité en énormes blocs qui seront « refendus » au jour.

Ces caves cyclopéennes, éclairées brillamment par de puissantes lampes électriques, sont vraiment d'un effet magique, et la visite ne s'en fait guère la première fois sans de fortes émotions. Pour les éprouver tout entières il faut monter, à l'aide d'échelles, sur des passerelles toutes voisines du toit et qui sont avant tout destinées à préserver les ouvriers du fond de la chute des pierres. La longue portée de ces abris les rend très vacillants et à chaque pas on oscille fortement. Les détonations des coups de mine augmentent encore le saisissement et le touriste ne manque pas de croire un instant que son support l'abandonne.

Dans les Ardennes, la visite des mines rappelle un peu celle des mines de houille. Cependant on descend ordinairement non par des puits verticaux, mais par des galeries très inclinées suivant le plongement des couches. Les blocs sont montés à dos d'homme jusqu'aux ateliers de fendage.

Les sables et les matériaux analogues. — Bien des sables et des graviers sont exploités pour les constructions. La plupart sont siliceux ou quartzeux comme ceux qu'on tire de la Seine et de bien d'autres rivières, ou des *grévières* (fig. 285) dans le fond de beaucoup de nos vallées.

D'autres sont calcaires, comme la *caille* et la *caillotte* de nos pays jurassiques et spécialement de Bourgogne.

Il y en a de granitiques comme l'*arène* de la France centrale, comme les sables à
kaolin de Mantes et de Montainville.

Enfin il y en a de volcaniques
comme les *pouzzolanes* du Plateau
central (fig. 286), et ceux-ci possèdent
des qualités industrielles tout à fait
supérieures.

Dans les grévières, on sépare les
gros galets qui sont souvent employés
à la façon des moellons. Au bord de
la mer, au bord des torrents, on
brise souvent en deux les galets
ellipsoïdaux et les deux moitiés
entrent dans la composition des murs.

Fig. 285. — Une grévière dans le diluvium, à Gentilly (Seine).
D'après une photographie de M. A. Dollot.

Les pierres à paver et à daller. — La fabrication des pavés est une industrie
considérable et dans certaines régions elle s'exerce dans des carrières très vastes. Auprès

de Paris, on se sert des
grès, de l'argile plastique
(Soissonnais), des grès
de Beauchamp (Fleu-
rines, Pl. XXIV, fig. 2),
et des grès de Fontai-
nebleau (Fontainebleau,
Marcoussis, Cernay-la-
Ville), etc.

Les grès de tous les
étages sont employés de
même quand ils ont les
qualités convenables.

Aux niveaux les plus
anciens, nous citerons
les carrières de Revin

Fig. 286. — Carrière de pouzzolanes sur le flanc du volcan de Gravenoire (Puy-de-Dôme).
D'après une photographie de M. Boursault.

(Ardennes) dans le cambrien ; celles de Bagnoles et de May (Orne) dans le silurien. Ces dernières (Pl. XVIII, fig. 1) sont très pittoresques ; elles sont exploitées en partie par des femmes
d'origine italienne qui y font comme une colonie particulière.

Dans le dévonien, des grès très durs (quartzites) sont exploités dans un grand nombre de localités du bassin de la basse Loire et dans le Boulonnais.

Les grès houillers, souvent micacés, font des pavés de bonne qualité; on en exploite à Saint-Étienne, à Montceau-les-Mines.

Dans les assises permiennes et triasiques les grès abondent. Le grès bigarré est très apprécié; on en connaît de magnifiques carrières dans les Vosges et dans l'Hérault, aux environs de Lodève.

A plusieurs niveaux du terrain jurassique, et surtout dans le haut, les mêmes services sont rendus par des roches variées. Dans le pays de Bray on fait des pavés kimmeridgiens; à Boulogne-sur-Mer on en use de portlandiens.

Dans le terrain néocomien en Bourgogne, dans le terrain cénomanien dans le Maine, on a des grès de bonne qualité.

Du reste on fait des pavés de toutes sortes d'autres pierres : dans les Vosges, et surtout du côté du Tholly, on recherche dans ce but diverses variétés de granit. En Bretagne, c'est le porphyre qui est choisi.

Dans Saône-et-Loire, par exemple sur le plateau d'Antully, et dans bien d'autres points, le long de la ceinture du Plateau central, les grès granitiques dits arkoses font d'excellents pavés.

On pave parfois avec des galets, tantôt entiers, tantôt fendus en deux moitiés.

Pour le dallage, on use suivant les cas de pierres faciles à scier, comme beaucoup de calcaires, et de pierres fissiles, comme les gneiss, les micaschistes, les talcschistes et surtout les ardoises.

Les phonolithes du Puy-de-Dôme et du Cantal rendent des services.

Il y a des calcaires qui se présentent d'eux-mêmes en feuilles plus ou moins épaisses, propres au dallage; en Bourgogne, on les nomme *lèves* et même *laves*, ce qui a quelquefois conduit à des confusions.

On empierre les routes avec des fragments de roches très diverses et on étudie encore les mélanges les plus propres à assurer les meilleures qualités aux voies de communication.

Suivant les pays, le granit, les porphyres, le quartz de filon, les diorites, les silex, les grès, les meulières, les graviers, entrent dans la constitution du macadam.

Les filons de roches amphibolifères de plusieurs localités de la Mayenne sont activement exploités pour le macadam de Paris.

Les asphaltes. — Les gisements français d'asphaltes sont situés avant tout sur des lignes de fractures du sol, dans des conditions générales qui rappellent singulièrement celles de certaines sources chaudes.

Un faisceau de semblables fractures, parallèles entre elles, se poursuit dans le Jura et se trouve jalonné d'une façon significative de gîtes asphaltiques. On en connaît un très important à Pyrimont, auprès de Seyssel, dans l'Ain (fig. 287); un autre à Lovagny, en Savoie, et

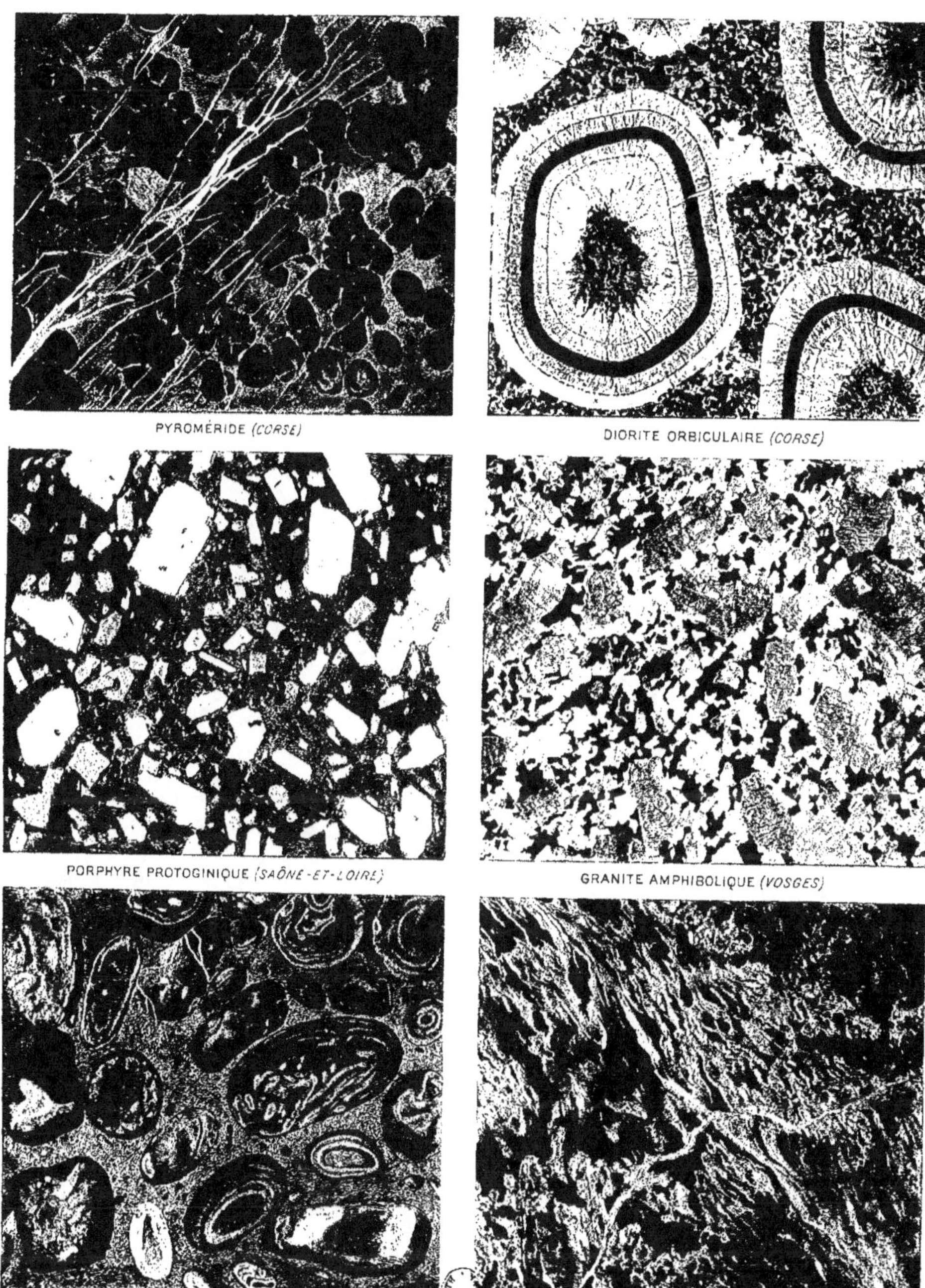

ROCHES SILICATÉES POLIES

Armand COLIN et Cie, Éditeurs.

E. Capiomont imp.

ils continuent dans la partie suisse de la chaîne jusqu'auprès de Travers. Dans ces localités et dans plusieurs points intermédiaires, des roches de structure convenablement poreuse ont été imprégnées d'asphalte qui y a été évidemment véhiculé à l'état de dissolution dans le pétrole. Le phénomène qui, dans la région même, peut être constaté à tous les degrés, se trouve élucidé complètement par l'examen de gisements étrangers.

On ajoutera que l'asphalte vrai n'est pas aussi répandu dans la nature qu'on pourrait le conclure de la mention faite si souvent de roches asphaltiques ou de roches

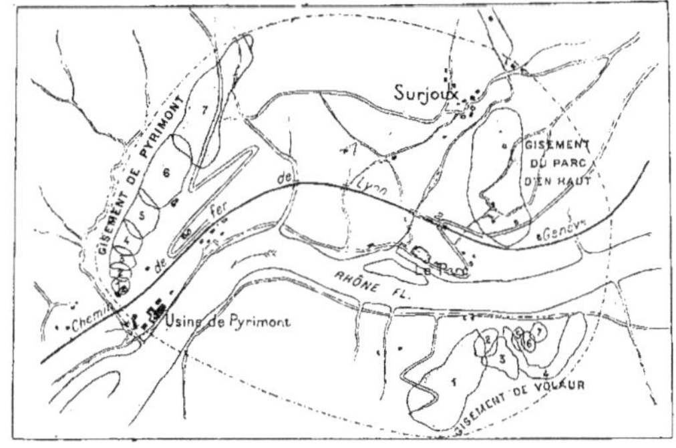

Fig. 287. — Plan des mines d'asphalte de Pyrimont près de Seyssel (Ain). Les chiffres romains indiquent les différents niveaux de roches asphaltiques. *Échelle* $\frac{1}{25000}$.

bitumineuses à toutes sortes de niveaux et dans toutes sortes de localités. J'ai, comme je l'ai déjà dit, trouvé dans le sulfure de carbone un réactif extrêmement précieux pour distinguer l'asphalte des substances qui peuvent lui ressembler. Ce dissolvant permet d'affirmer par exemple que les schistes dits bitumineux d'Autun ne contiennent pas trace d'asphalte. Les calcaires noirs et fétides sous le choc, appelés asphaltiques, n'en sont pas plus riches et en somme on trouve que l'asphalte est un minéral dont le gisement est nettement défini.

Les pierres pour rocailles. — On orne souvent les jardins, les cours et les vestibules des maisons de campagne avec des *rocailles*, et plusieurs roches sont propres à cet usage particulier.

Souvent à la surface des bancs de grès, et surtout à leur surface inférieure, on trouve des masses tuberculeuses (fig. 288) qui sont d'un effet curieux ou même des parties à formes cristallines (Pl. XV, fig. 1). Des travertins déposés par des sources sont dans le même cas : on en recueille à Vichy, à Saint-Nectaire et dans le voisinage de toutes les sources incrustantes. En Bourgogne, du côté de Saint-Moré, il y a des calcaires rendus caverneux par l'érosion que leur ont fait subir les intempéries.

Fig. 288. — Grès bothryoïde de la forêt de Fontainebleau. 1/2 de la grosseur naturelle.

Les meulières vacuolaires sont propres à l'art du rocailleur. Il en est de même de certains rognons de silex où l'imagination se plaît souvent à trouver des formes imitatives de beaucoup d'objets : des pieds, des mains, des têtes d'animaux. On a montré longtemps dans une carrière de craie du bas-Meudon un rognon de ce genre auquel le propriétaire trouvait une ressemblance frappante avec la tête de Louis XVI. Des scories volcaniques sont souvent aussi mises à contribution.

IV

LES PIERRES PROPRES A L'AGRICULTURE ET A L'INDUSTRIE

Le phosphate de chaux. — On exploite avec activité les roches capables de procurer à la terre végétale une fertilité plus grande. En France, nous pouvons citer, dans cette série, les marnes et les produits de cuisson de certains gypses (plâtres) et de certains calcaires (chaux). La plus précieuse de toutes ces roches, c'est le phosphate de chaux, qui se trouve dans notre pays sous plusieurs formes.

Il est bien remarquable qu'on a été longtemps sans soupçonner la richesse du sol en phosphate. On s'est jeté avidement sur les dépôts de guano des régions tropicales, on a mis en exploitation la terre des cimetières et les Anglais sont allés jusqu'à pulvériser, pour le bien de l'agriculture, des momies de l'ancienne Égypte !

Successivement on a découvert des gîtes de phosphate : les *coquins* des Ardennes, les *bone-beds* de maintes régions, les amas de phosphorites du Quercy, enfin les grains phosphatés de la craie blanche. A l'heure actuelle, on connaît du phosphate de chaux dans tous les pays et à tous les niveaux géologiques. En plus d'un point, l'extraction se fait sans discernement suffisant et l'on doit craindre le gaspillage.

Pour ce qui est des gisements français, nous avons surtout à mentionner ici trois genres principaux d'exploitation : celle des nodules (coquins, etc.), celle des amas et celle des craies brunes et des sables phosphatés qui en dérivent.

Les nodules, dont nous avons déjà parlé dans l'introduction à cette troisième partie, sont remarquablement abondants dans le gault, et c'est à ce niveau qu'ils ont été exploités dans les Ardennes, dans la Meuse et dans un grand nombre de nos départements. Ils forment, à une petite distance de la surface du sol, une couche continue un peu onduleuse.

L'extraction se fait sans difficulté dans de petites fosses de quelques mètres de profondeur, que l'on comble au fur et à mesure avec les matériaux provenant des fosses nouvelles (fig. 289). Les nodules extraits sont lavés dans un courant d'eau où les ouvriers les agitent avec des râteaux. Enfin des moulins les réduisent en poudre convenable pour les usages agricoles. Les coprolithes, qui sont parfois mêlés aux nodules proprement dits, se signalent par la régularité de leur forme (fig. 290).

C'est très sensiblement par la même méthode qu'on travaille les couches de dents et d'ossements fossiles riches en phosphate de chaux et connues sous le nom anglais de *bone-beds*. Il y en a de ce genre en Lorraine, dans l'Indre et bien ailleurs.

Les phosphorites du Quercy remplissent ou plutôt remplissaient des poches creusées dans des calcaires jurassiques. On a vu à propos des actions filoniennes comment leur origine s'explique par des réactions souterraines entre des calcaires préexistants et des sources de composition convenable.

Le travail d'extraction n'a rien de bien particulier et rappelle beaucoup celui auquel on se livre sur les poches de minerai de fer en grains. Le phosphate très concrétionné (Pl. XV, fig. 4), souvent zonaire, rappelle en bien des points les pierres meulières et parfois aussi les travertins calcaires. Longtemps on en a méconnu la nature et bien des maisons et des murs de clôture ont été faits de la première substance par des architectes ignorants. On les a démolis d'ailleurs avec un entrain extraordinaire dès qu'on a su la valeur de leurs matériaux.

Fig. 289. — Extraction et lavage des rognons phosphatés, dits *coquins* dans le département des Ardennes.

Aujourd'hui les gisements du Quercy, qui ont été si profitables pour l'agriculture et dans lesquels on a découvert tant de vestiges précieux pour l'histoire paléontologique des temps éocènes, sont à peu près épuisés. La plus grande partie du minerai qu'ils ont fourni a du reste été exportée en Angleterre.

La découverte, bien récente encore, du phosphate de chaux en petits grains imprégnant certaines assises du terrain de craie a été un véritable événement, et à ce point de vue une visite en 1887 dans les localités du département de la Somme comme Beauval, Orville, Beauquesne, Terramesnil, Candas, était tout à fait intéressante.

La présence souterraine, dans les inégalités de la craie, d'amas de phosphate de chaux, avait révolutionné le pays. On ne pensait plus qu'au phosphate; tout gravitait autour de lui. Une vraie fièvre régnait, semblable, à l'échelle près, à la *fièvre d'or* qui s'est déclarée au début dans tous les placers, en Californie, en Australie, à Comstok, dans le Transvaal; à la *fièvre de diamant* de Kimberley.

Fig. 290. — Un coprolithe du lias des environs de Semur (Côte-d'Or).

A votre passage sur la route, les paysans remarquant votre marteau et votre sac de géologue, chuchotaient entre eux : « Il va aux phosphates », et vous considéraient d'un œil inquiet.

Dans la campagne, des groupes de deux ou trois ouvriers sondaient le sol de tous côtés, à l'aide d'une tige creuse de 3 à 4 centimètres de diamètre, jusqu'à 6, 8, 10, 12 mètres de profondeur. Si l'on rencontrait le minerai, des exclamations de joie : le terrain se vendra vingt fois, trente fois ce qu'il valait la veille. Des spécialistes venus des Ardennes, de Belgique acquéraient pour plusieurs millions de terrains dont, sans tarder, ils commençaient l'exploitation.

Comme dans tous les pays à placers, des fortunes subites, des raisons ébranlées. Un petit commerçant venait d'acheter une modeste maison pour le prix de 2000 francs; le phosphate est découvert dans le sol, qui lui est acheté séance tenante 65 000 francs. Le pauvre homme y perd la tête; il se promène dans les rues vêtu en femme, et sa joie est si bruyante que le premier propriétaire de la maison intervient. La vente est assez récente pour qu'on la puisse résilier; 65 000 francs valent mieux que 2000; et les avocats gagneront au procès.

Dans l'un des villages, un champ à phosphate n'était séparé du cimetière que par un étroit sentier; rien n'indiquait qu'il en dût résulter une interruption dans le dépôt : les exploitants proposèrent au conseil municipal l'acquisition du cimetière. Le respect des ancêtres qu'on allait déranger aurait pu *a priori* rendre difficile la conclusion de ce traité; mais les vraies objections eurent une autre source. Si on vendait le terrain, c'est qu'il contenait du phosphate; il valait donc beaucoup plus que la somme offerte; il fallait ouvrir une adjudication. Seulement pour avoir une base de mise à prix, les sondages étaient nécessaires; ils ne procurèrent rien, et la commune garda son cimetière, avec la déception des gros bénéfices un instant entrevus et la confusion de les avoir entrevus au préjudice du respect des morts.

Le sable phosphaté retrouvé dans l'Oise, à Hardivillers (Pl. XXIV, fig. 3), est, comme on l'a vu précédemment, le résultat d'une dénudation subie sous le sol par la craie brune; celle-ci est directement exploitée et des manipulations assez simples permettent de rejeter la partie calcaire pour ne conserver que la portion phosphatée.

Le sel gemme. — Le sel gemme est certainement l'une des substances minérales les plus indispensables à la vie des hommes : ils font dans certains cas des prodiges d'héroïsme pour s'en procurer. Des caravanes traversent d'immenses étendues des déserts d'Afrique et d'Asie pour recueillir la précieuse substance et l'on ne recule devant aucun travail pour l'atteindre.

En France, plusieurs régions sont salifères et déjà nous avons eu l'occasion de constater combien sont nombreuses les localités qui ont tiré de la présence du sel dans leur sol l'origine même de leur nom.

C'est surtout dans le trias que les sels français sont abondants : la Lorraine, la Franche-Comté et la région des Basses-Pyrénées méritent une mention spéciale.

Aux environs de Nancy, le terrain salifèrien est activement exploité, par exemple à Vic, à Dieuze, à Varengeville-Saint-Nicolas. Des puits et des galeries parfois de très grandes dimensions traversent les grosses lentilles de sel noyées dans les marnes irisées (fig. 291). En certains points, on charge un courant d'eau de remonter le sel dont il s'est saturé dans la profondeur, et l'opération se fait à l'aide de deux gros tubes concentriques par l'un desquels on verse de l'eau douce, tandis que l'eau salée remonte par l'autre.

La visite des grandes galeries de ces mines est très pittoresque.

Les Romains déjà exploitaient le sel de notre Lorraine ; ils ont laissé près de Marsal des vestiges de travaux considérables, et par exemple une chaussée faite de pelotes d'argile cuites après avoir été pétries à la main et qui est des plus singulières.

Dans la région du Jura et de la Haute-Saône, les conditions générales du gisement sont sensiblement les mêmes, et on suit pour l'extraction des pratiques tout à fait analogues. C'est à Salins, à Grozon, à Montmorot que l'on rencontre les mines. Le sel est obtenu par dissolution au moyen de trous de sonde poussés jusqu'aux bancs lenticulaires où parviennent en même temps soit des sources intérieures, soit des eaux qui y sont dirigées de l'extérieur. Les eaux salées, aspirées à l'aide de pompes, marquent en moyenne 22 degrés à l'aréomètre de Baumé, ce

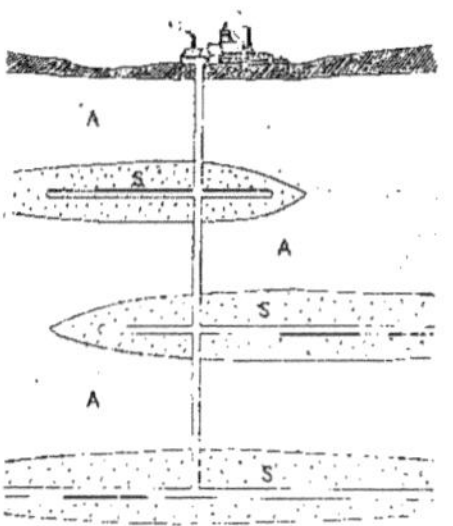

Fig. 291.— Coupe théorique d'une mine de sel gemme des environs de Nancy. A. argile, S. amas lenticulaires de sel.

qui diffère fort peu du point de saturation. Après une exploitation continue d'une certaine durée, les eaux s'appauvrissent, et on laisse alors reposer les trous de sonde jusqu'à ce que le liquide ait repris une proportion suffisante de sel.

Dans les Basses-Pyrénées, c'est du côté de Salies-de-Béarn que le sel est le plus abondant ; on le retrouve dans les Landes jusqu'à Dax. Il est associé, comme on l'a vu précédemment, à des pointements de roches ophitiques (diorite) au voisinage desquelles les gypses contiennent des grains de quartz cristallisé, des paillettes d'oligiste et d'autres accidents minéralogiques significatifs. C'est ordinairement par évaporation de sa solution dans l'eau que le sel est exploité.

De quelques autres pierres utiles. — On peut prolonger cette énumération des roches utilisables en citant les sables purs propres à la fabrication du verre et des glaces, comme celui qu'on exploite à Fleurines, aux environs de Pont-Sainte-Maxence (Oise) (Pl. XXIV, fig. 2), les pierres à repasser, les pierres à moudre, les pierres à filtrer ; même les pierres à briquet ou à fusil, bien qu'elles soient passées de mode : les pierres colorantes, comme l'ocre, la sanguine, le graphite ; la pierre à tisser ou amiante ; les pierres à faire la dynamite ou gaise ; les pierres à feux d'artifices, comme la célestine, et même, d'une manière exceptionnelle, des pierres utilisables pour la parure comme le grenat (Pl. XIV, fig. 7) et le quartz ou cristal de roche, souvent en druses plus ou moins confuses (Pl. XIV, fig. 8), mais quelquefois en grains isolés si purs et si transparents qu'on les appelle vulgairement du nom même de diamants (Pl. XIV, fig. 4).

V

LES EAUX MINÉRALES

La France est bien remarquable par le nombre, la variété et les qualités des eaux minérales que le sol y laisse sourdre en une foule de régions. Il est certain que c'est surtout pour sacrifier à la mode que nous allons fréquenter des stations hydrologiques à l'étranger, car nous pouvons trouver chez nous des sources propres au traitement de toutes les maladies. Les Romains estimaient beaucoup les eaux de la Gaule. Partout où elles jaillissent, se voient des ruines de leurs établissements thermaux : à Plombières, à Bourbonne, au Mont-Dore et dans des centaines d'autres points.

Pour donner une idée de nos richesses en ce genre, on pourrait suivre plusieurs méthodes ; par exemple répartir les sources d'après leur température ; ou bien d'après leur composition ; ou bien d'après leur situation géographique. C'est à ce dernier parti que nous nous arrêterons dans une revue d'ailleurs extrêmement sommaire.

Le groupe des Vosges. — On y trouve les sources de Plombières, de Vittel (Vosges), de Bourbonne-les-Bains (Haute-Marne), et de Luxeuil (Haute-Saône).

A Plombières, les Romains ont fait des travaux de captage extrêmement considérables, ayant pour but de préserver les griffons chauds de tout mélange avec les ruissellements de la surface et surtout avec les infiltrations de l'Augronne. Pour cela, le sol de la vallée fut recouvert, sur une très grande épaisseur, d'une couche de béton dans laquelle des conduits furent ménagés pour faire converger les eaux minérales, dont la température est de 71°, jusque dans une piscine où trois cents soldats pouvaient simultanément se livrer aux exercices de la natation.

Les ruines romaines qui subsistent autour des sources de Bourbonne-les-Bains sont très intéressantes à beaucoup d'égards. On y a constaté, comme dans d'autres localités, les preuves d'un usage qui se classerait facilement parmi nos superstitions modernes. Il consistait à faire offrande de médailles en cuivre, en argent ou en or aux divinités présidant les sources, pour se concilier leur bienveillance et assurer des guérisons. Le vieux puisard de Bourbonne a fourni, lors de son curage, des milliers de ces pièces qui ont permis, grâce à leurs effigies souvent très bien conservées, de fixer des dates dans l'histoire des eaux.

Avec les monnaies ordinaires on a recueilli un grand nombre de moitié de médailles, coupées suivant leur diamètre et on pense qu'elles représentent des ex-voto offerts en deux fois : la première en demandant la guérison aux puissances supérieures, la seconde après la faveur obtenue et comme remercîment à ces mêmes divinités. Il y a là, dans l'exercice de la superstition, un curieux sentiment de méfiance et d'économie.

Le groupe du Plateau central. — Le massif du Plateau central et son pourtour renferment une nombreuse série de sources minérales, les unes chaudes, les autres froides. La forte proportion des sels qu'elles contiennent et surtout la haute température de beaucoup d'entre elles se rattachent bien certainement à la cause même qui a donné naissance, à une époque géologique relativement peu ancienne, aux manifestations volcaniques que nous avons antérieurement décrites.

Parmi les plus caractérisées au point de vue thermométrique, il faut faire une place à part aux eaux de Chaudes-Aigues (81°), localité dont le nom est suffisamment éloquent. Situé dans une région très inhospitalière de la Planèze, ce village n'existerait certainement pas sans les sources qui lui fournissent à la fois des ressources industrielles de première valeur et des facilités domestiques appréciables à chaque instant. Le blanchiment de la laine en particulier se fait par ces eaux d'une manière incomparable, et d'un autre côté le chauffage des maisons est réalisé gratis, pendant que bien des opérations culinaires peuvent se faire tout simplement en déposant un récipient convenablement garni, une petite marmite par exemple, dans le ruisseau coulant devant la porte. C'est tout près d'être un pays de cocagne où, si les alouettes ne tombent pas toutes rôties dans la bouche, la soupe au moins sort toute faite de terre.

Une catégorie importante des eaux d'Auvergne comprend des sources que la présence de composés arsénicaux rend spécialement efficaces au point de vue thérapeutique. Le Mont-Dore et la Bourboule possèdent toute une série de griffons et la première de ces localités était extrêmement appréciée des Romains. On voit encore les baignoires et les substructions de leur établissement thermal. La température des sources est de 48°; les arséniates y figurent à la dose de 0 gr. 02 par litre.

La plupart des sources du Plateau central sont chargées de carbonates et souvent même d'un grand excès d'acide carbonique libre qui, les rendant gazeuses, donne à leur griffon un bouillonnement parfois très intense. C'est ce qu'on voit à Royat, à Vichy et bien ailleurs.

L'acide carbonique qui y abonde a évidemment une origine volcanique; il imprègne toutes les roches du pays; on le voit crever en bulles dans les flaques d'eau après la pluie auprès de Saint-Nectaire. Il vient s'accumuler dans les dépressions du sol, dans les galeries de mines comme à Pontgibaud et dans les caves comme à la grotte du Chien, près de Royat.

Fig. 292. — La grotte du Chien à Royat (Puy-de-Dôme).

Cette « grotte du Chien » (fig. 292) est une espèce de caverne où vingt ou trente personnes peuvent facilement tenir à la fois et dont l'atmosphère comprend une couche inférieure où les bougies s'éteignent, sur la surface de laquelle s'arrêtent les bulles de savon et qui ne peut entretenir la respiration. Si on s'y accroupit, on éprouve bien vite un malaise tout particulier; un petit animal tel qu'un chien que l'on y met tombe rapidement en syncope.

On a eu une preuve de l'abondance de l'acide carbonique dans les profondeurs du terrain lorsque, en 1881, on a percé un forage à Montrond (Loire), dans le but de provoquer la sortie d'une eau analogue à celle de Saint-Galmier. Il s'est constitué une espèce de geyser (fig. 293) dont les éruptions se succèdent à intervalles à peu près réguliers et qui est l'une des curiosités du pays.

Quand les eaux sont minéralisées par le carbonate de soude, elles sont utilisées dans le traitement des maladies de l'estomac. La production de Vichy est extrêmement considérable, et de grands ateliers sont occupés toute l'année à l'embouteillage.

Les sels séparés de l'eau entrent à Vichy dans la composition de pastilles bien connues.

Fig. 293. — Le geyser artificiel de Montrond (Loire).

Les eaux carboniquées sont souvent chargées de carbonate de chaux, et alors elles possèdent des propriétés incrustantes qui se traduisent ordinairement par l'édification de véritables rochers auprès du point d'émergence. A Vichy, on voit, dans le parc, une vraie montagne tout entière de cette origine et dont la structure vacuolaire et rubanée révèle l'origine au premier coup d'œil. Il en est de même à Saint-Nectaire et, comme nous l'avons vu précédemment, à Sainte-Allyre, où, dans la ville même de Clermont, les eaux ont édifié un pont naturel qui passe par-dessus la rivière de Tiretaine.

Cette arche (fig. 294), que les touristes ne manquent jamais d'aller visiter, était dès le

LES CARRIÈRES

Armand Colin et Cie, Éditeurs.

E. Copiemont imp.

xvi° siècle considérée comme une des merveilles du pays. Belleforest la cite dans sa *Cosmographie universelle* publiée en 1575 et s'exprime ainsi : « Au dedans de l'abbaye de Sainte-Allyre passe un fleuve qu'on dit auoir esté iadis nommé Scatéon et ores est dit Tiretaine, sur le cours de laquelle est posé ce merueilleux pont de pierre naturelle fait par l'eau d'une fontaine qui s'en-durcit en pierre non sans estonnement des effets mira-

Fig. 294. — Le pont naturel sur la Sioule à Sainte-Allyre (Clermont-Ferrand).

culeux de la nature; et laquelle fontaine est à enuiron trois cents pieds de la riuière laquelle coulant vers la riuière susdite faict cette durté pierreuse du pont par sous lequel passe le fleuve sus nommé. Le feu Roy, Charles neuvième du nom, faisant son voyage de Bayonne, voulut voir ce point merueilleux et la fontaine qui n'est artificielle et le cours d'eau et la source d'où elle procède comme chose estrange et des plus rares mira-cles de nature qu'on voye guère en la France. »

Aujourd'hui on emploie les sources incrustantes de l'Auvergne à la fabrication de pétrifications que les curieux achètent volontiers comme souvenir de leur visite. Pour les obtenir les exploitants placent des objets variés au voisinage de jets d'eau qui se pulvérisent contre des obstacles convena-blement placés. On peut ainsi soit recouvrir les choses d'une

Fig. 295. — Exemple d'incrus-tation calcaire obtenu dans les sources.

pellicule continue de carbonate de chaux cristallisé, soit remplir de la même substance un moule de gutta-percha.

Dans la première série sont des grappes de raisin, des paniers de fruits, des nids d'oiseaux (fig. 295), même des oiseaux ou d'autres animaux empaillés. Comme spécimens destinés à frapper l'œil du visiteur on a incrusté des grosses bêtes, comme des veaux, des chevaux et même des mannequins de forme humaine vêtus d'habits ordinaires. Longtemps on a vu ainsi à Clermont quatre Auvergnats dansant la *bourrée* sur une pelouse.

Dans la seconde série (fig. 296) on multiplie les médailles et les médaillons, des bas-reliefs, des statuettes qui sont parfois d'un fort joli effet et peuvent posséder des qualités artistiques.

Le groupe des Alpes. — Le long des grandes cassures accompagnant la chaîne des Alpes, sortent

Fig. 296. — Médaillon obtenu, par le dépôt dans un moule, du calcaire concrétionné par une source pétrifiante.

de distance en distance des sources minérales remarquables tantôt par leur volume, tantôt par leur composition, tantôt par leur température.

A Saint-Gervais et à Aix-les-Bains, des eaux abondantes émergent avec 42° et 45°. Quoique marquant seulement 27° la source d'Uriage (Isère) a la même composition que celle de Saint-Gervais. C'est un mélange d'une très faible quantité de sel de cuisine et de sulfate de soude.

A Aix, il n'y a pas de sel, mais du sulfate et du carbonate de chaux avec de l'hydrogène sulfuré et des sulfures qui, dans les tuyaux de conduite, donnent lieu çà et là à des dépôts de soufre cristallisé. Au contact de l'air, l'hydrogène sulfuré tend à s'oxyder, et, surtout en présence des corps poreux, il se transforme très vite en acide sulfurique : c'est ce qui explique comment les rideaux de calicot des cabinets de bains se brûlent si rapidement et demandent un si fréquent remplacement.

Le groupe des Pyrénées. — D'un bout à l'autre de la chaîne des Pyrénées on rencontre comme un chapelet de sources chaudes, dont la ressemblance mutuelle témoigne d'une communauté d'origine. On peut citer en allant de l'ouest à l'est : Dax (Landes) 61°, Les Eaux-Chaudes (Basses-Pyrénées) 36° 4, Les Eaux-Bonnes (Id.) 32°, Cauterets (Hautes-Pyrénées) 60°, Bagnères-de-Bigorre (Id.) 51°, Barèges (Id.) 44° 2, Bagnères-de-Luchon (Haute-Garonne) 66°, Ax (Ariège) 77°, Ussat (Id.) 66° 2, Amélie-les-Bains (Pyrénées-Orientales) 61°. Au point de vue chimique ces eaux sont surtout caractérisées par la présence du sulfure de sodium et de l'hydrogène sulfuré associés à diverses substances salines, et spécialement à du sulfate de soude.

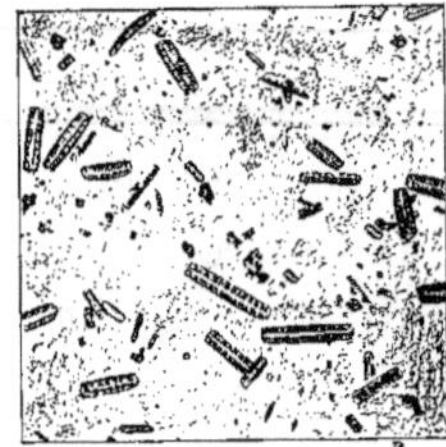

Fig. 297. — *Leptomites sulfuraria*; algue productive des eaux sulfurées, sodiques. Grossi 80 fois.

Quant à l'origine de leur sulfuration, elle est maintenant bien connue. Il résulte en effet des travaux des chimistes et des botanistes que ces eaux, d'abord chargées de sulfates, sont devenues sulfureuses à la suite d'une réduction réalisée par des cryptogames microscopiques. Ceux-ci, dont l'accumulation dans les conduits constitue une matière visqueuse désignée d'abord sous le nom de *glairine*, à cause de sa constitution, et de *barégine* à cause de son abondance à Barèges, sont des algues du groupe des *Leptomites* dont Montagne a fait un examen complet. Le *Leptomites sulfuraria* (fig. 297), type des organismes qualifiés de *sulfuraires*, ramène le sulfate de soude à l'état de sulfure et fixe même dans ses tissus du soufre libre qu'on en extrait le plus facilement du monde avec le sulfure de carbone.

CONCLUSION

Après les études que nous venons de faire si rapidement, nous devons être vraiment émerveillés de la richesse exceptionnelle de la France en manifestations géologiques de tous genres. Les découvertes les plus importantes ont été faites dans l'ordre purement scientifique par l'examen de son sol et elle contient à profusion les substances minérales les plus immédiatement nécessaires aux besoins de la vie.

Aussi la géologie est-elle, depuis ses origines, en honneur en France et l'histoire de cette science abonde en noms français. Déjà Bernard Palissy au xvi⁰ siècle se signale par des vues confirmées depuis, sur la nature des fossiles et sur le régime des eaux souterraines. Descartes a développé des idées géogoniques remarquables. Buffon a laissé, dans ses célèbres *Époques de la Nature*, un ensemble de considérations dont plusieurs ont résisté à la critique de la postérité. Notre grand Lavoisier lui-même a attaché son nom au premier essai d'une carte géologique de la France et Laplace a jeté les bases de la cosmogonie. Les vrais fondateurs de la minéralogie sont deux Français : Romé de Lisle et Haüy.

C'est dans notre pays qu'est née la doctrine actualiste dont nous avons tant de fois constaté la fécondité et qui n'a été cependant popularisée que par des publications faites à l'étranger. On en trouve les origines dans les écrits de Lamarck et Constant Prévost l'a su faire triompher en plusieurs points importants contre l'étroit et naïf point de vue cataclysmien.

La paléontologie animale reconnaît l'un de ses principaux fondateurs dans notre immortel Cuvier et la paléontologie végétale a été vraiment inaugurée par Adolphe Brongniart.

Certes la science n'a pas de patrie, mais chaque race en attaque les problèmes avec un génie particulier. Le génie français est spécialement apte aux grandes conquêtes scientifiques et est exceptionnellement sensible à la grandeur des conceptions générales, tout en étant cependant autant qu'aucun autre capable de la minutie des détails descriptifs. Les découvertes françaises se signalent par leur double caractère de précision et de haute philosophie.

On peut s'étonner à cette occasion que l'enseignement de la géologie ne soit pas plus répandu en France et ne tienne pas plus de place dans les programmes universitaires. Même depuis un certain nombre d'années, la tendance paraît être, dans les cours classiques, de restreindre la place accordée aux sciences naturelles, et le peu qu'on en fait est mal placé et en général mal pratiqué. Sans craindre de tomber dans le ridicule bafoué par Molière du spécialiste qui met sa spécialité au-dessus de toutes les autres, nous n'hésiterons pas à insister sur le bénéfice que les jeunes intelligences ne sauraient manquer de retirer de l'étude de la Nature. Non seulement celle-ci leur procurera des notions dont beaucoup sont directement profitables, non seulement elle leur fournira des distractions charmantes même dans des conditions ou dans des localités où l'ignorant de l'histoire naturelle ne saurait concevoir que de l'ennui, mais elle aura sur la tournure de leur esprit l'influence la plus heureuse, quelle que soit d'ailleurs la direction où il leur plaira ensuite de l'appliquer. C'est une vraie révélation en effet que d'apprendre que les choses vulgaires, au contact desquelles on a toujours été, sont dignes d'attention, qu'elles présentent des particularités intéressantes, et qu'on découvre celles-ci en obéissant dans l'examen des objets à de certains préceptes d'ailleurs faciles à suivre. Tout le monde s'intéresse à la récolte de coquilles fossiles contenues au sein des pierres, à la remarque qu'à des terrains différents correspondent des flores différentes, de telle sorte que les forêts, les champs de blé, les vignobles ne sont pas distribués au hasard à la surface du sol. Et une fois cette *amorce* acceptée, il sera facile, si les circonstances s'y prêtent, d'y adjoindre tout un ensemble d'enseignement logiquement ordonné.

Aussi peut-on poser ce fait que dans les lycées et dans les écoles, l'exposé des premiers faits relatifs aux sciences naturelles ne devrait jamais se faire dans la classe, mais dans la nature, en promenade dans une localité bien choisie où l'on aura l'occasion de rencontrer de ces faits banaux à première vue et qui sont si intéressants dès qu'on les examine d'un peu près.

Ce procédé pédagogique est applicable d'ailleurs à tous les degrés de l'enseignement, et pour mon compte voilà de bien longues années maintenant que je le crois éminemment efficace vis-à-vis du grand public désireux d'avoir de la géologie une notion positive.

C'est une des parties essentielles du Cours de géologie du Muséum d'histoire naturelle que les excursions publiques dirigées périodiquement suivant des itinéraires préparés à l'avance. Les unes, qui sont les plus nombreuses, ne durent qu'une journée, généralement un dimanche, et concernent des localités très voisines de Paris; les autres, placées soit au début des grandes vacances, soit aux vacances de Pâques ou à celles de la Pentecôte, se prolongent pendant trois, cinq, huit, dix ou douze jours et se développent sur des espaces proportionnés. Dans tous les cas, ces promenades sont absolument publiques, aussi publiques que les leçons à l'amphithéâtre. Il suffit de s'y rendre pour être admis à y prendre part, et nous avons très souvent vu des dames dans nos rangs; cependant il arrive qu'un registre d'inscription soit ouvert au laboratoire, mais c'est seulement pour assurer aux inscrits le bénéfice de la réduction que les compagnies de chemins de fer font, aux excursionnistes voyageant ensemble, sur le prix de leur place. Parfois, souvent même cette inscription permet de prendre en temps utile les mesures nécessaires pour assurer, sans perte de temps, l'alimentation de la troupe qui, tombant inopinément dans certains villages, même aux environs de Paris, serait bien exposée à pâtir sérieusement et parfois à jeûner tout à fait.

Chaque excursion est annoncée par des affiches apposées sur les murs, en des endroits particuliers, établissements d'enseignement public, mairies, etc., et par des avis insérés dans certains journaux quotidiens. Au moment indiqué on se rencontre au rendez-vous, souvent à la gare du chemin de fer quelques minutes avant le départ du train. Naturellement on a adopté un costume en rapport avec le caractère de la promenade, c'est-à-dire commode, appli-

Fig. 298. — Le gros marteau « modèle du Muséum ».

cable au plus grand nombre possible de conditions météorologiques, solide et ne redoutant pas le contact des pierres et de la boue. — La pièce la plus digne d'attention en est la chaussure, qui doit favoriser la marche, épargner au pied le froissement du sol, sans avoir un poids trop considérable. Mais à côté du costume, ou plutôt dessus, se place ce que, par comparaison avec l'équiquement militaire, on peut appeler le fourniment : la série des outils et des objets destinés à la récolte et au transport des échantillons; les vraies armes du géologue.

Ici des dissertations très longues pourraient trouver leur place; nous les réduirons beaucoup en notant en passant que chaque année le Professeur de géologie du Muséum fait, au Jardin des plantes, une conférence pratique sur ce sujet, qui, quoique destinée surtout aux

Voyageurs-naturalistes dont l'objectif est l'exploration scientifique de régions nouvelles, s'adresse parfaitement à tous les excursionnistes, sans distinction kilométrique des uns aux autres.

Le premier objet à mentionner dans cette série c'est le marteau, et bien qu'un marteau semble être un des outils les plus simples qu'on puisse concevoir, il se trouve que les différentes formes de marteaux sont innombrables et qu'à chacune de ces formes correspondent des qualités spéciales. C'est pour cela que chaque géologue pratiquant se trouve amené fatalement à étudier *la question du marteau*. Pour ma part je n'ai pas échappé à cette nécessité, et peu à peu j'ai jeté mon dévolu sur un modèle qui est quelquefois désigné maintenant dans le commerce sous le nom de « marteau du Muséum ». En voici le portrait (fig. 298)[1] et il me sera facile d'en faire sentir les avantages principaux. La masse de fer, du poids de 700 grammes, est pointue par un bout et prismatique à l'autre. La pointe, longue de 10 centimètres, est légèrement recourbée. La portion prismatique est à section carrée et a 7 centimètres de longueur. Le manche, de 3 centimètres de diamètre et de 42 cen-

Fig. 299. — La massette et son usage.

timètres de longueur, bien en main, est en bois de cornouiller, et l'*œil* du marteau est placé de façon que le centre de gravité de la masse métallique se trouve juste dans l'axe du manche.

Cet outil est propre avant tout à casser les pierres, fonction dominante de tout marteau de géologue ; il a une volée et une masse qui lui permettent de développer une force vive tout à fait efficace dans la plupart des cas. C'est plaisir de voir les blocs se fendre sous ses chocs, mais il faut avoir soin de ne pas le tremper trop dur, car il laisse souvent alors de sa substance sur le basalte et le porphyre et les autres roches les plus résistantes.

Notre marteau en agissant par sa pointe peut s'insinuer dans les fissures des roches

<hr>

1. Je dois, pour les figures jointes à ce chapitre, adresser des remerciements à M. Massat, attaché à mon laboratoire du Muséum, qui par ses photographies a procuré au dessinateur des documents très précieux.

et, grâce au long bras de levier que constitue son manche, les désunir sans peine ; de même il peut soulever des blocs isolés et permettre de les retourner et de les déplacer au profit des recherches. Cette même pointe travaille utilement dans les sables et dans les roches désagrégeables, prenant les allures d'un fer de pioche et mettant à nu les coquilles ou les cristallisations.

Enfin, la pointe du marteau rend à chaque instant un service tout différent et qui peut dispenser l'excursionniste de s'embarrasser d'un bâton pointu : dans les ascensions, elle fournit en effet un solide

Fig. 300. — Un éclat et un « échantillon » de granit.

point d'appui et l'on peut grimper avec son aide, même le long de parois très raides.

A côté du marteau nous ferons une place honorable à la massette (fig. 299) qui en est comme un diminutif, mais qui a une fonction très nettement différente. Le fer, prismatique à section carrée, a 63 millimètres de longueur et 15 millimètres de section. Le manche mesure 28 centimètres de longueur. Le rôle de la massette est d'*échantillonner* les spécimens de roches recueillies.

Transformer un morceau de roche en un « échantillon » (fig. 300), c'est un art véritable, et c'est un art des plus utiles, non seulement au point de vue du bon aspect des collections, mais même en ce qui concerne la précision des notions à répandre et à acquérir sur les roches, et qui doivent être indépendantes des accidents fortuits de leur forme extérieure. On pense quelquefois qu'on peut échantillonner chez soi, une fois de retour de l'excursion, mais c'est une mauvaise méthode. Non seulement les roches, au moment de leur récolte, encore imprégnées de leur eau de carrière, se prêtent spécialement bien à la réduction en échantillons ; mais on s'expose, si on n'opère pas sur le terrain, à manquer son échantillon et à n'avoir que des débris. On doit tracer sur le manche de

Fig. 301. — Le sachet de toile numéroté.

sa massette deux longueurs représentant les deux grandes dimensions des spécimens taillés. Évidemment la manière d'échantillonner varie un peu suivant les diverses roches, mais certains principes restent fixes et les conditions à remplir subsistent dans tous les cas. Par exemple, il ne faut laisser nulle part la trace de coups de marteau et ne montrer que des *cassures fraîches*. La surface de celles-ci présente un intérêt considérable qui n'est égalé que par sa fragilité, qui fait que le moindre contact des doigts la dénature comme il dénature par exemple la surface d'une belle prune. Aussi, pendant la pratique de l'échantillonnage, doit-on faire la plus grande attention à ne toucher jamais la roche que par sa tranche ou par des points destinés à disparaître. On commence par séparer avec le gros marteau un fragment ayant une dimension un peu supérieure à celle de l'échantillon désiré et une forme en plaquette convenable, puis, avec la massette et en frappant toujours sur les bords et presque parallèlement aux grandes surfaces (c'est ce que montre la figure), on l'amène progressivement à la dimension choisie. Pour les collections d'amateurs, on peut s'en tenir à une longueur de 9 centimètres et une largeur de 6 centimètres avec une épaisseur comprise entre 2 et 4 centimètres suivant les points et suivant les roches.

Une fois l'échantillon obtenu, il faut l'envelopper *en le serrant* dans du papier qui ne soit pas trop rude ; et les morceaux de nos journaux quotidiens conviennent parfaitement à cet usage. On écrit, dans une marge, une indication suffisante et on la protège contre les effaçages possibles en repliant le papier sur lui-même plusieurs fois en ce point-là. Un simple numéro suffit et les gens bien outillés ont des petits sachets de toile numérotés à l'avance dans chacun desquels (fig. 301) on glisse le petit paquet obtenu en enveloppant l'échantillon dans un journal, puis ce paquet est placé dans

Fig. 302. — Le sachet mis dans le sac.

le sac (fig. 302). Le numéro du sachet, d'ailleurs pris au hasard dans la provision, est transcrit sur un petit carnet avec l'indication, aussi complète que possible, des conditions dans lesquelles se présente la roche échantillonnée. Nous reviendrons dans un moment sur ce petit carnet, qui a une importance extrême, comme on verra. Il est d'ailleurs très bon, dans bien des cas, de conserver *dans un petit paquet distinct* quelques débris provenant de l'échantillonnage, afin de pouvoir faire sur eux tous les essais nécessaires à la détermination complète de la roche sans détériorer les spécimens de collection. Les petits paquets sont eux aussi déposés ensuite dans le *sac* que chaque excursionniste porte avec lui et dont la forme est variable avec les goûts de chacun.

Au Muséum, nous avons depuis longtemps adopté le modèle représenté (fig. 303) et qui est fait en très grosse toile imperméable, comme la carnassière de beaucoup de chasseurs. Il comprend plusieurs poches de dimensions et de formes différentes et dont chacune reçoit une application spéciale. Les plus profondes sont pour les spécimens les plus résistants ;

LES CARRIÈRES

Armand COLIN et Cⁱᵉ. Éditeurs.

E. Pagniement imp.

les plus superficielles, au contraire, pour les objets fragiles, que le poids des pierres compromettrait ou même détruirait tout à fait. A la fin de la journée il n'y aura pas dans le sac, au moins d'ordinaire, que des échantillons de roches. Des fossiles s'y trouveront aussi, et parmi eux de très délicats. Pour ceux-ci le mode de récolte varie suivant les circonstances, et les deux cas extrêmes concernent, d'une part, les coquilles libres dans un sable fin et meuble et, d'autre part, des coquilles empâtées dans une roche compacte et dure.

En présence du sable, notre gros marteau joue le rôle déjà indiqué, mais qui doit être complété par l'intervention du tamis (fig. 304). Théoriquement tous les tamis peuvent convenir, mais dans la pratique il y a lieu de choisir, et les gens prudents emportent plusieurs tamis à grosseur de mailles graduées. On a imaginé alors de les faire tenir les uns dans les autres de façon que la série entière ne tienne pas plus de place que le plus grand d'entre eux. En leur donnant une forme rectangulaire on peut les caser sur le sac presque sans embarras. Du reste, on ne s'astreint pas à séparer tous les fossiles sur place et l'on emporte des sacs de *tamisage* qui seront travaillés plus tard.

Pour ce qui est des fossiles enchâssés dans les roches cohérentes, on arrive parfois à les détacher au marteau, mais souvent il

Fig. 303. — Le sac « modèle du Muséum ».

vaut mieux guider l'action à l'aide de ciseaux à froid (fig. 305) dont on doit avoir tout un jeu. D'ailleurs, on peut fréquemment laisser l'isolement complet comme un travail à faire une fois rentré chez soi; les objections contre l'échantillonnage à domicile ne subsistent évidemment pas ici.

Cependant, comme on est retenu par l'inconvénient d'emporter sur son dos un poids considérable de roche inutile, on rapetisse les morceaux autant que possible et il n'est pas rare de réduire des blocs plus ou moins gros en très petits fragments dont on ne conserve que ceux qui présentent les fossiles désirés. On s'assoit auprès du bloc à exploiter et, systématiquement avec le marteau, on le scrute dans toute sa masse. L'entreprise est plus facile pour les roches feuilletées, que l'on arrive à cliver avec un couteau ou avec le ciseau de façon à passer en revue successivement toute leur épaisseur ; les marnes dites de Saint-Ouen, les marnes tertiaires des environs d'Aix en Provence ou de Narbonne, surtout les ardoises comme à Angers, et les schistes comme à Autun, peuvent ainsi être explorés feuille à feuille avec grand profit.

Il y a des cas où les fossiles sont tellement fragiles qu'on ne saurait y toucher sans les réduire en poussière, et même ils sont parfois déjà en morceaux simplement juxtaposés dans le gisement même. Alors il y a moyen de les sauver, mais à force de soin et en les soumettant avant de les extraire à des manipulations convenables. Par exemple, on les asperge d'une solution convenablement concentrée de silicate de soude et on attend qu'elle soit desséchée pour procéder à l'extraction. Il est des localités comme Bracheux, près de Beauvais, d'où l'on ne rapporte

Fig. 301. — Le tamis et son emploi.

presque rien si l'on ne se livre à cette pratique. De belles pièces du Muséum ont été obtenues ainsi, et par exemple le squelette du grand éléphant de Durfort qui fait maintenant l'un des plus beaux ornements de la galerie de Paléontologie (v. p. 111, la figure 246) a été consolidé sur place dans plusieurs de ses parties par M. Stahl, qui était alors le chef de l'atelier de moulage et qui avait été envoyé à cet effet dans le département du Gard.

Le silicate soluble peut être remplacé parfois par de la gomme pour les petits fossiles ou par de la colle forte pour les gros. M. Ch. Janet a proposé de consolider des fossiles très fragiles en transformant en sulfate de chaux le calcaire friable qui constitue leur test. Pour cela il les arrose en faisant couler très lentement dans l'in-

Fig. 303. — Le ciseau à froid et ses différentes formes.

térieur du sable fossilifère une assez grande quantité d'eau bouillie, additionnée d'une quantité extrêmement faible d'acide sulfurique et saturée de sulfate de chaux. A Bracheux, il y a dans la sablière dite de la Justice, des couches absolument remplies de Turritelles transformées, par suite de la dissolution d'une partie de leurs éléments minéraux, en un calcaire farineux si dépourvu de toute cohésion que l'extraction de ces fossiles est absolument impossible. Eh bien, par l'artifice qui vient d'être indiqué on arrive à leur donner assez de solidité pour qu'elles puissent figurer dans les collections.

C'est dans la même série de manipulations sur le terrain que nous mentionnerons ici le moulage d'empreintes laissées sur le sable pour des causes qui d'ailleurs peuvent être quelconques et dont l'étude est souvent fort intéressante. Si ce ne sont pas

Fig. 306. — Surmoulage en plâtre d'un ruissellement aqueux sur le sable fin de la plage de Saint-Lunaire (Ille-et-Vilaine).

toujours des fossiles véritables, ce sont du moins des vestiges de nature à jeter du jour sur la signification de fossiles proprement dits, et à ce titre leur mention fait partie nécessaire de notre sujet. Comme exemple spécialement net, je citerai les traces de tous genres que des animaux, ou le vent, ou la pluie, ou des ruissellements d'eau laissent sur le sable de nos grèves. Je me suis attaché naguère à en mouler un grand nombre sur les belles plages de Saint-Lunaire, et j'en reproduis ici un exemple (fig. 306). Il s'agit d'une forme comparable à première vue avec une empreinte végétale et qui ne manque pas de ressemblance avec maint spécimen fourni par des formations géologiques d'âge très divers. Or, elle résulte, comme on le constate directement, du passage de petits filets d'eau rappelés à la mer par la pente du sol. Pour les conserver, il suffit de verser dessus avec précaution un peu de plâtre gâché clair dans de l'eau douce. Le sel contenu dans le sable contribue par osmose à activer la prise et au bout de quelques minutes on peut relever le moulage et l'em-

Fig. 307. — La boussole de poche.

porter pour l'étude. Dans tous les cas, les fossiles et les autres objets très délicats une fois recueillis, il faut les emballer et les mettre dans le sac. Plusieurs précautions sont à noter.

Pour assurer la conservation des petites coquilles et d'autres spécimens comparables, on peut les ensevelir dans un peu de sable, qui est ensuite enveloppé serré dans le paquet et mis dans un petit sac. Il n'est pas mal pour certaines trouvailles de recourir au coton cardé ou ouate et de placer le tout, soit dans une petite boîte analogue à celle où l'on vend les allumettes de sûreté, soit dans un petit tube en verre dont il faut toujours avoir plusieurs sur soi. Et ces précautions s'appliquent aussi bien à des cristaux qu'à des fossiles : pour les uns comme pour les autres, il importe de munir le paquet d'un numéro de repère reproduit sur le calepin. De très petites étiquettes gommées peuvent être utiles à cet égard.

Puisque nous en sommes au procédé de récolte, il convient d'ajouter que quelques petits flacons à l'émeri sont commodes pour recueillir des eaux ou quelques autres roches liquides, comme des bitumes, dont plusieurs localités françaises fournissent des spécimens.

Fig. 308. — Le baromètre de poche.

Ainsi équipés et pourvus de tout ce qui va leur être nécessaire, les géologues réunis au lieu de rendez-vous, s'ébranlent sur la route et s'acheminent vers le premier « gisement » proposé à leur examen. Chemin faisant, de nombreuses observations sont à faire sur l'allure du pays traversé, sur la forme du relief, la distribution des eaux, la nature des cultures et des principales plantes spontanées, les matériaux employés à l'empierrement des chemins et à la construction des maisons et des murs de clôture. Dans toutes ces directions on contrôlera plus d'une des assertions développées dans notre Introduction. Le conducteur de l'excursion publique n'oublie pas de faire ressortir, quand la chose est possible, le côté général des études qu'il se propose de faire faire à ses compagnons; il ne manque pas de s'arrêter au premier point favorable pour étaler devant tous les yeux la carte géologique du pays de façon à faire ressortir les grandes lignes de sa constitution. Il faut alors une boussole de poche (fig. 307) qui permet d'orienter la carte et qui servira en route à repérer aussi les formations rencontrées. Il faut aussi un petit baromètre anéroïde (fig. 308) soigneusement réglé au départ et qui permettra de constater les inégalités verticales de l'itinéraire. On peut y joindre très utilement un niveau d'eau d'assez faible dimension pour se loger facilement dans la poche (fig. 309) et qui fournit le moyen, sans donner des altitudes absolues, d'apprécier si les points visibles des environs sont plus élevés ou moins élevés que celui où l'on se trouve soi-même. Cette simple observation suffit souvent pour conduire à des données très précieuses sur la structure de la région.

Cette brève conférence faite, le guide reprend la marche et l'on ne s'arrête plus que devant une déchirure du sol, carrière, tranchée de route ou de chemin de fer, fondation de quelque construction ou escarpement naturel. Un exposé rapide de la géologie spéciale de la localité a lieu alors : on voit nettement, après quelques généralités (surtout nécessaires si l'excursion est la première d'une série) où se trouve, dans la série stratigraphique, la formation qu'on a sous les yeux. Lorsque plusieurs couches ou plusieurs masses sont

Fig. 309. — Le niveau de poche.

en relation, il est bon d'en prendre, sur le calepin déjà cité et qu'il faut tenir constamment à la main, un croquis copieusement annoté. Les excursionnistes convaincus prennent même une ou plusieurs photographies instantanées qui se prêteront à des mesures d'épaisseur de couches et de distances réciproques, ainsi qu'à beaucoup d'autres observations précises. On attaque enfin le terrain avec le marteau et l'on met en pratique pour la récolte les préceptes plus haut résumés : c'est vraiment un agréable spectacle, pour les amis des sciences, que l'ardeur avec laquelle les jeunes géologues se précipitent sur les points très fossilifères, l'empressement et la jalousie avec lesquels ils mettent, ou voient mettre, la main sur les espèces rares ou spécialement intéressantes. Ils savent d'ailleurs que l'excursion a surtout pour but de leur signaler la localité et de leur faire connaître les choses à y découvrir, et ils ne manquent pas en général d'y revenir seuls ou en petit comité, pour y rester de longues heures et l'exploiter méthodiquement.

Une carrière suffisamment vue et pendant un temps réglé naturellement d'après l'importance de la tâche à accomplir dans la journée, on passe à une autre, et dans l'intervalle les conversations ne s'arrêtent pas, s'élevant des traits particuliers des formations aux hypothèses générales relatives à leur origine ou à l'acquisition par elles de tel ou tel de leurs caractères. Il n'y a pas en effet à craindre les hypothèses, mais il faut redouter de tenir trop à celles qu'on a une fois adoptées. Sans hypothèses on ne ferait rien, mais ce qu'on fait doit être avant tout rapporté au contrôle de l'hypothèse elle-même, qu'on doit abandonner sans regret dès qu'elle ne satisfait plus à l'interprétation des faits observés.

L'heure passe vite d'une semblable façon et, avec les kilomètres franchis, arrivent la fatigue et la faim. On est tout heureux alors de rencontrer l'auberge, dûment prévenue pour éviter toute perte de temps, et qui offre, soit dans sa grande salle, soit sous la tonnelle, suivant la qualité de l'air, un repas plantureux lestement absorbé.

On resterait bien là quelque temps en humant du café, dont l'origine est d'ailleurs contestable et à la production duquel la chicorée indigène a pris d'habitude plus de part que la rubiacée exotique; mais le devoir vous appelle et il faut reprendre le sac déjà lourd, mais dont le poids est lui-même un motif de satisfaction, et se remettre en route. De nouvelles carrières, de nouvelles coupes s'ajoutent à celles du matin, complétant les données sur la région et fournissant à son égard une plus entière notion. Parfois des ouvriers, bien qu'il soit dimanche, sont sur les travaux, et plus d'un a eu le soin, en vue des géologues possibles, de tenir en réserve les trouvailles qu'il a pu faire. Moyennant une petite gratification, il vous cède son trésor et vous ajoutez ces échantillons acquis à ceux que vous avez trouvés vous-mêmes.

Le jour baisse; il importe de se hâter pour ne pas manquer le train à la gare plus ou moins voisine; le sac tire l'épaule, ayant cette mauvaise idée d'être à chaque instant plus lourd justement à mesure qu'on est soi-même plus fatigué; mais l'entrain ne faiblit pas et c'est généralement aussi gaîment que le départ que s'accomplit le retour.

C'est là l'aspect normal de nos promenades publiques du dimanche; il se modifie un peu dans les excursions de plus d'un jour, dans celles que nous faisons tous les ans soit à Pâques, soit à la Pentecôte, soit plus souvent aux grandes Vacances. Alors le voyage dure normalement huit jours, dix jours ou même un peu plus, et cela introduit quelques conditions nouvelles. Toujours le trajet en chemin de fer se fait à demi-tarif; en outre on a souvent à bénéficier du fait de l'association, soit dans le prix des voitures ou des autres moyens de transport, chevaux, mulets ou bateaux, soit dans celui des repas et des gîtes, pour lesquels les maîtres d'hôtel se montrent parfois accommodants. Au fourniment décrit tout à l'heure il y a lieu de joindre nécessairement un bagage proprement dit; mais on doit s'astreindre à le faire aussi peu volumineux que possible afin que les vingt à cinquante valises qui accompagnent la colonne ne soient pas un obstacle à ses évolutions. Du reste, chacun reste toujours libre de s'arranger comme il l'entend, et d'habitude les personnes réunies dans

les excursions proprement dites se séparent suivant leur goût, pour aller le soir dans des
hôtels différents et ne se retrouver que le lendemain au rendez-vous désigné.

La préparation des grandes courses est un peu plus compliquée que celle des petites
et souvent elle nécessite la bonne volonté du directeur de mines ou de grandes usines
minéralurgiques, que nous visitons avec le plus grand plaisir. A cet égard, proclamons que
nous avons toujours trouvé l'accueil le plus empressé auprès des grands exploitants et
que souvent même, au lieu de se borner à nous laisser pénétrer chez eux, ils nous ont fait
de vraies réceptions, chaleureuses et sympathiques et où, avec l'éloquence naturelle qui
vient du cœur, ils se plaisaient à célébrer l'alliance de la science et de la haute industrie.
Dans combien de houillères, de mines métalliques, de mines de sel, d'ardoisières, de
marbreries, n'avons-nous pas pris part à des fêtes pareilles!

C'est dans les excursions de plusieurs jours qu'il y a lieu d'attacher un soin tout particulier à l'étiquetage et à l'emballage des échantillons : se fier le moins du monde à sa
mémoire serait faire preuve de la plus naïve des inexpériences. Au bout de deux ou trois
jours déjà, les souvenirs relatifs à des spécimens deviennent très confus si le petit carnet
n'est pas là pour les raffraîchir. De temps en temps, on est contraint de se débarrasser de
sa récolte; de la déposer dans une petite caisse et de la livrer soit à un porteur, soit au
chemin de fer; ici encore l'association a souvent rendu des services et l'expédition en
commun est revenue aux participants à des prix relativement très bas.

Je ne saurais insister sur le détail de nos itinéraires, leur récit n'est cependant pas dénué
d'intérêt et l'on conçoit que le passage, au travers d'une région quelconque, d'une troupe
de 20, 30, 50 excursionnistes et davantage, ne va pas sans un certain nombre d'aventures.
J'ai réuni les récits de quelques-unes des promenades publiques du Muséum dans un ouvrage
spécial qui fait partie de la *Bibliothèque de la Nature* et que le libraire G. Masson a naguère
édité sous le titre d'*Excursions géologiques à travers la France.* J'en ai raconté d'autres dans
la *Nature,* dans le *Naturaliste,* même dans le feuilleton scientifique de quelques journaux
quotidiens comme l'*Opinion nationale,* la *République française* et le *Télégraphe.* Il suffira
ici de dire que ces voyages réunissent des amateurs souvent enthousiastes : de solides
amitiés s'y sont conclues et d'agréables relations y ont pris naissance, en même temps que
les participants en ont retiré une haute idée de l'intérêt scientifique et du mérite pittoresque de notre incomparable pays.

Mais une fois rentré chez soi, après le voyage terminé, et qu'il s'agisse de petites courses
ou de grandes, on n'en a pas fini avec la récolte réunie et il s'agit alors de déterminer exactement et d'étiqueter complètement tous les échantillons. Beaucoup ont déjà été dénommés
sur le terrain même par le conducteur de l'excursion, mais tout n'a pu être déterminé sur
place et il y a nécessairement lieu à un complément d'études qui d'ailleurs rendront bien
plus précieuse au collectionneur la série d'objets qu'il a ramassés.

Pour ce qui est des fossiles, les déterminations ne sauraient se faire que par comparaison.

Il faut rapprocher ses spécimens de types déjà décrits ou de planches qui les représentent. A ce double point de vue le Muséum vient très efficacement en aide aux étudiants. Ils trouveront dans sa Bibliothèque tous les livres nécessaires et ils auront aussi dans ses Collections tous les moyens d'étude désirables. Le seul outil nécessaire est une bonne loupe (fig. 310).

Les *tamisages*, rapportées dans les petits sachets de toile numérotés doivent être soumis à un triage méthodique. Par petites portions on étale la substance sur une feuille de papier fort et on en écarte les grains avec un pinceau ou avec une pince, puis avec cette dernière on sépare tous les objets, coquilles ou autres, pour faire de chaque sorte distincte un petit tas sur un petit papier ou dans un carton. On ne s'occupe pas encore de détermination, mais simplement de séparation et on s'attache à la faire le plus complète possible, en ne laissant jamais ensemble deux objets qui ne soient pas rigoureusement identiques.

Dans bien des cas il faut pousser le triage même au-dessous de ce qui concerne les grains facilement visibles à l'œil nu. On fera de jolies séries de bryozaires, de foraminifères, de radiolaires, de spicules, de diatomées et beaucoup d'autres micro-fossiles pour lesquels on arrive facilement à se passionner.

Fig. 310. — La loupe.

Parmi les objets réunis dans les tamisages on trouve souvent des débris de grosses coquilles perforés de trous dans lesquels on rencontre des espèces dites lithophages. Le sable qui remplit les grosses coquilles est souvent riche en mollusques fragiles.

Les fossiles, une fois séparés et déterminés, doivent dans certains cas être l'objet de soins particuliers. Ils sont parfois très altérables et tomberaient en poussière à l'air au bout d'un certain temps. Une couche de vernis et quelquefois de gomme arabique suffit pour les préserver. C'est ce qui a lieu par exemple pour des coquilles ou des vestiges végétaux imprégnés de pyrite de fer, comme il s'en trouve en abondance à toutes sortes de niveaux des terrains secondaires et des terrains tertiaires. Une couche de silicate de soude remplit souvent le but.

Fréquemment les fossiles sont brisés, soit qu'on les ait réduits en morceaux pendant le transport ou le triage ou le nettoyage, soit même parce qu'ils étaient fragmentés dès le

ARDOISIÈRE DU GRAND CARREAU A TRÉLAZÉ

EXPLOITATION DE CRAIE PHOSPHATÉE A HARDIVILLIERS

SABLES MOYENS A FLEURINES

Armand COLIN et Cⁱᵉ, Éditeurs.

LES CARRIÈRES

E. Capiomont imp.

gisement d'où on les a extraits. Il est alors fréquemment indiqué de les raccommoder et l'on se comporte à leur égard comme vis-à-vis d'une porcelaine cassée. Les fragments séchés sont bien nettoyés, puis enduits, sur les surfaces qui se répondent, de colle convenablement composée. On rapproche les éclats et on les maintient immobiles pendant un temps suffi-sant à la prise solide. Quand il y a plusieurs morceaux à recoller, il ne faut les rapprocher que successivement de façon qu'il n'y ait jamais que le dernier d'exposé à se décoller. On a des exemples de beaux spécimens qui sont le résultat d'un nombre énorme de semblables recollages, et tout spécialement pour des dents ou pour des os. Des défenses d'éléphants, qui font l'ornement des collec-tions, sont faites de nombreux débris habilement rajustés. On peut voir au Muséum une carapace de Glyptodonte dont les pièces prismatiques, au nombre de plu-sieurs centaines, ont été patiemment rap-prochées les unes des autres dans leur situation véritable. La belle plaque d'ivoire trouvée dans la grotte de la Madeleine par Lartet accompagné de Falconer, n'a laissé voir le Mammouth, dont elle porte la reproduction gravée, qu'après le recollage des débris dans lesquels le temps l'avait réduite.

Pour les roches et les minéraux, on peut et on doit opérer autrement ; la détermination devant être la conclusion d'un petit nombre d'expériences, aussi

Fig. 311. — Le mortier d'Abich.

intéressantes à faire que faciles à réussir pourvu qu'on y apporte le soin nécessaire. Cette détermination suppose d'ailleurs un petit matériel peu cher et peu encombrant dont il sera utile d'indiquer les pièces principales.

Deux cas principaux se présentent dans cette direction, suivant que la masse étudiée est homogène, c'est-à-dire formée d'un seul minéral, ou au contraire constituée par le mélange de plusieurs espèces. Dans cette seconde condition, il faut d'abord opérer des triages et, par conséquent, si la roche examinée est cohérente, il faut la concasser, la réduire en fragments assez petits pour que chacun d'eux puisse n'être formé que d'un seul des minéraux consti-tuants.

Le marteau suffit souvent pour réaliser ce broyage ; parfois on doit y ajouter le secours d'un mortier, qui sera d'ailleurs toujours nécessaire pour réduire en poussière un minéral séparé dont on voudra étudier d'un peu près la composition. On a à mentionner dans cette série, comme rendant de très grands services vis-à-vis des roches dures, le petit appareil appelé mortier d'Abich du nom de son inventeur, célèbre géologue russe. Comme le montre la figure 311, c'est une sorte de cupule en acier où l'on met la matière à concasser et qui reçoit un tube également en acier, qu'on peut fermer avec un cylindre du même métal sur lequel il sera loisible de frapper avec un marteau. L'écrasement, entre la cupule et le cylindre, se fera sans qu'aucunes parcelles soient répandues au dehors du tube qui les contient.

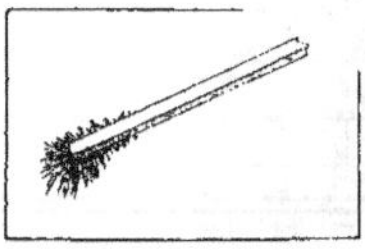

Du reste il arrive fréquemment que dans la nature, des minéraux en petits grains soient mélangés les uns avec les autres comme dans le produit de la trituration artificielle que nous venons de réaliser. Dans les deux

Fig. 312. — Le barreau aimanté.

cas, les sables doivent être soumis à un triage qui rappelle celui qu'on décrivait tout à l'heure à propos des petits fossiles. On étale la substance sur un papier, puis à l'œil nu ou à la loupe, suivant la dimension des grains, et avec l'aide de la pince, on fait des tas spéciaux de grains de diverses catégories mélangées. Chacun de ces tas consistant en un minéral spécial, sera soumis aux essais propres à conduire à une détermination aussi exacte que possible. Une simplification résulte quelquefois des propriétés magnétiques de certains minéraux qui peuvent facilement être extraits avec un aimant (fig. 312). La densité différente des grains associés permet aussi de les séparer par lavage ; même on peut, à la simple capsule comparable à la battée des laveurs d'or, substituer le petit appareil de M. Thoulet (fig. 313).

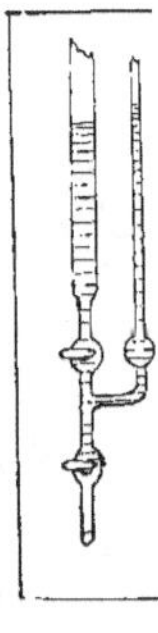

Tout d'abord, la dureté des minéraux et des roches étant un de leurs caractères les plus facile-

Fig. 313. — L'appareil de Thoulet.

ment constatables, on essaye si une pointe de canif mord
sur eux et s'ils rayent une plaque de verre telle qu'une
vitre de fenêtre. On peut ensuite évaluer leur densité.
Ici on arrive fréquemment à un résultat suffisant en
soupesant les substances, si elles ne sont pas en
fragments trop petits, et la barytine, les roches à
strontiane se distinguent ainsi du calcaire qui
peut leur ressembler par l'aspect. Si l'on veut plus
de précision, il faut recourir à des appareils
variés dont les plus pratiques sont l'aréomètre de
Nicholson, la balance de M. Jolly ou le volumètre
de M. Pisani, que nous ne saurions décrire ici.

La nature chimique des minéraux et des roches
peut être conclue de plusieurs expériences qui
sont si simples qu'on ne doit pas regarder à les

Fig. 314. — Le flacon à toucher
et son emploi.

répéter souvent. Ainsi le calcaire et quelques autres carbonates se reconnaîtront tout de
suite à l'*effervescence*, que développe à leur surface le dépôt d'une goutte d'acide, vinaigre
fort, ou mieux acide chlorhydrique. Il est commode d'opérer à l'aide du flacon représenté
dans la figure 314. Son bouchon à l'émeri se prolonge en un cône qui plonge dans le
liquide. Quand le flacon est fermé il suffit de retirer ce bouchon et d'en toucher le spécimen pour constater l'effervescence. Avec quelques tubes et quelques réactifs on pourrait
faire une série d'essais très instructifs, mais au point de vue pratique il y a grand avantage à donner la préférence au chalumeau, et nous ne craignons pas de recommander
son emploi comme un vrai plaisir à ceux de nos lecteurs qui
se sentent le goût de la science des minéraux.

Ce petit instrument (fig. 315) consiste en un
petit tube coudé à angle droit et renflé en
réservoir en une partie de sa longueur; il est disposé en embouchure à
un bout et terminé à l'autre par une
tuyère en platine. Par son moyen, on
peut insuffler de l'air dans une flamme
de bougie et la transformer ainsi en
un *dard*, dont la température est assez
élevée pour amener à l'état de fusion
les corps les plus réfractaires. Pour
que le résultat soit obtenu, il faut un
dard tout à fait continu et la première

Fig. 315. — Le chalumeau de Berzélius.

fois qu'on essaye de l'obtenir, il semble que la chose soit impossible. Mais c'est ce qui arrive dans tous les cas analogues, et à ce point de vue la première leçon de chalumeau ressemble à la première leçon de natation et à la première leçon de bicyclette : dans la seconde, toute difficulté est vaincue et on reconnaît bientôt qu'on peut souffler indéfiniment sans fatigue et surtout sans essoufflement. Il y a des gens qui vont jusqu'à dire que le chalumeau est un excellent exercice de gymnastique pulmonaire et pourrait être favorable à la santé de la poitrine. On a un moyen facile de constater si l'on est arrivé à souffler convenablement, dans la fusibilité obtenue de certains minéraux assez réfractaires, et par exemple du feldspath orthose. Une petite

Fig. 316. — Charbon de bois préparé pour les essais au chalumeau.

esquille de cette substance, bien aiguë et qu'on examine bien à la loupe pour être à même de comparer son contour actuel à celui qui se produira, est engagée entre les deux branches d'une petite pince à bout de platine. Puis on fait tomber sur elle l'extrémité du dard du chalumeau : la matière ne tarde pas à rougir puis à passer au blanc éblouissant : au bout de quelques instants on arrête pour observer à la loupe, et, si l'on a bien opéré, on voit le profil anguleux du début remplacé par un bourrelet d'émail blanchâtre ayant tous les caractères d'une matière fondue.

On voit tout de suite de quelle immense ressource doit être ce petit instrument, et tout d'abord, en permettant une distinction entre les minéraux fusibles et les minéraux infusibles. Ainsi on appelle *petrosilex* des roches qui ont tout à fait l'aspect du silex de la craie, et c'est de là que vient leur nom, mais qui sont formées de feldspath compact et non de silice. Aussi le chalumeau les fait-il fondre, tandis qu'il est impuissant à l'égard du silex. Et cet exemple dispense d'en citer d'autres. On fera des distinctions aussi d'après la plus ou moins grande facilité de la fusion ; et d'après la couleur de l'émail produit, qui suivant les cas est blanc, gris ou noirâtre. Parfois sa production s'accompagne d'un bouillonnement et le produit sera bulleux ; ou bien on sentira une odeur caractéristique d'où l'on conclura aisément des traits de composition. Ce sont là des choses sur lesquelles d'ailleurs il nous est impossible de nous appesantir.

Ajoutons cependant qu'on n'aurait du chalumeau qu'une idée très incomplète si l'on n'y voyait qu'un outil propre à chauffer les minerais et les roches ; il donne en effet le moyen de faire agir sur ces produits naturels une série de réactifs chimiques dont les effets seront décisifs au point de vue de la détermination désirée. Dans cette voie on peut opérer de plusieurs façons.

Par exemple, certains minerais métalliques, et surtout les sulfures, révéleront les détails de leur nature sous l'action combinée, à haute température, de l'oxygène de l'air qui les *grillera* et du charbon de bois qui en *réduira* le métal. Si donc après avoir creusé un petit godet dans un morceau de charbon de bois (fig. 316), on y chauffe un semblable minerai, galène, pyrite ou autre, broyé en poudre fine, on ressentira d'abord l'odeur de l'acide sulfureux, indice certain de la présence du soufre, et on obtiendra un globule, métallique ou oxydé, dont les propriétés seront remarquables. La galène donnera un grain malléable que le marteau réduira en une feuille; la pyrite procurera un bouton magnétique, la chalkosine, ou sulfure de cuivre, donnera une matière dont la solution azotique prendra par l'ammoniaque une couleur bleu-céleste intense, etc.

En second lieu, on a imaginé de soumettre les minéraux à des réactions plus variées en les faisant fondre au contact de réactifs appropriés. Par exemple le borax, ou biborate de soude des chimistes, est très propre à procurer dans cette voie des renseignements précis. Pour opérer, on prend un fil de platine de grosseur moyenne et de 10 centimètres de longueur et on en contourne une extrémité en forme de boucle de façon à circonscrire par un anneau une surface ovale de 3 à 4 millimètres de largeur. La boucle étant chauffée au rouge à l'aide du chalumeau, on la plonge brusquement dans du borax préalablement réduit en poudre très fine. Un peu de sel se colle alors au platine et on le transporte dans le dard du chalumeau où il fond de façon à constituer comme une perle limpide sertie par le platine (fig. 317). Si alors on y introduit quelques parcelles du minéral contenant un métal, la perle se colore d'une nuance caractéristique pour chaque métal : violette pour le manganèse, vert-émeraude pour le chrome, bleue pour le cobalt, vert-bouteille pour le fer, etc., et on voit tout de suite quelle économie de temps ce procédé procure, comparé à l'analyse ordinaire par la voie humide.

Mais ce n'est pas tout et on a trouvé le moyen de confirmer la détermination, dans le cas où la nuance de la perle pourrait être analogue du fait de métaux différents : par exemple le cuivre, le chrome, le nickel, le fer peuvent donner différentes nuances de vert. Le secret est dans la manière de souffler, qui procure en effet, suivant les cas, deux dards ayant des propriétés fort différentes.

Fig. 317. — Perle de borax pour les essais au chalumeau.

Si on entre le bout du chalumeau dans l'intérieur de la flamme de la bougie et si on envoie le courant d'air de façon à toucher presque la mèche et directement au milieu de la flamme, on produit un long dard bleu appelé *flamme oxydante*. En en approchant la matière à l'étude, on reconnaît qu'on en détermine l'oxydation, et en réfléchissant un peu on reconnaît en effet que ce dard doit contenir un excès de gaz comburant. Si on y met par exemple une perle contenant de l'oxyde de manganèse elle devient d'un violet d'améthyste; avec l'oxyde de cuivre la perle sera bleue.

Au contraire on obtiendra une *flamme réductrice* en soufflant directement dans le milieu de la flamme, de façon que le bec du chalumeau n'y pénètre que très peu ou point du tout et que le courant d'air passe à une distance un peu plus grande au-dessus de la mèche que dans le premier cas. En plongeant la perle dans l'intérieur du dard, on la verra se réduire, et par exemple la perle violette de manganèse deviendra tout à fait incolore ; la perle bleue et transparente du cuivre deviendra rouge et opaque.

Par le jeu savamment combiné de la flamme oxydante et de la flamme réductrice on arrive à faire des déterminations remarquables par leur simplicité et par leur promptitude. Il y a des personnes qui se passionnent véritablement pour l'usage du chalumeau et qui prétendent remplacer par son moyen toutes les pratiques de l'analyse ordinaire, non seulement au point de vue qualitatif, mais même pour les dosages. On a sur la matière des ouvrages extrêmement curieux, mais dont l'étude nous entraînerait bien au delà des limites de notre sujet. Il nous suffit de retenir du chalumeau ce qui sera nécessaire pour la détermination des minerais et des roches.

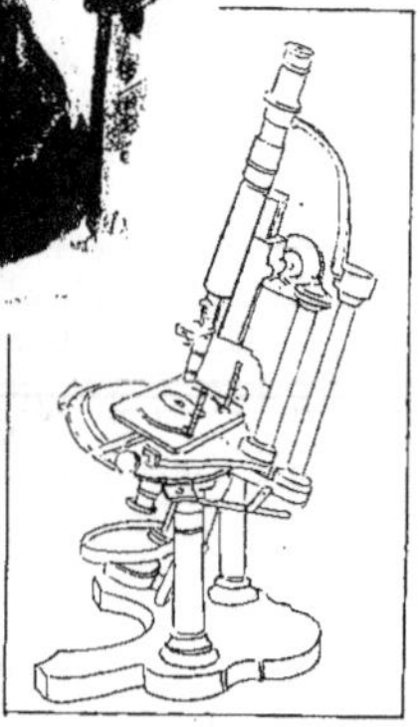

Un dernier procédé dont il importe de dire un mot, c'est l'examen microscopique (fig. 318). Il n'a contre lui que de nécessiter la possession du microscope, instrument souvent cher ; mais il procure des documents très sûrs et en même temps il constitue un genre d'étude extrêmement attrayant.

Fig. 318. — Le microscope polarisant.

Déjà on obtient des renseignements fort instructifs en regardant au microscope la poussière des roches. Dans bien des cas, en réglant convenablement le grossissement et l'éclairage, cette expérience nous renseigne sur la nature de bien des objets. Tantôt ce sont de petits grains cristallins que leur forme ou leur couleur peut faire reconnaître et l'examen de bien des sables fournit dans ce sens des résultats curieux ; tantôt ce sont des débris organiques : spicules d'éponges, tests de foraminifères, de radiolaires ou de diatomées.

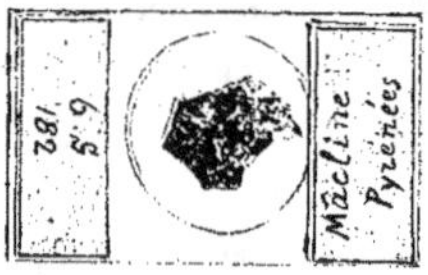

Mais la vraie méthode de recherches suppose la préparation préalable de *lames minces* (fig. 319). Elles sont bien nommées, ces lames minces, car les plus épaisses d'entre elles ne doivent pas mesurer plus de quelques centièmes de millimètre, et pour qui

182
6.5
Macline
Pyrénées

Fig. 319. — Lame mince pour l'examen microscopique.

ne connaît pas le procédé très simple de leur préparation, ce sont de vraies merveilles. Coupées au travers des roches, même les plus dures, elles nous en révèlent non seulement la composition, mais encore la structure, et notre Planche X peut donner une idée des véritables merveilles qu'elles mettent sous les yeux de l'observateur. Dans la lumière polarisée, bien des substances prennent des couleurs caractéristiques et souvent très brillantes; en certaines directions elles s'assombrissent au con-traire, deviennent opaques, *s'éteignent*, comme on dit, et ces *directions d'extinction* sont aussi des traits caractéristiques des diverses espèces minérales.

Il va sans dire que dans ce très rapide résumé nous n'avons pu donner qu'un aperçu des procédés dont disposent les amateurs de la géologie pour déterminer scientifiquement les objets qu'ils ont recueillis. Ils ont ensuite à disposer leurs échantillons pour en faire une collection et, ici encore, des principes rai-sonnés seront suivis avec avantage. Il y a tout un art d'aménagement, d'étiquetage, de clas-sement des séries de roches, de terrains, de minerais et de fossiles, et les modèles à suivre ne manquent pas. Une armoire vitrée dont le corps est garni de tiroirs peut recevoir bien des choses. Les spéci-

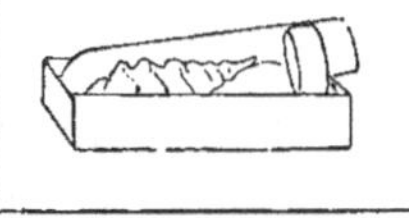

Fig. 320. — Rangement et dispo-sitions des collections.

mens exposés à la vue seront parés et mis en valeur par des socles et des supports appa-rents; ceux plus nombreux conservés à l'abri des regards seront rangés de façon à tenir le moins de place possible. La figure 320 indique une disposition très convenable pour les coquilles fossiles, et qui s'appliquerait également bien à des minéraux. Les spécimens sont disposés dans des tubes de verre de grosseur variable, mais de longueur uniforme, et on les y maintient en place soit par de petites bourres de coton (ouate noire), soit par une petite lame de carton rétrécissant le tube convenablement. Le bouchon est taillé de façon à présenter une encoche qui viendra se reposer sur le bord d'un petit carton ayant juste la dimension voulue et où le tube sera par conséquent incliné. Tous les petits cartons sont disposés les uns à côté des autres dans les tiroirs en lignes séparées par des règlettes de bois. On intercale dans leur série des petits blocs de bois sur lesquels sont inscrites d'une façon très claire les indications taxonomiques : classes, ordres, familles, genres, espèces. L'aspect des tiroirs ainsi aménagés est tout à fait satisfaisant et la conservation des échantillons, soustraits à la poussière, est assurée d'une manière complète.

Dans tous les cas c'est avec un vrai plaisir, d'autant plus grand qu'il est complexe, qu'on passe la revue des objets recueillis, qu'on arrive peu à peu à combler les lacunes des séries, à remplacer des échantillons défectueux par des individus meilleurs. Par le mauvais temps de l'hiver, on revit ainsi ses promenades de l'été ; on fait surgir devant les yeux de l'esprit les tableaux charmants des courses en plein air, et il faut l'avoir éprouvé soi-même pour comprendre tout l'attrait de ces évocations.

Si *Nos Terrains* avait pu éveiller chez quelque lecteur la noble passion des recherches géologiques, le sentiment du plaisir sans mélange qu'il ressentirait en vérifiant par lui-même les assertions avancées, serait pour nous la plus précieuse récompense de notre travail.

Fig. 321. — Une excursion publique du Muséum.
D'après une photographie instantanée de M. G. Renaud.

TABLE ALPHABÉTIQUE

Catacombes de Paris, xviii.

Causes actuelles, leur fécondité, 50; — de l'activité géologique, 39; — du métamorphisme, 53.

Causses, leur perméabilité, viii; — circulation souterraine des eaux, 9; — leurs canions, 19; — calcaires bathoniens, 89.

Cauterets, eaux minérales, 151.

Cauville, fossiles albiens, 97.

Cavernes, parti que les hommes en ont tiré, xix; — fréquentes dans les couches jurassiques, 79; — fossiles quaternaires qu'on y rencontre, 116; — leur imitation artificielle, 25.

Cavités du sol, usage qu'on en fait quelquefois, xix.

Cayeux (M.), radiolaires cambriens, 69.

Cecchi (M.), son sismographe, 5.

Célestine du sinémurien, 84; — exploitée pour les feux d'artifices, 150.

Celle (la), plantes fossiles, 48, 116.

Cendres noires; ce que c'est, 105, 135.

Cénomanien (terrain), 99.

Ceratites du trias, 78.

Cerfs tertiaires, 104.

Cérithe comme fossile caractéristique, 53, 108; — du terrain nummulitique, 108; — de l'oligocène, 110.

Cernay (Marne), fossiles éocènes, 107.

Cernay-la-Ville, grès à paver, 143.

Cervelas; nom d'une variété de brèche calcaire, 138.

Cévennes; sommets choisis comme lieux habités, xx; — cônes de déjection, 32; — glaciers quaternaires, 112; — citées comme aurifères, 122.

Cèze (la), sables aurifères, 123.

Chablais, actions mécaniques qui ont influencé la forme du paysage, iii.

Chailles; nodules calcaires, 90.

Chaleur interne du globe, 40.

Chalkopyrite, 127.

Challanches, minerais métalliques, 124, 127.

Chalonnes, tremblement de terre, 4; — terrain carbonifère, 71.

Chalumeau de Berzélius, 171.

Chamonix, ses glaciers, 23.

Champagne, sa nature géologique, xvii; — récifs madréporiques, 80; — terrain bajocien, 86; — terrain portlandien 94; — terrain crétacé, 94; — rognons de pyrite, 98.

Champagne pouilleuse, ses plaines, i; — sa perméabilité, viii; — sa craie, 94, 101.

Champigny, four à chaux continu, 140.

Chaos de la Forêt de Fontainebleau, v, 26, 31.

Chapelle-aux-Pots (la), terre à briques, 141.

Chapiteau en kersantite, 139.

Charbon de bois pour les essais au chalumeau, 172.

Charbon de terre; son influence sur la situation de certaines villes, xviii.

Charente (départ.), pertes de rivières, 9; — terrain bajocien fossilifère, 88; — terrain cénomanien, 99.

Charente-Inférieure, terrain kimméridgien, 93.

Charlemont, forteresse établie sur un sommet, xx.

Charleville, lias, 83.

Charroux, crassiers, 128.

Chartres, dépôts pliocènes, 112.

Chassemoue, exploitation d'ardoises, 142.

Chateaubourg, exploitation d'ardoises, 142.

Chateaubriant, fossiles siluriens, 69.

Château-du-Loir, tremblement de terre, 4; — habitations souterraines, 98.

Château-Landon, pierre à bâtir, 137.

Chateaulin, ardoises qu'on y exploite, 141.

Châteaux établis sur des sommets, xx.

Chatel-Audren, gîte de zinc, 126.

Chatillon (Pas-de-Calais), terrain kimmeridgien, 93.

Chatillon (Côte-d'Or), fossiles néocomiens, 96.

Chaudesaigues doit son existence à des sources chaudes, xix; — température de ses sources, 41, 151.

Chaudfour, jaspe propre à la décoration, 140.

Chaumont-en-Vexin, fossiles éocènes, 108.

Chaussure convenable pour les excursions géologiques, 157.

Chaux employée en agriculture, 146.

Cheires d'Auvergne, iii; — leur stérilité, xiv.

Cheirotherium, dans le grès bigarré, 77.

Chéméré, liaison des plantes avec le sol, xiv.

Cheminées des fées, 15.

Chemins de fer; ont été inventés dans les houillères, 132.

Chemnitzia du terrain bajocien, 87.

Chêne fossile des cinérites du Cantal, 105.

Cher, fer en grains, 130.

Cherbourg, tremblement de terre, 4.

Chessy, gisement de cuivre, 127.

Chevauchement des couches, iii.

Chiastolithe, dans les schistes métamorphiques, 54.

Chlorite dans la craie, 99.

Choc sismique, 4.

Chutes d'eau, déterminant la production des cônes de déjection, 32.

Cieux, minerai d'étain, 125.

Cinabre, 124.

Cinérites fossilifères du Cantal, 105.

Circulation des eaux, 6; — souterraine des eaux chaudes, 41.

Ciseau à froid pour isoler les fossiles, 161.

Clamecy, crassiers, 128.

Clausilia, du terrain pliocène, 110.

Classification stratigraphique; sa nécessité comme moyen d'étude, 45.

Clermont-Ferrand, distribution des plantes d'après la nature des sols, xiii; — volcans tertiaires. 106.

Climats à l'époque pliocène, iii.

Clypeus du terrain bathonien, 88.

Cocardes des filons, 130.

Cœlostychium du terrain sénonien, 103.

Collections; disposition à leur donner, 175.

Collettes (les), minerai d'étain, 125.

Collines; leur isolement par la dénudation fluviaire, 20.

Colline de Sansan, 104.

Colonnades de basalte, souvent pittoresques, 60; — du Plateau central, 106.

Colonnes de jaspe, 139.

Combustibles minéraux, 132.

Commentry, bassin houiller, 71; — fossiles houillers, 73; — exploitation de la houille à ciel ouvert, 132.

Concrétions minérales dans les abîmes de la mer, 29.

Conditions du milieu; leur influence sur les espèces organiques, 51.

Cônes de déjection, 32; — dans les cavernes, 37.

Congeria du terrain pliocène, 110.

Conifères du terrain bajocien, 87.

Consolidation des fossiles, 162.

Constellations, 57.

Constructions; matériaux qu'on y consacre, 136.

Continuité des dépôts géologiques, 45.

Contournement des couches du sol dans le Jura, iii, 79.

Contraste des aiguilles des Alpes et des roches moutonnées au voisinage des glaciers, 23.

Conularia des grès de May, 70.

Coprolithes recherchés par l'agriculture, 146.

Coquille de Saint-Jacques à Arcy-sur-Cure, 24.

Coquilles enfouies dans la tangue, comparées aux fossiles, 28.

Coquins; rognons phosphatés des Ardennes, 31, 116.

Corallien (terrain), 91.

Coraux du terrain corallien, 91.

Corbières, terrain néocomien, 95; — terrain turonien, 101.

Cordaïte du terrain houiller, 73.

Cordons littoraux, 28.

Corn-brash, 88.

Corniches sur les flancs des vallées, iv; — sur les escarpements des Vosges, vi.

Corse, gisement de cuivre, 127; — porphyre et diorite qu'on y exploite, 139.

Coryphodon de l'éocène, 107.

Cosne, marbre qu'on y exploite, 138.

Costume de mineur de houille, 133; — convenable pour les excursions géologiques, 157.

Côte-d'Or, pertes de rivières, 9; — fossiles rhétiens, 81; — calcaire à chailles, 90; — ferriers, 128; — fer en grains, 130; — pierre à bâtir, 137.

Cotentin, terrain danien, 103.

Coton cardé employé à l'emballage des fossiles. 164

Couches souterraines à température constante, 40.

Couches du sol caractérisées par leurs fossiles, 19; — de sidérose, 130.

Coulées de basalte du Plateau central, 106.

Couleurs diverses des marbres, 138.

Coupe générale de la France, XVII.

Coupellation, 126.

Coups de feu dans les mines, 135.

Courants réguliers de la mer, 8.

Cours d'eau; leurs pertes, VIII; — comparés à un réseau circulatoire, 8; — dénudation qu'ils réalisent, 16.

Couseau, fossiles néocomiens, 94.

Couteaux préhistoriques de silex, 117.

Craie; sa perméabilité, VIII; — sa dénudation par la mer, 13; — sa description, 94; — elle a donné son nom au terrain crétacé, 94; — brune phosphatée, 146; — marneuse imperméable, IX.

Crassiers, 128.

Cratères éteints des environs de Clermont, 106.

Crau; exemple de pays sec, VIII.

Crèche (la), terrain kimméridgien, 93.

Crépitation produite dans les houillères par le grisou, 131.

Crétacé (terrain), 94.

Creusement des vallées, 16; — progressif des cavernes, 25.

Crevasses ouvertes par les tremblements de terre, 2; — où disparaissent des rivières, VIII.

Crioceras du terrain néocomien, 95.

Cristal de roche dans le terrain archéen, 68: — dans les ardoises, 75; — associé à l'étain, 125: — pour la parure, 130.

Cristaux; préceptes relatifs à leur récolte, 164.

Crocodilus depressifrons, 107.

Croisette dans le terrain métamorphique, 54.

Croisilles, fossiles bajociens, 86.

Croix-de-la-Paille, colonnade basaltique, 60.

Crossochorda du terrain kimméridgien, 93.

Croûte terrestre; son épaisseur, 40.

Crussol, minerai de fer, 91.

Cruziana du terrain silurien, 69.

Cryptogames générateurs du sulfure des eaux sulfurées, 154.

Cucullæa de l'éocène, 106.

Crise-la-Motte, sables éocènes, 107; — fossiles tertiaires, 104.

Cuivre; ses minerais, 126.

Cuprite, 127.

Cuvier, son opinion sur le remplissage des cavernes, 36; — fondateur de la paléontologie, 46, 155: — son opinion sur l'origine des espèces organiques, 49.

Cyathophyllum dévonien, 71.

Cycadée du terrain bajocien, 87.

Cyclolithes du terrain turonien, 101.

Cyclostoma, du terrain pliocène, 110.

Cyrena du terrain éocène, 107, 109.

D

Dalles; pierres qui les fournissent, 143.

Damery, fossiles tertiaires, 104.

Danien (terrain), 103.

Daonella du keuper, 79.

Dard du chalumeau; comment on l'obtient, 171.

Dauphiné, la nature de son sol révélé par les accidents de sa surface, II; — calcaire jurassique, 79; — terrain portlandien, 94; — anthracite, 132.

Dax doit son existence à des sources chaudes, XIX; — eaux minérales, 154; — sel gemme, 149.

Déboisement des montagnes, XII.

Decazeville, influence du charbon de terre sur sa situation, XVIII.

Décollement des couches, III.

Décoration des édifices; pierres qu'on y emploie, 138.

Défenses d'éléphant du terrain quaternaire, 116.

Déformation des fossiles dans les terrains métamorphiques, 53.

Deltas des cours d'eau, 33.

Demoiselle de Pyrimont; exemple de démolition fluviaire, 21.

Démolition des montagnes, 24; — des terrains, 12.

Dendrites de manganèse, 131.

Dendrogyra du terrain corallien, 91.

Denise (la), métamorphisme de l'argile au contact de la lave, 61.

Densité des minéraux comme moyen de séparation, 170.

Dent de mammouth, 48.

Dénudation qui a isolé les collines en Auvergne, VI; — sa définition, 12; — marine, 14; — lacustre, 14; — pluviaire, 15; — fluviaire, 16; — glaciaire, 22; — souterraine, 24; — éolienne, 26.

Déplacement progressif des rivages, 5; — des méandres des rivières, 18.

Descartes, sa géogénie, 155.

Descendance des espèces organiques; ce qu'il faut en penser, 50.

Descentes dans les puits de mines, 133.

Desnoyers, les cavernes comparées aux vallées, 36.

Desséchement de la Camargue, XII; — progressif du globe terrestre, 58.

Détermination des échantillons géologiques, 167.

Deville (Ardennes), porphyre cambrien, 69.

Devonien (terrain), 70.

Diabase du terrain silurien, 70.

Diatomées des grandes profondeurs marines, 29.

Diceras du corallien, 91.

Dicranophyllum du terrain houiller, 73.

Diélette, magnétite, 131.

Dieppe, sédimentation marine, 28; — falaise de craie, 94.

Dieuze, terrain saliférien, 149; — tremblement de terre, 3.

Diluvium, résidu de dénudation, 31;

— gris et rouge, 112; — rouge, cause de sa coloration, 36; — des cavernes, 36; — matériaux de construction qu'il fournit, 143.

Diminution des glaciers, 33.

Dinotherium des sables de l'Orléanais, 110.

Diorite comme roche éruptive, 60; — orbiculaire employée à la décoration, 139; — pour le macadam, 144; — associée au sel gemme dans les Pyrénées, 149.

Disparition des glaciers, 33; — des espèces, 50.

Disposition du terrain secondaire en France, 77; — à donner aux collections, 175.

Disthène dans le terrain métamorphique, 54.

Distillation des schistes permiens, 77.

Distribution géographique des animaux et des végétaux, XI.

Divagation des rivières, 18.

Dives, ammonites qu'on y recueille, 52; — terrain oxfordien, 89.

Dixmont, lignites éocènes, 135.

Dolérite citée comme roche éruptive, 60.

Dollot (M.), photographie géologique, 143.

Dolmens, 118.

Dombes, leur imperméabilité, VIII.

Dordogne, crassiers, 128; — minerai de manganèse, 131.

Douarnenez, diabases, 70.

Doubs (rivière), fausses rivières, 19.

Doubs (départ.), fer en grains, 130.

Doulaincourt, fossiles coralliens, 91.

Doullens, fossiles sénoniens, 102.

Douvres, cité pour le tunnel sous la Manche, X.

Drôme, terrain oxfordien, 91.

Dufrénoy, sa description géologique de la France, XVI.

Dunes, leur origine, II; — leur mode de formation, 38.

Durée de la période actuelle, 5.

Dureté comme procédé de détermination des minéraux, 170.

Durfort, éléphant pliocène, 111, 162.

Dykes, en relief par le fait de la pluie, V; — de roches éruptives, 59.

Dynamite fabriquée avec la gaise, 81; — son emploi dans les mines, 134.

Dysaster du terrain oxfordien, 90.

E

Eaux; ont donné leur nom à beaucoup de localités, XIX; — leur circulation, 6; — courantes, leur influence sur les formes du paysage, III; — douces employées à l'exploitation du sel, 149; — minérales, 150; — naturelles, flacons pour les recueillir, 164; sauvages, comme agents de dénudation, 8, 14; — sauvages, comme agents de sédimentation, 30; — souterraines, leur régime lié à la structure du sol, VII.

Eaux-Bonnes (les), sources, 154.

26

ERRATA

Page ix. — Ligne 6, *en remontant*, et légende de la fig. 8 ; et page x, ligne 10 : *au lieu de* cap Gris-Nez, *lire* cap Blanc-Nez.

Page 61. — *Ajouter* à la légende des figures 85 et 86 : d'après M. Lacroix.

Page 78. — Les deux dernières lignes : rétablir la fin de la phrase comme suit : des poissons, des reptiles comme *Placodus gigas* (fig. 129) et *Nothosaurus Schimperi* (fig. 130).

Page 103. — Légende de la figure 213, *lire* : *Cœloptychium boletoïdes*.

Pages 114 et 115. — Des documents récents m'apprennent que le Pamir ne répond pas à l'idée que j'en ai donnée relativement à la situation relative des glaciers et des hauts sommets, de sorte que mon hypothèse devrait être modifiée en conséquence ; il va sans dire que j'aimerais mieux l'abandonner que persister à répandre une notion reconnue fausse.

Page 117. — *Ajouter* à la légende de la fig. 258 : d'après M. Marcellin Boule.

Page 118. — *Ajouter* à la légende de la fig. 262 : d'après M. Garrigou.

Coulommiers. — Imp. Paul BRODARD. — 457-96.

TABLE DES MATIÈRES

Ce prospectus contient une planche spécimen en couleur tirée sur papier mince.   P. N° 4825.

VOIR le spécimen du texte, page 3

Nos Terrains

Par M. STANISLAS MEUNIER
Professeur-Administrateur au Muséum d'Histoire naturelle.

Armand COLIN et Cⁱᵉ, Éditeurs.

L'ouvrage comprendra 24 livraisons contenant chacune 8 pages de texte et une planche en couleur.

Chaque livraison : 80 centimes.

E. Capiomont impᵗ

Les galets qui ont attaqué les roches supportant les glaciers présentent eux-mêmes des stries tout à fait caractéristiques (fig. 35).

Quand on visite nos beaux glaciers des Pyrénées ou des Alpes,
par exemple la Mer de Glace qui
aboutit à la vallée de Chamonix
(Pl. VIII, fig. 1), on observe aisément sur les roches de chaque rive
des traces témoignant de l'énergique
puissance érosive des fleuves congé-
lés. Ils consistent en une zone de
surfaces polies, moutonnées, striées
et cannelées qui s'élève jusqu'à
1000 et 1500 mètres au-dessus du
niveau actuel de la glace (fig. 36).

Fig. 35. — Galet glaciaire présentant à sa surface polie des stries caractéristiques, identiques pourtant à celles qui peuvent résulter de l'exercice des phénomènes de la dénudation souterraine.

Ces traces d'un aspect si imposant montrent bien clairement que le glacier, comme précédemment la rivière qui creusait sa vallée, pénètre peu à peu dans la roche sous-jacente à la
façon d'une lame de scie. Cela ne suppose d'ailleurs aucunement, comme on se l'imagine

naïvement tout d'abord,
que l'agent érosif a diminué de dimension avec le
temps : une lame de scie
peut par exemple laisser
son empreinte sur 1 mètre
et plus de la section d'une
bille de bois, sans avoir eu
à aucun moment plus de
2 ou 3 centimètres de largeur.

Pour avoir une idée
complète de l'énergie avec
laquelle les glaciers réalisent la démolition du sol,
il faut se rappeler qu'ils
déterminent dans leur voisinage le développement

Fig. 36. — Rive gauche de la Mer de Glace (Haute-Savoie). Contraste entre les
roches moutonnées par le passage de la glace M, et les roches en aiguilles A,
qui ont échappé à son action. La hauteur des roches moutonnées indique la
quantité dont le glacier GG a pénétré verticalement dans la roche qui le supporte,
au fur et à mesure des progrès de la dénudation glaciaire.

des agents de dénudation énumérés plus haut, pluie et ravinement des eaux sauvages et
des torrents.

Prospectus.   Spécimen.

STANISLAS MEUNIER

PROFESSEUR DE GÉOLOGIE AU MUSÉUM D'HISTOIRE NATURELLE

Nos Terrains

24 planches en couleur hors texte

Aquarelles d'après nature par P. GUSMAN et JACQUEMIN

260 figures noires dessinées par René VICTOR-MEUNIER et BIDAULT

Armand Colin & Cie, Éditeurs

Paris   1897

VOIR le spécimen du texte, page 3

Nos Terrains

Par M. STANISLAS MEUNIER

Professeur-Administrateur au Muséum d'Histoire naturelle.

L'ouvrage comprendra 24 livraisons contenant chacune 8 pages de texte et une planche en couleur.

Chaque livraison : 80 centimes.

Les galets qui ont attaqué les roches supportant les glaciers présentent eux-mêmes des stries tout à fait caractéristiques (fig. 35).

Quand on visite nos beaux glaciers des Pyrénées ou des Alpes, par exemple la Mer de Glace qui aboutit à la vallée de Chamonix (Pl. VIII, fig. 1), on observe aisément sur les roches de chaque rive des traces témoignant de l'énergique puissance érosive des fleuves congelés. Ils consistent en une zone de surfaces polies, moutonnées, striées et cannelées qui s'élève jusqu'à 1000 et 1500 mètres au-dessus du niveau actuel de la glace (fig. 36).

Fig. 35. — Galet glaciaire présentant à sa surface polie des stries caractéristiques, identiques pourtant à celles qui peuvent résulter de l'exercice des phénomènes de la dénudation souterraine.

Ces traces d'un aspect si imposant montrent bien clairement que le glacier, comme précédemment la rivière qui creusait sa vallée, pénètre peu à peu dans la roche sou jacente à la façon d'une lame de scie. Cela ne suppose d'ailleurs aucunement, comme on e l'imagine naïvement tout d'abord, que l'agent érosif a diminué de dimension avec le temps : une lame de scie peut par exemple laisser son empreinte sur 1 mètre et plus de la section d'une bille de bois, sans avoir eu à aucun moment plus de 2 ou 3 centimètres de largeur.

Pour avoir une idée complète de l'énergie avec laquelle les glaciers réalisent la démolition du sol, il faut se rappeler qu'ils déterminent dans leur voisinage le développement

Fig. 36. — Rive gauche de la Mer de Glace (Haute-Savoie). Contraste entre les roches moutonnées par le passage de la glace M, et les roches en aiguilles A, qui ont échappé à son action. La hauteur des roches moutonnées indique la quantité dont le glacier GG a pénétré verticalement dans la roche qui le supporte, au fur et à mesure des progrès de la dénudation glaciaire.

des agents de dénudation énumérés plus haut, pluie et ravinement des eaux sauvages et des torrents.

2ᵉ livraison.   80 centimes.

STANISLAS MEUNIER
PROFESSEUR DE GÉOLOGIE AU MUSÉUM D'HISTOIRE NATURELLE

Nos Terrains

24 planches en couleur hors texte

Aquarelles d'après nature par P. GUSMAN et JACQUEMIN

260 figures noires dessinées par René VICTOR-MEUNIER et BIDAULT

Armand Colin & Cⁱᵉ, Éditeurs

Paris   1897

3ᵉ livraison.   80 centimes.

STANISLAS MEUNIER
PROFESSEUR DE GÉOLOGIE AU MUSÉUM D'HISTOIRE NATURELLE

Nos Terrains

24 planches en couleur hors texte.

Aquarelles d'après nature par P. GUSMAN et JACQUEMIN

260 figures noires dessinées par René VICTOR-MEUNIER et BIDAULT

Armand Colin & Cⁱᵉ, Éditeurs
Paris   1897

Une livraison le 5 et le 20 de chaque mois.   L'ouvrage sera complet en 25 livraisons.

4e livraison.

80 centimes.

STANISLAS MEUNIER

PROFESSEUR DE GÉOLOGIE AU MUSÉUM D'HISTOIRE NATURELLE

Nos Terrains

24 planches en couleur hors texte

Aquarelles d'après nature par P. GUSMAN et JACQUEMIN

260 figures noires dessinées par René VICTOR-MEUNIER et BIDAULT

Armand Colin & Cie, Éditeurs

Paris   1897

5ᵉ livraison.   80 centimes.

STANISLAS MEUNIER
PROFESSEUR DE GÉOLOGIE AU MUSÉUM D'HISTOIRE NATURELLE

Nos Terrains

24 planches en couleur hors texte

Aquarelles d'après nature par P. GUSMAN et JACQUEMIN

260 figures noires dessinées par René VICTOR-MEUNIER et BIDAULT

Armand Colin & Cⁱᵉ, Éditeurs
Paris   1897

Une livraison le 5 et le 20 de chaque mois.   L'ouvrage sera complet en 25 livrai...

6ᵉ livraison.   80 centimes.

STANISLAS MEUNIER
PROFESSEUR DE GÉOLOGIE AU MUSÉUM D'HISTOIRE NATURELLE

Nos Terrains

24 planches en couleur hors texte

Aquarelles d'après nature par P. GUSMAN et JACQUEMIN

260 figures noires dessinées par René VICTOR-MEUNIER et BIDAULT

Armand Colin & Cⁱᵉ, Éditeurs

Paris   1897

Une livraison le 5 et le 20 de chaque mois.   L'ouvrage sera

7ᵉ livraison.

80 centimes.

STANISLAS MEUNIER
PROFESSEUR DE GÉOLOGIE AU MUSÉUM D'HISTOIRE NATURELLE

Nos Terrains

24 planches en couleur hors texte

Aquarelles d'après nature par P. GUSMAN et JACQUEMIN

260 figures noires dessinées par René VICTOR-MEUNIER et BIDAULT

Armand Colin & Cⁱᵉ, Éditeurs

Paris

1897

Nos Bêtes, par M. le Docteur H. BEAUREGARD, assistant de la Chaire d'Anatomie comparée du Muséum.

TOME I. *Animaux utiles.* Un volume in-4° cavalier, illustré de 272 figures en noir et de 23 *planches hors texte* contenant 228 *figures en couleur*, dessinées d'après nature par A. MILLOT et reproduites *en couleur* à l'aide de 18 teintes, par la chromolithographie, broché. . . . . **20** »

TOME II. *Animaux nuisibles ou sans utilité.* Un volume in-4° cavalier, illustré de 255 figures en noir et de 22 *planches hors texte* contenant 242 *figures en couleur*, dessinées d'après nature par E. JUILLERAT et A. MILLOT et reproduites *en couleur* à l'aide de 18 teintes, par la chromolithographie, broché. . . . . **20** »

Chaque volume relié toile, tranches dorées.   **25** »

L'auteur de *Nos Bêtes* s'est attaché à montrer, dans la mesure du possible, la raison des caractères qui distinguent chaque espèce, pensant qu'il solliciterait ainsi plus vivement l'attention du lecteur qui préférera toujours une explication à une sèche énumération.

NOUVELLE ÉDITION

Nos Fleurs, *plantes utiles et nuisibles,*

par M. LECLERC DU SABLON, doyen de la Faculté des sciences de l'Université de Toulouse. Un volume in-4° cavalier, illustré de 350 figures en noir et de *16 planches* **hors texte,** *donnant 144 plantes*, dessinées d'après nature par A. MILLOT et reproduites en couleur à l'aide de 15 teintes, par la chromolithographie, broché. **12 50**

Relié toile, tranches dorées. . . . . **16** »

Ouvrage honoré d'une souscription du Ministère de l'Instruction publique, adopté par la Commission ministérielle pour les Bibliothèques pédagogiques, les Bibliothèques populaires, communales et libres, et pour les Lycées et Collèges de garçons et de filles (Livres de prix).

Cet ouvrage réunit en un Album de 16 planches en couleur, figurant 144 espèces différentes, les plantes que chacun doit connaître, les plus *utiles* comme les plus *nuisibles*. Les plantes représentées sont classées d'après les services qu'elles rendent à l'homme ou le tort qu'elles peuvent lui faire.

Les descriptions très précises, éclairées par de nombreuses figures de détail placées dans le texte, évitent autant que possible les mots techniques. Une *Introduction* résume en termes très simples les notions de Botanique élémentaire indispensables à la compréhension du texte. La forme toute pratique de cet ouvrage en fait une précieuse et très facile préparation à l'étude sérieuse de la Botanique.

Album Historique, publié sous la direction et avec une préface de M. ERNEST LAVISSE, de l'Académie française, par M. A. PARMENTIER, agrégé d'histoire et de Géographie, professeur au collège Chaptal.

TOME Ier : *Le Moyen âge (du IVe à la fin du XIIIe siècle).* Un volume in-4° carré, 2000 gravures originales, broché. . . . . **15** »
Relié toile, tranches jaspées, **18** fr., relié toile, tranches dorées. . . . . **20** »
Le TOME II : *Fin du Moyen âge*, paraît, comme tout l'ouvrage, en livraisons de 16 pages, illustrées de nombreuses gravures, à raison d'une livraison par mois. Prix de chaque livraison. » **75**
Prix de souscription aux 16 livraisons du tome II. . . . . **11** »

Album Géographique, par MM. MARCEL DUBOIS, professeur de géographie coloniale à l'Université de Paris, et CAMILLE GUY, chef du service géographique au Ministère des Colonies.

TOME Ier : *Aspects généraux de la nature.* Un volume in-4° carré, 500 gravures dont 400 gravures originales, broché. **15** »
TOME II : *Les Régions tropicales.* Un volume in-4° carré, 450 gravures originales, broché. . . . . **15** »
Chaque tome relié toile, tranches jaspées, **18** fr., relié toile, tranches dorées. . . . . . **20** »
Le TOME III : *Les Régions tempérées*, paraît, comme tout l'ouvrage, en livraisons de 16 pages, illustrées de nombreuses gravures, à raison d'une livraison par mois. Prix de chaque livraison. . . . . » **75**
Prix de souscription aux 16 livraisons du tome III. . . . . **11** »

9ᵉ livraison.
80 centimes.
STANISLAS MEUNIER
PROFESSEUR DE GÉOLOGIE AU MUSÉUM D'HISTOIRE NATURELLE
Nos Terrains
24 planches en couleur hors texte
Aquarelles d'après nature par P. GUSMAN et JACQUEMIN
260 figures noires dessinées par René VICTOR-MEUNIER et BIDAULT
Armand Colin & Cⁱᵉ, Éditeurs
Paris   1897

10e livraison.
80 centimes.
STANISLAS MEUNIER
PROFESSEUR DE GÉOLOGIE AU MUSÉUM D'HISTOIRE NATURELLE
Nos Terrains
24 planches en couleur hors texte
Aquarelles d'après nature par P. GUSMAN et JACQUEMIN
260 figures noires dessinées par René VICTOR-MEUNIER et BIDAULT
Armand Colin & Cie, Éditeurs
Paris
1897

11ᵉ livraison.　　　　　　　　　　　　　　　　　80 centimes.

STANISLAS MEUNIER

PROFESSEUR DE GÉOLOGIE AU MUSÉUM D'HISTOIRE NATURELLE

Nos Terrains

24 planches en couleur hors texte

Aquarelles d'après nature par P. GUSMAN et JACQUEMIN

260 figures noires dessinées par René VICTOR-MEUNIER et BIDAULT

Armand Colin & Cⁱᵉ, Éditeurs

Paris　　　　　　　　1897

Une livraison le 5 et le 20 de chaque mois.　　　　　L'ouvrage sera complet en 25 livraisons.

12ᵉ livraison.   80 centimes.

STANISLAS MEUNIER

PROFESSEUR DE GÉOLOGIE AU MUSÉUM D'HISTOIRE NATURELLE

Nos Terrains

24 planches en couleur hors texte

Aquarelles d'après nature par P. GUSMAN et JACQUEMIN

260 figures noires dessinées par René VICTOR-MEUNIER et BIDAULT

Armand **Colin** & Cⁱᵉ, Éditeurs

Paris   1897

Une livraison le 5 et le 20 de chaque mois.   L'ouvrage sera complet en 25 livraisons.

13ᵉ livraison.   80 centimes.

STANISLAS MEUNIER
PROFESSEUR DE GÉOLOGIE AU MUSÉUM D'HISTOIRE NATURELLE

Nos Terrains

24 planches en couleur hors texte

Aquarelles d'après nature par P. GUSMAN et JACQUEMIN

260 figures noires dessinées par René VICTOR-MEUNIER et BIDAULT

Armand Colin & Cⁱᵉ, Éditeurs

Paris

1897

Une livraison le 5 et le 20 de chaque mois.   L'ouvrage sera complet en 25 livraisons.

[illegible]

14e livraison.　　80 centimes.

STANISLAS MEUNIER
PROFESSEUR DE GÉOLOGIE AU MUSÉUM D'HISTOIRE NATURELLE

Nos Terrains

24 planches en couleur hors texte

Aquarelles d'après nature par P. GUSMAN et JACQUEMIN

260 figures noires dessinées par René VICTOR-MEUNIER et BIDAULT

Armand Colin & Cie, Éditeurs
Paris　　1897

Une livraison le 5 et le 20 de chaque mois. L'ouvrage sera complet en 25 livraisons.

15ᵉ livraison.   80 centimes.

STANISLAS MEUNIER
PROFESSEUR DE GÉOLOGIE AU MUSÉUM D'HISTOIRE NATURELLE

Nos Terrains

24 planches en couleur hors texte

Aquarelles d'après nature par P. GUSMAN et JACQUEMIN

260 figures noires dessinées par René VICTOR-MEUNIER et BIDAULT

Armand Colin & Cⁱᵉ, Éditeurs
Paris   1897

Une livraison le 5 et le 20 de chaque mois.   L'ouvrage sera complet en 25 livraisons.

16e livraison.

80 centimes.

STANISLAS MEUNIER

PROFESSEUR DE GÉOLOGIE AU MUSÉUM D'HISTOIRE NATURELLE

Nos Terrains

24 planches en couleur hors texte

Aquarelles d'après nature par P. GUSMAN et JACQUEMIN

260 figures noires dessinées par René VICTOR-MEUNIER et BIDAULT

Armand Colin & Cie, Éditeurs

Paris

1897

Une livraison le 5 et le 20 de chaque mois.

L'ouvrage sera complet en 25 livraisons.

18ᵉ livraison. 80 centimes.

STANISLAS MEUNIER
PROFESSEUR DE GÉOLOGIE AU MUSÉUM D'HISTOIRE NATURELLE

Nos Terrains

24 planches en couleur hors texte

Aquarelles d'après nature par P. GUSMAN et JACQUEMIN

260 figures noires dessinées par René VICTOR-MEUNIER et BIDAULT

Armand Colin & Cⁱᵉ, Éditeurs

Paris

1897

Une livraison le 5 et le 20 de chaque mois.

L'ouvrage sera complet en 25 livraisons.

19ᵉ livraison.

80 centimes.

STANISLAS MEUNIER
PROFESSEUR DE GÉOLOGIE AU MUSÉUM D'HISTOIRE NATURELLE

Nos Terrains

24 planches en couleur hors texte

Aquarelles d'après nature par P. GUSMAN et JACQUEMIN

260 figures noires dessinées par René VICTOR-MEUNIER et BIDAULT

Armand **Colin** & Cⁱᵉ, Éditeurs

Paris — 1897

Une livraison le 5 et le 20 de chaque mois.

L'ouvrage sera complet en 25 livraisons.

20ᵉ livraison.   80 centimes.

STANISLAS MEUNIER
PROFESSEUR DE GÉOLOGIE AU MUSÉUM D'HISTOIRE NATURELLE

Nos Terrains

24 planches en couleur hors texte

Aquarelles d'après nature par P. GUSMAN et JACQUEMIN

260 figures noires dessinées par René VICTOR-MEUNIER et BIDAULT

Armand Colin & Cⁱᵉ, Éditeurs
Paris   1897

Une livraison le 5 et le 20 de chaque mois.   L'ouvrage sera complet en 25 livraisons.

2 livraison.   80 centimes

STANISLAS MEUNIER
PROFESSEUR DE GÉOLOGIE AU MUSÉUM D'HISTOIRE NATURELLE

Nos Terrains

24 planches en couleur hors texte

Aquarelles d'après nature par P. GUSMAN et JACQUEMIN

260 figures noires dessinées par René VICTOR-MEUNIER et BIDAULT

Armand Colin & Cⁱᵉ, Éditeurs
Paris   1897

Une livraison le 5 et le 20 de chaque mois.   L'ouvrage sera complet en 25 li...

2 2 livraison. 80 centimes.

STANISLAS MEUNIER
PROFESSEUR DE GÉOLOGIE AU MUSÉUM D'HISTOIRE NATURELLE

Nos Terrains

24 planches en couleur hors texte

Aquarelles d'après nature par P. GUSMAN et JACQUEMIN

260 figures noires dessinées par René VICTOR-MEUNIER et BIDAULT

Armand Colin & Cie, Éditeurs
Paris
1897

Une livraison le 5 et le 20 de chaque mois. L'ouvrage sera complet en 25 livraisons.

23 livraison. 80 centimes.

STANISLAS MEUNIER
PROFESSEUR DE GÉOLOGIE AU MUSÉUM D'HISTOIRE NATURELLE

Nos Terrains

24 planches en couleur hors texte

Aquarelles d'après nature par P. GUSMAN. et JACQUEMIN

260 figures noires dessinées par René VICTOR-MEUNIER et BIDAULT

Armand Colin & Cie, Éditeurs
Paris   1897

Une livraison le 5 et le 20 de chaque mois.   L'ouvrage sera complet en 45 li...

24 livraison.   80 centimes.

STANISLAS MEUNIER

PROFESSEUR DE GÉOLOGIE AU MUSÉUM D'HISTOIRE NATURELLE

Nos Terrains

24 planches en couleur hors texte

Aquarelles d'après nature par P. GUSMAN et JACQUEMIN

260 figures noires dessinées par René VICTOR-MEUNIER et BIDAULT

Armand Colin & Cie, Éditeurs

Paris   1897

Une livraison le 5 et le 20 de chaque mois.   L'ouvrage sera complet en 25 livraisons.

25 livraison.

60 centimes.

STANISLAS MEUNIER
PROFESSEUR DE GÉOLOGIE AU MUSÉUM D'HISTOIRE NATURELLE

Nos Terrains

24 planches en couleur hors texte

Aquarelles d'après nature par P. GUSMAN et JACQUEMIN

260 figures noires dessinées par René VICTOR-MEUNIER et BIDAULT

Armand Colin & Cie, Éditeurs

Paris   1897

Une livraison le 5 et le 20 de chaque mois.   L'ouvrage sera complet en 25 livraisons.

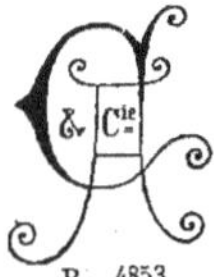

Armand Colin & Cie, Éditeurs

LIBRAIRES DE LA SOCIÉTÉ DES GENS DE LETTRES
5, rue de Mézières, 5, Paris.

P. 4853.

Vient de paraître :

LA

FACE DE LA TERRE

(Das Antlitz der Erde)

PAR

ED. SUESS

Professeur de géologie à l'Université de Vienne (Autriche), Correspondant de l'Institut de France

Traduit avec l'autorisation de l'auteur et annoté sous la direction de

EMMANUEL DE MARGERIE

avec une préface par

MARCEL BERTRAND

De l'Académie des Sciences, Professeur à l'École nationale supérieure des Mines

In-8° de 840 pages, **avec 2 cartes en couleur et 122 figures**
dont **76** exécutées spécialement pour l'édition française.

Le livre dont M. Emm. de Margerie offre aujourd'hui une traduction aux lecteurs français a, depuis dix ans, exercé une telle influence sur nos recherches et sur notre enseignement, que tous les progrès nouveaux, par un enchaînement naturel, semblent encore s'y rattacher. On l'a loué de toutes parts, on l'a aussi critiqué.

Je ne veux ici ni rappeler ni discuter ces louanges ou ces critiques; le souvenir des unes et des autres s'est d'ailleurs rapidement effacé devant le sentiment unanime d'étonnement et d'admiration qu'a bientôt provoqué la grandeur de l'étape parcourue. L'*Antlitz der Erde* est déjà devenu un livre classique, et son auteur est le maître

Mode de publication et conditions de vente :

La Face de la Terre paraîtra en 4 fascicules in-8° de plus de 200 pages chacun, à raison de un fascicule par mois depuis le *5 novembre 1897*.

Le prix de chaque fascicule est fixé à **5** francs.

On peut dès maintenant se procurer le tome I complet, en un volume broché de 840 pages, au prix de **20** francs.

En vente chez tous les libraires ou chez les éditeurs, **MM. Armand Colin et Cie, 5, *rue de Mézières, Paris.***

indiscuté d'une nouvelle génération de géologues. A ce titre seul, la traduction de l'ouvrage s'imposait et était depuis longtemps réclamée. Mais elle était surtout désirable parce qu'à côté des services déjà rendus, cet ouvrage peut en rendre de plus grands encore. Il ne s'agit pas seulement de faire connaître la genèse d'idées qui tiendront une grande place dans l'histoire de notre science, il s'agit aussi de mettre à la portée d'un plus grand nombre de lecteurs une mine presque inépuisable de documents, la matière première en quelque sorte de recherches et de découvertes nouvelles.

L'*Antlitz der Erde* résume l'œuvre de tout un siècle ; il donne l'état des connaissances acquises sur le globe que nous habitons ; il montre, pièces en main, que l'ère des tâtonnements est passée, et que les grands traits de la physionomie terrestre nous sont maintenant connus ; il fixe le cadre dans lequel dorénavant chaque observation nouvelle pourra prendre sa place et acquérir toute sa valeur. C'est l'œuvre d'une prodigieuse érudition, mais si bien fondue et si lumineusement exposée, que chaque fait devient un argument, et que les problèmes viennent d'eux-mêmes se poser et en partie se résoudre sous les yeux du lecteur. Aucun de ceux qui, géologues ou géographes, étudient la forme ou l'histoire des reliefs terrestres, ne peut se dispenser d'avoir ce livre entre les mains. Il faut remercier M. Emm. de Margerie et ses collaborateurs de l'œuvre doublement utile qu'ils ont menée à bonne fin.

La méthode maîtresse de ce livre, celle du groupement et du rapprochement des faits, n'est sans doute pas spéciale à M. Suess. Mais ce qui est nouveau, ce qui est même inattendu, c'est qu'elle ait pu s'étendre à l'ensemble du globe ; que, sans appeler à son aide aucune hypothèse de principe, aucun postulatum arbitraire, elle ait pu, d'un bout à l'autre de notre hémisphère, montrer des rapports et établir des liaisons qui, par exemple, n'étaient même pas aperçus d'un bout à l'autre de la France. M. Suess a su s'élever assez haut pour voir les traits fondamentaux de l'ensemble s'accuser au milieu de la complexité des détails.

Les méthodes, et même les idées nouvelles, ne sont qu'un moyen, qu'un instrument d'étude, et toujours en fin de compte il faudra les juger aux résultats, c'est-à-dire aux progrès qu'elles ont fait faire dans la connaissance de l'histoire du globe. C'est là réellement qu'il faut voir la grandeur de l'œuvre de M. Suess ; il faut se rappeler ce que l'on pouvait dire il y a trente ans des traits généraux de cette histoire, et comparer le tableau que nous pouvons en faire actuellement : la complexité des chaînes de montagnes ramenée à trois grandes unités, qui s'échelonnent du nord vers la région méditerranéenne ; les énormes massifs de l'Asie et les petits massifs épars de l'Europe également rattachés à ces trois ensembles ; les tassements qui ont partiellement morcelé ces chaînes, et qui, pendant les périodes tertiaire et quaternaire, se sont renouvelés au pied des Alpes, en créant les fosses méditerranéennes ; le retour « posthume » de plis plus faibles, mais semblablement orientés, sur l'emplacement des anciennes zones de plissement ; l'existence d'un très ancien continent équatorial, qui s'est lui aussi morcelé au début des temps secondaires en donnant naissance à l'Océan Indien et peut-être à une partie de l'Océan Atlantique ; l'âge différent des grands Océans, correspondant à la différence de structure de leurs bords : les mêmes alternatives de mouvements et de dépôts semblables se retrouvant pour les anciennes mers, des plaines des États-Unis à celles de la Russie ; tout cela était ignoré ou à peine soupçonné ; tout cela est aujourd'hui classique et incontesté. Et l'intérêt de ces traits fondamentaux s'accroît encore, quand on voit combien facilement se groupent autour d'eux les observations anciennes ou récentes; combien s'éclairent les géologies régionales et se simplifient les détails. Une vue d'ensemble a remplacé la série des vues partielles; c'est là, je le répète, l'inappréciable progrès dont nous aurons été témoins.

Nous assistons ainsi au dernier terme de la révolution inaugurée il y a cent ans par Werner et par Hutton; on peut dire qu'avec le second siècle de son existence, une ère nouvelle commence pour la géologie.

Nous ignorons encore ce que sera cet avenir.

Peut-être quelque nouveau critérium de certitude permettra-t-il d'aborder de nouveaux problèmes. Il faut savoir attendre; la création d'une science, comme celle d'un monde, demande plus d'un jour; mais quand nos successeurs écriront l'histoire de la nôtre, ils diront, j'en suis persuadé, que l'œuvre de M. Suess marque dans cette histoire la fin du premier jour, celui où la lumière fut.

(Extrait de la préface de M. MARCEL BERTRAND.)

ONT COLLABORÉ A LA TRADUCTION DU TOME Ier.

DEPÉRET (Ch.), docteur ès sciences et en médecine, professeur de géologie et doyen de la Faculté des sciences à l'Université de Lyon.

GALLOIS (L.), docteur ès lettres, maître de conférences à l'Université de Paris.

HAUG (Em.), docteur ès sciences, chef des travaux pratiques de géologie à l'Université de Paris.

KILIAN (W.), docteur ès sciences, professeur de géologie à l'Université de Grenoble.

MARILLIER (L.), docteur ès lettres, maître de conférences à l'École des Hautes Études (Paris).

MICHEL-LÉVY (A.), membre de l'Institut, ingénieur en chef des mines, directeur du service de la carte géologique détaillée de la France.

RAVENEAU (L., agrégé d'histoire et de géographie, maître de conférences à l'École normale supérieure.

SCHIRMER (H.), docteur ès lettres, professeur de géographie à l'Université de Lyon.

SOMMAIRE DES CHAPITRES DU TOME Ier

(2 cartes en couleur et 122 figures, dont 76 nouvelles.)

Introduction, trad. par EMM. DE MARGERIE (2 fig. nouvelles).

Ire PARTIE : **Les Mouvements de la croûte extérieure du globe.** — I. Le Déluge, trad. par L. MARILLIER (5 fig., dont 3 nouvelles). — II. Exemples des régions ébranlées, trad. par EMM. DE MARGERIE et L. GALLOIS (7 fig., dont 3 nouvelles). — III. Dislocations, trad. par EMM. DE MARGERIE (18 fig., dont 8 nouvelles). — IV. Volcans, trad. avec le concours de A. MICHEL-LÉVY (10 fig., dont 4 nouvelles et 1 pl. contenant 2 fig. nouvelles). — V. Essai de classification des mouvements de l'écorce terrestre, trad. avec le concours de A. MICHEL-LÉVY.

IIe PARTIE : **Les Montagnes.** — I. L'avant-pays septentrional du système alpin, trad. par EM. HAUG (2 fig.). — II. Les lignes directrices du système alpin, trad. par W. KILIAN (7 fig., dont 6 nouvelles). — III. L'affaissement de l'Adriatique, trad. par EM. HAUG (10 fig.). — IV. La Méditerranée, trad. par CH. DEPÉRET (6 fig., dont 2 nouvelles). — V. Le grand plateau désertique, trad. par H. SCHIRMER (5 fig., dont 3 nouvelles). — VI. Les fragments du continent indien, trad. par H. SCHIRMER (6 fig., dont 5 nouvelles). — VII. Les faisceaux montagneux de l'Inde, trad. par L. RAVENEAU (10 fig., dont 9 nouvelles et 1 carte en couleur). — VIII. Rapports des Alpes et des chaînes asiatiques, trad. par L. RAVENEAU (8 fig., dont 6 nouvelles et 1 pl. contenant 2 fig. nouvelles). — IX. L'Amérique du Sud, trad. par L. GALLOIS (5 fig. nouvelles). — X. Les Antilles, trad. par L. GALLOIS. — XI. L'Amérique du Nord, trad. par EMM. DE MARGERIE (15 fig. nouvelles, 1 carte en couleur et 1 pl. contenant 2 fig. nouvelles). — XII. Les Continents, trad. par EMM. DE MARGERIE.

Atlas général Vidal-Lablache,

Historique et Géographique, par M. P. Vidal de la Blache, sous-directeur et maître de conférences de géographie à l'École normale supérieure. — *420 cartes et cartons* en couleur. — Index alphabétique de *46 000 noms*. Un volume in-folio, relié toile . . . . **30** fr.

Avec reliure amateur, 40 fr.
Ouvrage couronné par la Société de Géographie de Paris (Prix Barbié du Bocage).

Atlas classique Vidal-Lablache,

Historique et Géographique, par M. P. Vidal de la Blache. — 342 *cartes et cartons* en couleur. — Index alphabétique de 30 000 *noms*. Un volume in-folio, cartonné. . . . . **15** fr.

Avec reliure toile souple, coins arrondis, **16** fr.

Annales de Géographie (Sixième année),

publiées sous la direction de MM. Vidal de la Blache, L. Gallois et Em. de Margerie, assistés d'un Comité de patronage. Recueil bimestriel, avec cartes, paraissant le 15 des mois de Janvier, Mars, Mai, Juillet, Septembre, Novembre de chaque année.

Abonnement annuel (de janvier). France. . . . . **20** fr.
—   —   Colonies et Union postale. . . . . **25** fr.
Cinq années sont en vente. Chaque année, un volume in-8°, broché. . . . . **20** fr.

Leçons de Cosmographie, par MM. Tisserand,

membre de l'Institut, directeur de l'Observatoire de Paris, et H. Andoyer, maître de conférences à la Faculté des sciences de l'Université de Paris. Un vol. in-8°, avec 140 figures dans le texte et 12 planches hors texte, broché. . . . **6** fr.

Cours de Physique, à l'usage des classes de Mathé-

matiques spéciales préparatoires à l'École centrale et aux Écoles des Mines et des Ponts et Chaussées, par M. E. Drincourt, ancien élève de l'École normale supérieure, agrégé des sciences physiques et naturelles, professeur au collège Rollin. Un volume in-8°, avec 348 figures dans le texte, broché. . . . . **12** fr.

Coulommiers. — Imp. Paul Brodard. — 69-98.